华章 IT

HZBOOKS | Information Technology

云计算与虚拟化技术丛书

基于Kubernetes的容器云平台实战

陆平 左奇 付光 张晗 赵培 单良 编著

机械工业出版社
China Machine Press

图书在版编目（CIP）数据

基于Kubernetes的容器云平台实战/陆平等编著. —北京：机械工业出版社，2018.9
（2018.12重印）
（云计算与虚拟化技术丛书）

ISBN 978-7-111-60814-1

I.基… II.陆… III.云计算 IV.TP393.027

中国版本图书馆CIP数据核字（2018）第201533号

基于Kubernetes的容器云平台实战

出版发行：机械工业出版社（北京市西城区百万庄大街22号 邮政编码：100037）
责任编辑：佘 洁 责任校对：李秋荣
印 刷：北京诚信伟业印刷有限公司 版 次：2018年12月第1版第2次印刷
开 本：186mm×240mm 1/16 印 张：18.5
书 号：ISBN 978-7-111-60814-1 定 价：69.00元

凡购本书，如有缺页、倒页、脱页，由本社发行部调换
客服热线：（010）88379426 88361066 投稿热线：（010）88379604
购书热线：（010）68326294 88379649 68995259 读者信箱：hzit@hzbook.com

Foreword 序

我极力推荐本书的原因有以下几点：

1）从概念到大规模实践，云计算在短短几年间发展迅速，特别是当云计算与行业深度融合后，带来了翻天覆地的创新，凸显了巨大的应用价值和发展前景。本书的出版非常重要和及时，对我国云计算研究和产业化起到积极作用。

2）本书从一个开发者的角度去理解、分析和解决问题：从基础入门到核心原理，从运行机制到实战开发，再从系统运维到应用实践，内容全面，由浅入深，图文并茂，阐述清晰，架构分析透彻，经验体会深刻。

3）本书首次从 Docker 到 Kubernetes，并对各种微服务架构进行了完整、系统的介绍。读者可以由浅到深、系统深入地学习容器云的平台架构、基础核心功能、网络、安全等。

4）本书采用理论加实践的模式，通过实践来强化对理论知识的理解。如 MySQL 容器化、跨数据中心容器云服务部署方案、GPU 虚拟化、TensorFlow 容器化部署、Spark 容器化部署等。

5）本书将目前最新技术热点与容器相结合，如将 Spring Cloud、Serverless、Service Mesh 与 Docker 进行结合，使读者了解业界关注的最新前沿技术发展。

6）本书作者多年来一直从事云计算的研究，已取得了不少创新研究成果，书中不少内容是作者多年实践容器云平台的设计思想和成果。

本书适用于希望学习和使用 Kubernetes 以及正在寻找管理数据中心解决方案的软件工程师、测试工程师、运维工程师和软件架构师，同时本书还可作为 Docker+Kubernetes 的高级延伸教材，用于搭建基于 Kubernetes 的各类平台，实践 DevOps、微服务、Serverless、Spring Cloud 等。我相信通过阅读本书，读者将全面认识容器云平台，并全面掌握容器云整体技术。

清华大学

郑纬民

前　　言 *Preface*

随着基础设施即服务（IaaS）的技术普及和广泛使用，人们逐渐认识到IaaS技术所带来的显著优势，如资源按需灵活定制、低成本、弹性伸缩、统一管控等，但这仅解决了应用系统对IT资源需求的按需交付问题，应用系统本身的DevOps、CI/CD、编排、自动化部署、配置管理、服务发现与路由、弹性伸缩、自动化监控与日志采集等工作只能由应用自身完成或依赖于第三方工具，这将大大增加应用系统研发、运维和集成难度。

另一方面，随着企业数字化变革的深入发展，企业对微服务、分布式架构、Spring Cloud、大数据、人工智能、Serverless等新技术的使用也日益广泛，迫切需要一个满足上述需求的支撑平台。

PaaS平台的出现正是上述问题的最佳解决方案，也因此成为全球各大IT巨头和初创公司的研发重点，如IBM、VMware等，各种PaaS平台粉墨登场，竞争异常激烈，如Ansible、Puppet、Cloudify、CloudFoundry、Mesos、Swarm、Kubernetes等，最终一个以“Docker+Kubernetes”为核心的容器云平台让人们看到了希望，它可以满足大多数应用对PaaS平台的期望。

作者在容器云平台领域有多年的技术积累。本书结合容器云最新技术趋势和作者的长期实践，对容器云平台提出系统的见解，并对容器云平台实践提供了思路和建议。本书在组织结构上分成三大部分：基础篇、中级篇和高级篇。

基础篇（第1～5章）重点帮助初级人群快速掌握Docker基础知识，囊括了Docker容器的技术架构、Docker引擎原理、镜像制作与优化、镜像仓库管理等容器基础知识，文字浅显易懂。

中级篇（第6～16章）是针对初中级读者，使其具备全景PaaS技术栈理论和设计技能，包括Kubernetes架构及核心理念和技术原理、服务发现、容器网络及存储解决方案、运维监控等。同时还提供很多高级案例，如跨区域的服务部署、TensorFlow 容器化部署、金融 PaaS 云平台等，有助于加深读者对 Kubernetes 各种技术的理解，并能够融会贯通。

高级篇（第 17 ～ 21 章）是针对中级读者的进阶篇，通过本篇可了解业界最新的微服务基础知识和各种微服务框架（或解决方案），如 Spring Cloud、Serverless、Service Mesh 等，还将这几种微服务框架与容器云平台进行融合，以提供功能更完整、更健壮的容器云解决方案。

目　　录 *Contents*

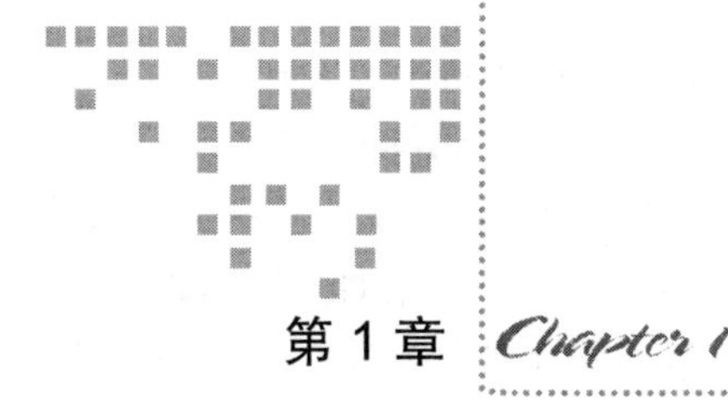

第 1 章 Chapter 1

Docker 简介

随着互联网及移动互联网的快速发展，云计算技术也开始迅猛发展，云计算技术发展包括两大方向：虚拟化及容器化。虚拟化技术是传统的云计算技术，容器化是新一代的云计算技术。在新一轮的容器云计算技术大潮中出现了多种容器化技术，如 Garden、Warden、Docker、Rocket、Kata 等。经过多年的发展 Docker 容器技术逐渐被接受并应用于 DevOps 和微服务等领域，Docker 可以说正在成为当今云时代的基础“构件”，了解和掌握它的功能、架构和技术特点，对于广大业界同仁来说是迫切的需求。下面就尝试从它的基本功能、优缺点、基本概念和架构原理等多个方面进行初步的剖析，希望能够给读者带来一定的帮助。

1.1 什么是 Docker

我们通常所说的 Docker 实际上是指 Docker 引擎，它是 Docker 公司容器平台产品的核心部分。它集成了来自操作系统内核的联合文件系统、进程控制组和命名空间等技术，将它们打包成人人可用、人人用得好的容器工具。Docker 的重要性在于它通过统一的镜像格式和简单的工具将应用软件和基础运行环境成功地隔离开来，为容器技术的大众化打开了快速通道，使得容器技术的使用进入了主流。Docker 的镜像格式和运行时环境正在迅速成为事实上的工业标准，而它自身也在变成云时代的基础“构件”。

Docker 引擎可理解为一套轻量级应用运行时环境，应用及其依赖被隔离在相互独立的运行环境中，但是它们却共享一个 OS 内核，人们形象地将这种环境称为“容器”。这种将多个应用部署在一台主机上以相互独立的“容器”运行的模式，不仅能提高硬件利用率，还能减少应用故障对其他应用的影响。

Docker引擎使用了客户端–服务器的运行模式，其主体以守护程序方式运行在每台需要使用它的主机上。客户端既可以与守护程序运行在同一台主机上，也可以通过Restful形式的API远程访问它。Docker引擎服务器端不仅提供了对容器生命周期的完整管理功能，还将容器的创建基础——“镜像”的管理功能也纳入其中，为用户提供了“一站式”容器管理工具集。它用Go语言编写而成，需要利用操作系统的虚拟文件系统、命名空间、控制组等特性来实现自己的功能，并需要不少外部库的支持。Docker引擎目前已经能够支持Linux、MacOS和Windows三种操作系统，可以部署在物理机、虚拟机和公有云等多种环境中。

在Docker中，“镜像”是创建容器的基础。Docker使用分层的方式存储镜像，镜像中包含应用运行所需要的组件。镜像之间可以通过引用的方式共享镜像层，减少了对存储空间的占用，让大家既能享受“隔离”带来的好处，又能减轻资源浪费带来的苦恼。而容器环境是根据镜像来动态创建的，容器中应用的写操作只改变自己的读写层，公共的镜像部分对所有容器都是只读的。

Docker还为镜像分发设计了仓库机制，通过本地和远程仓库之间的上传和下载可实现软件的标准化分发，打通了从应用开发、镜像构建、发布、下载到应用部署的完整通道。Docker专门构建了完全开放的镜像仓库hub.docker.com，帮助全世界的软件厂商、开发者和使用者以最小的时间和技术成本体验到容器技术带来的好处；它无疑为统一的镜像格式的推广使用立下汗马功劳。

在Linux操作系统上，Docker利用内核所提供的namespace和CGroups特性为应用进程构建起沙箱和资源限制：在此沙箱容器中，应用拥有自己的设备文件、进程间通信环境、根文件系统、进程空间、用户账户空间和网络资源空间；管理员可以以容器为单位来限制应用对CPU、内存、磁盘I/O和网络等资源的使用能力。运用这两个技术，Docker为应用构建了既轻又坚固的容器外壳，同时，它还将内核提供的很多不同的安全相关技术集成起来，为用户在云时代应对各种挑战准备了丰富和先进的技术装备。

Docker引擎自身的功能也在不断演进之中，它不仅包含了容器和镜像管理功能，还逐步扩展出编排和集群管理功能，正在构建一个容器平台。在此过程中，既有的接口形式没有改变，Dockerd守护进程也继续担当自己的职责；而原有的核心的容器和镜像管理功能被剥离，由Containerd来负责。这是一个由Docker贡献出的新的开源项目，它不仅以更底层和高效的接口来暴露这些核心功能，还从镜像和容器存储的层面实现了多租户的特性。同时，Docker将容器运行时接口和镜像格式在OCI（开放容器倡议，Open Container Initiative）组织的框架下进行了标准化，并于2017年完成了运行时（runtime）和镜像（image）两个标准，固化了Docker核心技术要素，消除了容器技术发展碎片化的阴影。这个标准化过程的另一个重要产物是Linux上的参考实现：RunC开源项目。Containerd正是通过这个关键组件来完成容器生命周期管理的。由此可见，当前版本Docker引擎实际上由Dockerd、Containerd和RunC等组件构成；为了表述方便，还是统一称为Docker引擎。

在上述演进过程中，Docker 自身不仅由于剥离了一些底层核心功能而得以轻装上阵，发展自己独有的容器平台功能，而且整个开源社区也受益于这些被剥离出的核心组件。它们的 API 演进不再受到 Docker 平台的影响，功能可以更好地适配业已迅速发展起来的容器生态环境的需求，成为名副其实的容器时代的基础“构件”。

1.2　为什么要用 Docker

虚拟化及容器化是云计算的两大技术，Docker 中应用的就是容器技术。要讨论为何使用 Docker，首先要理解为何要使用容器技术。说到容器技术的优点时都会谈到虚拟机，并且都会同其进行对比，具体如图 1-1 所示。

特征	虚拟机	容器
硬件接口	模拟仿真	直接访问
OS类型	通用	Linux
运行模式	用户模式	内核模式
隔离策略	Hypervisor	CGroup
资源损耗	5%~15%	0~5%
启动时间	分钟级别	秒级别
镜像尺寸	GB~TB	KB~MB
集群规模	100+	10,000+
高可用策略	备份，异地容灾，迁移	弹性伸缩，负载均衡

图 1-1　虚拟机与容器的比较

一般来说，虚拟机通过模拟硬件环境，并启动完整的操作系统为应用运行提供独占环境，因此其中需要安装 Guest OS。与此相反，容器是主机操作系统上的进程虚拟化，容器镜像中并不需要 OS 内核，因此也不需要安装 Guest OS，只需要应用运行相关的库和文件就可以了，而容器实例中各种虚拟设备都会由运行时环境在启动实例时准备好。这就造成了其占用系统资源少、系统损耗小、启动快的直观效果，同时在系统采购成本上自然也会降低。

另外结合图 1-1 中右侧表格里的各项对比信息，可以进一步总结出一些优选容器或者说优选 Docker 的原因（当然，这是一个见仁见智的领域，很难有真正的“先知”）：

1）**更轻量**：容器是进程级的资源隔离，虚拟机是操作系统级的资源隔离，容器比虚拟机节省更多的资源开销。

2）**更快速**：容器实例创建和启动无需启动 Guest OS，实现秒级 / 毫秒级的启动。

3）**更好的可移植性**：容器技术（Docker）将应用程序及其所依赖的运行环境打包成标

准的容器镜像，进而发布到不同的平台上运行，实现应用在不同平台上的移植。

4）**更容易实现自动化**：镜像构建和镜像上传/下载都可以自动化实现；容器生态系统中的编排工具所具备的多版本部署能力可以在更高层次上对容器化应用的自动化测试和部署过程进行优化。

5）**更方便的配置**：用户可利用外部数据卷挂载能力，为容器在多种环境下的平滑运行提供保障；还可通过环境变量、域名解析配置等方式动态配置容器。

6）**更容易管理**：可以在既有镜像基础上利用分层特性，增量式地构建新的镜像。这种维护操作很容易实现自动化和标准化，因此也更容易加以管理。

不过，充分地理解和运用 Docker 技术可帮助用户更好地实现信息化过程中的很多目标，比如更高效地利用系统资源，更快地收回投资，减少成本支出；敏捷的软件开发模式和高效的软件交付能力；更轻松的维护和扩展；持续的交付和部署等，这恐怕也是 Docker 引擎已经拥有数百万忠实用户的原因了。

1.3 Docker 基本概念

用户使用 Docker 的一般场景如下：用户在某镜像基础上，在本地生成并标识新镜像；也可根据镜像标识从镜像仓库下载镜像到本地；Docker 引擎利用本地镜像创建出多个相互隔离运行的容器；或者先自动下载，然后创建出容器。这里涉及三个基本概念，即镜像、容器和镜像仓库（如图 1-2 所示）。为了能够很好地理解和运用 Docker，有必要先对一些基本概念进行整理和说明。

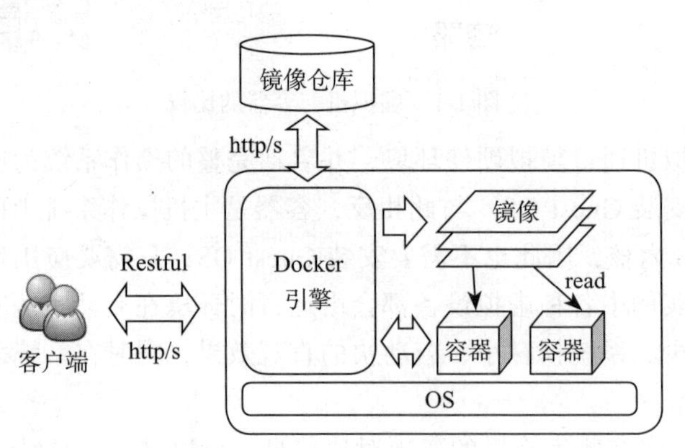

图 1-2 Docker 容器示意图

1.3.1 镜像

尽管镜像的创建是 Docker 引擎的重要功能，但对此话题的介绍可以参考“镜像管理”一章的内容，这里不再赘述。这里首先介绍的是镜像的标识、存储和传输这几方面的内容。

■ 镜像的标识

在 Docker 中，镜像以及与镜像相关的层、配置都是用十六进制字符串表示的摘要来唯一标识的，这种摘要一般称为 ID。但是这种 ID 形式不利于记忆，因此对于镜像来说，人们更喜欢使用另一种标识形式：example.com:5000/org/app:v1.0.0，被称为镜像的名称或者引用。

这种镜像名称中可以带有镜像仓库的主机名和端口号，下载镜像时，Docker 就是根据它们（可以是 IP 地址加端口号）来访问镜像仓库的。如果镜像名称中没有仓库的主机名和端口号，那么默认仓库域名指向 registry-1.docker.io，而端口号为 80。Docker 访问镜像仓库时一般使用 HTTPS，只有对运行在本机上的仓库服务才默认使用 HTTP 传输。

镜像名称中的路径部分相当于命名空间，并且镜像名后可带有标签（tag）和镜像摘要（digest）部分。标签的前缀为“:”，如果镜像名称中不带有标签的话，Docker 会自动为它加上“latest”；而镜像摘要部分的前缀为“@”；这两者最好不要组合使用。

镜像摘要是在镜像仓库创建镜像的时候生成的，也是一个十六进制串（带有表示产生镜像摘要的算法前缀，比如“sha256:”）。Docker 引擎可从镜像仓库返回的消息头中得到镜像摘要，并记录在镜像的描述信息中。镜像仓库可以根据镜像名称中的镜像摘要直接准确地索引到镜像的描述文件。

当使用 docker images 列出本地仓库中的镜像时，可以看到如下输出：

```
REPOSITORY                  TAG    IMAGE ID      CREATED       SIZE
127.0.0.1:5000/alpine-32   3.6.2  c0f08c91ed89  4 months ago  3.92MB
```

那么，这个镜像的标识为 127.0.0.1:5000/alpine-32:3.6.2，其内部镜像 ID 的缩写，也就是完整摘要串的前缀为 c0f08c91ed89。

■ 镜像的存储

Docker 引擎将本地镜像默认存储在 /var/lib/docker 目录下，其中，image 目录中包含镜像的元数据以及各个层的链接关系，而实际的镜像层通过 AUFS、Btrfs、ZFS、OverlayFS 和 Device Mapper 等支持 COW 技术的文件系统来构建，并通过内容可寻址的 ID，由元数据将它们关联起来。使用了内容可寻址的 ID 后，就可以在镜像的存储和传输过程中实现镜像层的共享和缓存。

由于历史原因，Docker 原生的镜像配置文件中不仅包含镜像层的相互关系，还包含此镜像用于何种平台环境、何种 OS、创建时间、默认启动运行命令等很多元数据。而经过标准化的 manifest 文件只包含各个层的描述符，以及这个原生配置文件对应的描述符。这两种描述文件都是 json 格式的。

两种描述文件中都有各个层的摘要信息的汇聚，并且这些层是有严格的前后顺序的。Docker 原生镜像配置文件中各个层的本地标识与标准化的 manifest 中各个层的摘要不一样，原因在于 manifest 中各个层的摘要是直接根据各个层的 tar 格式归档文件来计算的，而原生镜像配置文件中的各个层的摘要是先对各个层中包含的每一个文件计算其摘要，再与目录信息组成一个列表，将这个列表用tar格式归档文件保存起来，并计算其摘要作为各个层的标识。在镜像仓库中，除了保存各个层的tar文件之外，还需要保存镜像对应的Docker原生镜像配置文件，此配置文件也有自己的摘要，也会在manifest文件中有对应描述。但是在Docker引擎中并不保存manifest文件，而只保存各个层的摘要和本地标识之间的对应关系。

这里只给出一个manifest json串的例子，原因在于镜像传输过程中，它是与镜像仓库之间交互的基础：

```
{
    "schemaVersion": 2,
    "mediaType": "application/vnd.docker.distribution.manifest.v2+json",
    "config": {
        "mediaType": "application/vnd.docker.container.image.v1+json",
        "size": 1702,
        "digest": "sha256:c0f08c91..."
    },
    "layers": [
        {
            "mediaType": "application/vnd.docker.image.rootfs.diff.tar.gzip",
            "size": 2045593,
            "digest": "sha256:c493eb32..."
        },
        {
            "mediaType": "application/vnd.docker.image.rootfs.diff.tar.gzip",
            "size": 8259,
            "digest": "sha256:eb43f181..."
        }
    ]
}
```

■ 镜像的传输

客户端在上传和下载镜像时，首先请求和发送manifest文件，然后是配置文件和各个层的归档压缩文件。由于每个元素都对应着唯一摘要，只要请求中带上它，不管是镜像仓库还是Docker引擎，都可以据此判断出镜像或者某个层是否已经存储在本地了。只有镜像仓库或者本地没有的镜像/镜像层，才需要上传和下载。

在传输的每一个步骤中都使用media-type以说明请求和载荷的内容。比如：application/vnd.docker.distribution.manifest.v2+json，对应着manifest文件。这些media-type已经被标准化，并且整个传输过程也被标准化了。

1.3.2 容器

容器是Docker引擎的核心服务对象，也是应用的运行环境，需要从以下几个方面来了解其特点。

■ 隔离环境

在Linux下，由创建容器的各个只读镜像层叠加容器可读写层以及运行时准备的特殊目录/文件（比如，/proc、/dev和/sys等），构成了每个容器可访问文件系统的初始边界，并由Mount命名空间来增强其隔离性。通过绑定挂载附加的数据卷，还能动态扩展这个视图的边界。

容器运行时不仅会根据镜像中内容为容器准备好根文件系统视图，还会为容器中的应用准备好/proc、/dev、/sys、/dev/pts和/dev/mqueue等虚拟文件系统；准备好/dev/null、/dev/zero、/dev/full、/dev/tty、/dev/random等各种支持POSIX API所需要的特殊文件；将/proc/asound、/proc/bus、/proc/sys、/proc/fs等路径设置为只读；将/sys/fireware文件，以及/proc下 的kcore、keys、scsi、latency_stats、timer_list、timer_stats和sched_debug这几个文件做屏蔽处理，使得应用在容器中对其无法读取到有意义的内容。为了网络应用的正常执行，容器运行时还会准备好/etc/hosts、/etc/resolv.conf和/etc/hostname这几个文件，通过绑定挂载方式将它们链接到容器根文件系统中。容器运行时会根据创建容器时的参数，设置应用的UID、GID、归属的补充gid列表、当前路径、环境变量和oom设置值。

为了实现容器隔离性，在Linux下容器运行时还使用以下一些技术：根据需要启用MOUNT、PID、UTS、IPC、NET和User命名空间；默认为每个容器新建CGroups节点、启用所有的控制器；容器中可用设备文件由白名单配置；进程只具有14个默认Capabilities；使用默认白名单启用seccomp控制，并可控制sysctl列表、selinux应用标签和Apparmor Profile。

总之，容器运行时尽量为应用提供一致和标准的运行环境，尽可能确保在共享内核环境下容器之间的隔离性。用户也可通过API接口参数来控制这一过程。

■ 容器生命周期管理

Docker引擎提供了容器生命周期管理功能，并将容器的运行状态分为created、running、pausing、paused和stopped。容器运行时提供create、start、run、pause、resume、kill、delete等命令来管理容器的运行状态，并通过list、state、ps、events等命令来获取容器运行信息，还能通过update命令动态调整容器的CPU、内存和I/O的资源限制，通过exec在已经启动的容器中执行命令，通过checkpoint和restore命令执行生成检查点和恢复检查点的操作。

容器运行时依靠静态/动态两种json格式元数据实现容器的生命周期管理。静态元数据保存配置信息，动态元数据对应状态信息，两者格式差异不大，后者增加了状态数据。静态数据首先用于创建，而运行时可根据容器ID找到动态数据，再利用进程号、根路径、命名空间路径、CGroup路径等执行进一步操作。启动容器时的create/start两个步骤也据此关联起来，并可执行钩子程序。

另外，元数据中还能够以key/value形式保存注解信息。它的用处很大，典型案例就是Kubernetes中用它们来保存Pod的属性。

Docker 引擎的出现不仅为多个应用在同一个宿主机环境中隔离运行提供了可能，还为应用在云端环境中的调度管理提供了可能。

■ 数据卷

与容器可读写层不同的是，数据卷有自己的独立生命周期。Docker 引擎已经引入多种类型数据卷，如有名 / 匿名卷对象和挂载指定路径的卷。在 Linux 下，它们通过绑定挂载的方式将宿主机路径引入容器文件系统视图中，可以利用数据卷实现容器数据的持久化、共享和动态配置。

数据卷还可以通过插件接口由外部驱动来提供，但是这只是将准备阶段的功能加以自动化和标准化了，实际挂载方式与其他数据卷类似。但从中可以看出，以标准化方式提供用户可灵活定制能力是数据卷功能发展的重点。

■ 容器网络

Linux 下容器网络有三种选项：使用独立的网络命名空间、共享其他容器的网络命名空间和使用宿主机的默认网络命名空间，第三种选项实际是第二种的特殊情况。

当使用第一种选项时，Docker 引擎会根据定制或默认参数，为此独立命名空间准备好网卡设备、IP 地址、路由和对应的 iptables 规则等各种资源。为了满足不同的组网需求，Docker 引擎也支持插件扩展机制，将这些工作委托给插件完成。

第二种选项不仅用于 Docker 内置网络对象，而且在 Kubernetes 场景下特别有意义：Pod 中只有沙箱容器拥有自己的网络命名空间，其他容器则共享该网络命名空间。

第三种选项通常用于对网络性能有很高要求的场合，但是安全隔离性相对较弱。

1.3.3 镜像仓库

基于镜像仓库的访问方式，可以将其分为互联网镜像仓库和私有镜像仓库两类。其中，Docker 公开仓库、厂商自建仓库和镜像加速服务都属于互联网镜像仓库。私有镜像仓库在企业实现 CI/CD 流程时，可串联起开发、构建、测试和生产等多个环节。除了实现标准的镜像上传、下载和存储功能，镜像仓库通常还需支持安全认证、高可用、查询、统计、版本标签、分级同步等很多扩展功能。

在 Docker 容器平台的生态系统中，正在有更多的元素加入进来，如商用化的软件镜像、网络和存储驱动的插件、对镜像和插件的安全扫描等认证处理等。Docker 公司建立了 Docker Store 服务来将公开镜像仓库服务和这些新的服务包装在一起，为用户提供更多的附加价值。

1.4 Docker 架构及原理

1.4.1 Docker 架构

在解释什么是 Docker 的时候，已经提到当前版本的 Docker 引擎实际上由 Dockerd、

Containerd和RunC等组件构成。其中，Dockerd的功能已经从单纯的容器运行时管理向容器编排管理和集群管理的方向发展，本节主要关注的容器和镜像管理功能将逐渐由Containerd和符合OCI标准的容器运行时，比如RunC来负责。如图1-3所示逻辑架构主要是以Linux系统中的实现模式为例简单表示了这几个组件的交互关系，实际上目前Docker引擎已经可以支持MacOS、Windows和Linux三种平台。

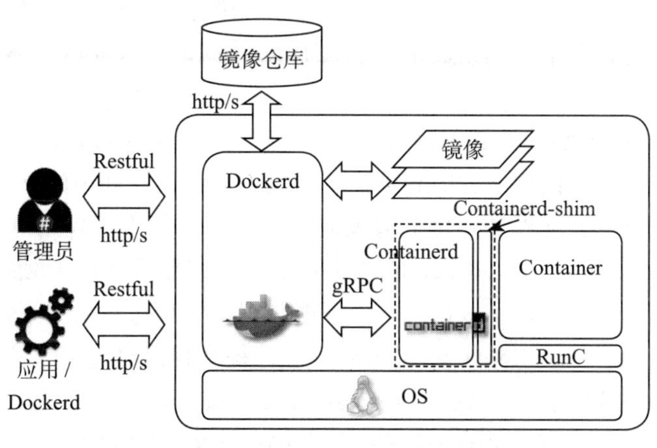

图1-3　Docker容器架构图

首先，Dockerd是一个守护进程，它可以通过TCP端口以及UNIX Domain Socket两种途径接收客户端的HTTP请求。这些请求以Restful的模式来定义，被作为Docker平台的API来使用。随着Docker平台版本的演进，这个API的版本也在不断升级，但还是保持了兼容性。由于Docker平台不仅能够管理单一宿主机上的容器和镜像，还能够实现容器集群的编排管理，因此这个API中也包含了很多超出容器和镜像管理的部分。当管理员在命令行上执行docker pull、run等命令时，实际上是调用了这些API，并且管理员既可以向本机的Dockerd发送命令，也可以向运行在其他主机上的Dockerd发送命令。这些交互过程既可以是基于HTTP的，也可以是基于HTTPS的。当然，对于像Kubernetes这样的应用来说，刚开始的时候同样是通过这种API来完成容器的创建和启停操作的。

由于这个API中包含了很多超出镜像和容器管理的功能，并不是专门为了单一主机上的容器管理而设计，因此在实际使用过程中逐渐暴露出了很多问题。无论是Kubernetes还是Docker容器管理平台自身，都希望能够有一个高效一致的容器管理API，这样既能减少Docker管理平台自身演进对它的影响，也能够逐步满足诸如高性能、适配不同容器运行时、支持多租户等更多需求，而Containerd就可以被看成是由这种需求催生出的产物。

Containerd对外提供gRPC形式的API，并且API定义中不再包含与集群、编排等相关的功能，但是它也不是简单地将既有的Docker API照搬过来，而是对已有的镜像和容器管理功能进行了更进一步的抽象，细分出内容、快照、差异、镜像、容器、任务等多个更细粒度的服务，并且还为监控管理和多租户实现设计了接口，方便外部应用利用这套API来实现高效和定制的容器管理功能。Containerd在实现这些服务的时候使用了插件机制，各个内部组件之间通过插件机制松散耦合，功能实现非常灵活，同时也为用户定制以实现专用的管理功能留下了较大空间。目前，Kubernetes所需的容器和镜像管理功能就可以由Containerd来提供，但不是通过Containerd标准的API来实现，而是由一个称为CRI的模块将Kubernetes项目中定义好的API通过gRPC接口形式包装后提供的，而这个模块在Containerd中也是以插件形式来实现的。该插件在功能实现时，不仅依靠了Containerd中已有的其他插件，并且以本地调用而不是远程RPC访问的方式完成，体现了该项目插件机制的灵活性。

在老版本的Docker创建容器过程中，容器进程直接作为Docker守护进程的子进程，运行在自己的PID命名空间中。此时容器进程在自己的命名空间中的PID为1，而在Linux操作系统中，PID为1的进程是要负责清理僵尸进程的，但很多应用进程未必考虑到了这一点。另外，在默认情况下，Docker守护进程在停止容器进程时会使用SIGTERM信号，而容器进程有可能错误地忽略了该信号。为了能够正确处理这些操作系统信号相关的特性，在Containerd中实现了一个Containerd-shim程序，每个容器对应一个该程序的实例，由它来保证正确处理各种系统信号。它对外的接口也是gRPC形式的，但是在实现时选择了内存优化的ttRPC软件包。这个程序并没有运行在容器的命名空间中。另外，在docker run的命令行上也可以选择--init选项，指定用户选择的类init功能程序，在容器中作为PID为1的进程执行，此时需要与Containerd的Linux runtime插件的no_shim参数配合使用，否则默认情况下总是会启动Containerd-shim程序。

Containerd以守护进程的形式运行，它完成了对镜像和容器的基本管理功能，提供了对外的API接口。而这些管理功能背后的实际执行者却并不是Containerd。出现这种情况的最主要原因可能是Docker不仅希望容器技术和标准能够在Linux环境下得到推广和应用，还希望它能够在更多的平台上也发挥作用。为此，Docker推动了对容器运行时进行标准化，该标准化过程是在OCI组织下进行的，并且在2017年7月固化了1.0版本的运行时配置。

RunC就是该标准在Linux下的参考实现，Containerd可以按照标准的配置参数来调用它，创建和启动容器进程。这个程序尽管不是以守护进程的方式来执行，但是它会将容器的运行配置和状态数据都记录在json文件中，当Containerd要求RunC执行诸如停止、暂停容器等操作时，它会首先根据容器ID在配置好的路径下找到该json文件，再利用json中记录的容器进程PID以及CGroup文件路径等作为参数调用操作系统API，并完成自己的任务。

由RunC启动的容器进程的标准输入和标准输出被重定向到管道中，并在Containerd中被关联到FIFO文件。这些FIFO文件是在Dockerd中创建的，并通过gRPC请求将它们的路径名传递到Containerd中。

为了让读者对这里描述的Docker架构有一个直观的了解，下面通过启动一个容器后的进程列表来展示Docker架构中各个组件之间的调用关系。

```
# docker run -d alpine-32:3.6.2 sh -c 'while true; do date; sleep 2; done'
d1c5...
# ps -eHo pid,ppid,cmd | more
   PID  PPID   CMD
...
19367     1   /usr/bin/dockerd
19372 19367     docker-containerd --config /var/run/docker/containerd/containerd.
toml
30131 19372         docker-containerd-shim -namespace moby -workdir /var/lib/
docker/containerd/daemon/io.containerd.runtime.v1.linux/moby/d1c5... -address /var/
run/docker/containerd/docker-containerd.sock -containerd-binary /usr/bin/docker-
containerd -runtime-root /var/run/docker/runtime-runc -debug
30146 30131         sh -c while true; do date; sleep 2; done
47624 30146           sleep 2
```

此时，在 /var/run/docker/runtime-runc/moby 目录下，根据容器 ID 找到对应子目录，就可以看到 state.json 文件。而与此对应的容器创建配置保存在 /var/run/docker/containerd/daemon/ 目录下和与 Linux runtime 插件相关的 io.containerd.runtime.v1.linux/moby/ 子目录下，在此目录下同样有与容器 ID 相关的子目录，其中的 config.json 文件保存了 OCI 标准格式的配置参数。

尽管 Containerd 能够提供镜像管理的功能，但是在 OCI 标准中，容器创建过程和镜像之间并没有关联。只要在配置参数中指定已经构建好的根文件系统视图，RunC 就能够正常工作。同样，在 Containerd 的容器服务接口上，客户端可以选择直接传递该配置，而不是要求 Containerd 自己构建。所以当前 Dockerd 只利用了已有的镜像管理功能，而在后续演进过程中，这几个组件之间在此功能上如何配合还不清楚。

1.4.2　Docker 原理

Docker 是基于操作系统虚拟化技术实现的，这一点与基于硬件虚拟化的各种虚拟机产品有很大不同，但是两者所要解决的问题在很多方面却有相似之处，比如，都希望为应用提供一个虚拟、完整和独占的运行环境，都希望能够提高这些虚拟环境之间的隔离度，也都希望能够从管理的角度对这些虚拟环境占用的宿主机资源进行方便的管控。在解释为何使用 Docker 的时候已经提到，Docker 解决这些问题的途径是在共享宿主机内核的基础上包装内核提供的一系列 API。具体到 Linux 操作系统上，内核所提供的相关 API 涉及很多方面，其中被大家关注得最多也是最主要的是 CGroup 和 namespace。另外，在实现分层镜像和容器的根文件系统视图时，Docker 使用了与虚拟文件系统相关的挂载和绑定挂载 API，这些都不是新内容，只是 Docker 这类容器化产品将它们进行包装并推动了操作系统已有虚拟化能力的大众化而已。

下面就对这几个 Docker 中应用到的主要技术分别进行简单的介绍。

CGroup 是 Control Group 的缩写，它是 Linux 中的特有功能，首先由 Google 公司提交的内核补丁实现。顾名思义，这个功能与控制、分组有关。其实，如果单从功能角度来看的话，也许叫做Group Control更好一些。这主要是因为该功能的核心在于对进程进行层次化分组，并能够以每个组的粒度实现诸如资源限制和策略控制功能，而这正是前面提到的虚拟化目标的基础。每一个虚拟环境（或者称之为“容器”）中的应用进程，以及后续加入该环境中的其他进程都应该受到同样的策略管控，这是很容易理解的；但是在没有这个基础设施之前，单从已有的操作系统功能上看是无法实现的。而有了这种分层的分组功能之后，不仅是容器运行时，包括系统管理员，也可以方便地实现对容器中进程占用的CPU、内存等资源的限制。而这种控制功能，在CGroup中是由很多控制器来完成的，主要的控制器包括blkio、cpu、cpuacct、cpuset、devices、freezer、hugetlb、memory、net_cls、net_prio和perf_event等。

这些控制器和不同的进程组之间的关系在第一个版本的CGroup实现中是很灵活的。每个控制器可以对应到单独的一个组，以及由该组的子组所构成的所谓“层次结构”。这也是目前Docker所支持的实现方式。但是这种实现被认为过于复杂，带来了很多技术上的障碍，因此在第二个版本的实现中将这种“层次结构”限定为只有一个。但是版本二的CGroup功能直到在4.15版本内核中才完整实现，目前可能还不成熟。

不管是哪一个版本的CGroup实现，对进程分组的控制都是通过一个虚拟文件系统下的目录节点和其中的节点文件来实现的，而各种控制器功能也是通过一些节点文件来实现。整个CGroup功能模块的对外接口就是通过这个虚拟文件系统来暴露。在使用了systemd作为init的Linux系统上，这个CGroup虚拟文件系统的挂接点路径为/sys/fs/cgroup。在下面的目录列表中，cpu和cpuacct是指向“cpu,cpuacct”的符号链接，systemd目录节点是systemd自己创建的一个“层次结构”，与任何控制器无关，只利用到CGroup核心的进程分组管理功能。其他目录节点和其下的子节点基本上每个都对应着一种控制器。下面是systemd管理下默认的CGroup层次结构的根列表。

```
# ls -p /sys/fs/cgroup
blkio/  cpu  cpuacct  cpu,cpuacct/  cpuset/  devices/  freezer/  hugetlb/
memory/  net_cls/  perf_event/  systemd/
```

默认情况下，Docker在这每个层次结构目录下都创建了自己的节点子目录，然后再为每个容器创建以容器ID为名称的节点目录，将所有容器相关的进程都管理在这个“层次结构”中。比如devices控制器是用来限定进程组对设备文件的访问权限的，它对应的层次结构的顶层节点文件列表如下：

```
# ls -p /sys/fs/cgroup/devices
cgroup.clone_children  cgroup.procs  devices.allow  devices.list  devices.deny
release_agent  notify_on_release  cgroup.event_control  cgroup.sane_behavior  tasks
docker/  system.slice/  user.slice/
```

其中与device控制器相关的节点文件以“devices.”开头，如devices.allow和devices.deny，按照一定格式写入设备号和权限控制串就能够实现设备访问控制，Docker中是以白名单方式来完成控制的。其他几个文件和 CGroup 的进程组管理功能有关：tasks，可以向其写入线程 ID，将此线程纳入该层次结构内；cgroup.procs，可以向其写入线程组 ID，将线程组纳入层次结构内；notify_on_release，是控制当前组销毁时是否调用 release_agent 中登记的程序的开关；release_agent，用于登记触发程序，但是只有顶层才有此文件；cgroup.event_control，用于通过 eventfd 系统调用在用户程序中得到控制器的事件通知；cgroup.clone_children，只用于 cpuset 控制器，控制子组是否在创建时复制父控制器的配置；cgroup.sane_behavior 是一个过渡性文件，与是否启用第二版 CGroup 功能有关。只要一个进程被纳入某个控制组，那么在后续的 fork 调用时，新创建的进程仍然在此控制组中，这样就从进程的角度确立了容器的边界。

Docker 在每个层次结构中都创建了自己的节点目录，该节点目录下也有与顶层类似的节点文件，而每个容器在默认情况下都有自己的子节点目录，其下同样有该层次的对应节点文件。顶层中除了 docker 节点目录外的另外两个节点目录是由 systemd 创建的，用于管理宿主机上的服务和用户会话。

```
# ls -p /sys/fs/cgroup/devices/docker
b61e023569ba3a0.../  tasks cgroup.procs notify_on_release cgroup.event_control
devices.allow  devices.list  cgroup.clone_children  devices.deny
```

其他控制器与 devices 控制器一样，也有自己的节点文件，限于篇幅，这里不再一一罗列，只简单说明一下前面第一个列表中显示出的各个控制器的主要功能：cpu，用于限制组中进程的 CPU 使用量；cpuacct，用于对组中进程的 CPU 使用进行计量；cpuset，用于限定组中进程可用的 CPU 和 NUMA 类型内存节点；memory，用于限定和报告组中进程的内存使用量；blkio，用于限制组中进程对块设备的 I/O 操作；freezer，用于挂起或者解冻组和子组中所有进程；net_cls，用于设置组中进程发送的网络数据包的类别 ID；net_prio，用于设置与该组相关网络数据包的优先级；perf_event，用于控制是否对组中进程执行 perf 监控；hugetlb，用于限制和报告组中进程对大页面的使用量。

从上面的介绍中可以看出，CGroup 功能划定了容器的进程组边界，并且也能够执行一定资源限制功能，但是组中的进程仍然可以看到与宿主机上进程相同的东西，也就是这些组之间还没有相互“隔离”。能够支持“隔离”功能的是内核中的命名空间（namespace）特性。

已经被 Docker 所利用的 Linux 内核的命名空间特性包括：

1）PID namespace：每当在此命名空间中启动一个程序，内核就为其分配一个唯一的 ID，它与从宿主机中所见的不同。每个容器中的进程都有自己单独的进程 ID 空间。

2）MNT namespace：每个容器都有自己的目录挂载路径的命名空间。

3）NET namespace：每个容器都有自己单独的网络栈，其中的 socket 和网卡设备都是其他容器不能访问的。

4）UTS namespace：在此命名空间中的进程拥有自己的主机名和 NIS 域名。

5）IPC namespace：只有在相同的 IPC 命名空间中的进程才可以利用共享内存、信号量和消息队列相互通信。

6）User namespace：用户命名空间被内核用于隔离容器中用户 ID、组 ID 以及根目录、key 和 capabilities，用户还能通过配置来映射宿主机和容器中的用户 ID 和组 ID。

与 CGroup 的实现不同，该特性的实现不是通过虚拟文件系统接口，而是通过实际的系统调用完成的。与此特性相关的系统调用有三个：clone（fork 函数实际是通过该系统调用实现的），在创建进程的同时根据参数中的标记为其新建命名空间，而没有新建标记时，子进程自动继承父进程的命名空间，这样由命名空间构建的沙箱边界在应用中得到保持；setns，用于加入一个已经存在的命名空间；unshare，根据参数标记为调用进程新建命名空间，并将调用进程加入此空间中。由这些系统调用创建出的命名空间构成树形结构，宿主机初始命名空间是根，新建的 MNT 和 UTS 命名空间复制了父命名空间的内容。对于 setns 调用来说，无疑需要一个已经存在的命名空间的标识，而这是通过打开 /proc/<pid>/ns/ 目录下的符号链接文件来得到的。每个内核支持的命名空间在此目录下有对应的文件，文件名是确定的，如 mnt、net、pid 等。在 Docker 中不同容器共享某个命名空间正是通过打开这种文件来实现的。

这些调用都是与进程相关的，那么命名空间的生命周期是否完全与创建它的进程绑定呢？其实只要将 /proc/<pid>/ns/ 目录下的符号链接文件绑定挂载到另一个目录下，那么即便该命名空间中的所有进程都已经销毁，该命名空间还将继续存在。Docker 中创建的网络命名空间也使用到这个特性。

上面提到的各种命名空间引入内核的时间并不相同，其中 User namespace 不仅引入最迟，并且直到 4.15 版本内核还在进行较大功能改进。该特性与安全控制相关，不仅语义复杂，而且还需借助一些特殊机制来减少漏洞，如 User ID 和 Group ID 映射。在创建用户命名空间时可以对 /proc/<pid>/ 目录下 uid_map 和 gid_map 文件执行一次写操作，写入内容是新命名空间中用户或者组 ID 在父命名空间中的映射 ID，以起始 ID、起始映射 ID 加 ID 段长度的格式写入，4.15 版本内核之前只能写入 5 行，4.15 版本内核开始支持 340 行。这个写操作只能执行一次。没有被这些映射规则覆盖的 UID 和 GID 自动参考 /proc/sys/kernel/ 下 overflowuid 和 overflowgid 中的值。当创建文件时以映射后的用户和组 ID 来执行权限检查。

新建的网络命名空间中除了 loopback 设备之外没有任何网卡设备、路由表等资源，需要专门为其进行配置。一个网卡设备只能归属于一个网络命名空间，但是像 veth 这种虚拟网络设备则可以提供类似于管道的功能，以沟通不同的网络命名空间。

虽然新建的 MNT 命名空间自动复制了父命名空间的全部内容，但是在容器创建过程中，容器运行时首先根据镜像和配置参数为容器准备好一个根文件系统的目录树，然后执行 pivot_root 系统调用将新命名空间中的根文件系统切换到这个目录树上，再执行 umount 调用卸载原有内容，最终为容器环境准备好一个隔离的文件系统视图。

接下来需要特别提到的是，Docker容器镜像的构建基于一系列的镜像层，这些镜像本身是只读的，在容器运行时根据镜像创建容器时才为每个容器提供相互独立的读写层。Docker引擎提供的容器镜像构建工具还可以将某个镜像作为基础镜像来创建新镜像，当然这是分层技术的一个合理扩展。从读取的角度看，虚拟文件系统将多层镜像中的目录结构汇聚起来向用户提供单一的视图，并且上层文件覆盖下层；而从写入角度看，实现这种镜像分层的关键在于COW（Copy On Write）技术，简单地说，就是虚拟文件系统在用户更改某个文件时，才将原本共享的只读内容复制到读写层，供用户操作。这种通过堆栈式的只读镜像层来创建容器的方式带来的明显好处就是，在存储和传输镜像的时候，许多已经被缓存的共享镜像层就可以通过引用的形式来标注，无需再占用存储空间和网络带宽了。这种对资源的有效利用可以帮助Docker引擎更快地下载镜像，也能够帮助管理员在同一台设备上规划更多的应用容器。

对于容器的运行来说，有时仅仅提供隔离性是不够的。比如上面已经提到的CGroup技术，对它的管理是在宿主机上的/sys/fs/cgroup路径下某些节点中进行的，但是新建了MNT命名空间之后，这些节点路径和容器文件系统视图中的节点如何关联呢？这就不能不提到Linux下mount系统调用中的绑定挂载功能。

在Linux下可以采用绑定挂载的方式将一个文件或者目录绑定到某个挂载点上，使得在那个挂载点上可以看到这个文件或者目录的内容。并且这种绑定处理的效果可以跨越文件系统和命名空间的边界。显然，容器运行时正是利用了这个技术将容器内外环境拼接起来。另外，这种绑定挂载功能设计中支持单向和双向的共享设定，还能够进行递归性质和多级模式的设定，这些设定被称为传播模式。目前的容器运行时接口上已经能够完整支持这些参数设定。

在Docker中得到运用的不仅包括上述这些技术，还集成了Capabilities设置、Seccomp、SELinux/AppArmor等其他与安全控制相关的技术，它们都是操作系统通过一系列分离的API实现的，它们被Docker引擎通过标准化的配置和对外管理接口集成起来，为用户提供了一整套方便使用、持续演进的容器化应用构建、发布和运行工具。

1.4.3 容器网络

不得不说，容器网络是一个很大的话题，这里很难完全展开，下面仅仅对Docker中容器的构建方式进行简单的介绍。需要注意的是，这里描述的仅仅是Docker中的处理模式，并不代表容器网络只能采用这种方式构建，比如在Kubernetes中采用的就是另外一种模式。

从Docker命令行上已经知道，用户可以为新创建的容器指定主机名到IP的映射，能够设定DNS选项，能够设定容器内应用和宿主机上端口之间的映射关系，能够设定容器中网卡的IP地址、MAC地址和本地链路地址，可以通过指定别名的方式在容器中直接访问其他容器，可以指定none、bridge、host以及container:name形式的容器网络模式，还能够引用已经创建好的网络对象的名称。这些功能都是由内部的NetworkController来提供的。

这个内部控制器负责管理 bridge、host、overlay 等许多内置驱动，还能够通过 HTTP 接口管理插件形式的远程驱动，通过这些驱动创建出 endpoint 和 network 对象。每个 endpoint 可以理解为网卡，而 network 则可以包含多个 endpoint，并包含更多的网络参数。控制器将 endpoint 包装到 sandbox 对象中，其中包含路由、DNS 选项等全部内容，同时有唯一的 ID。

Docker 在创建容器时，先调用控制器创建 sandbox 对象，再调用容器运行时为容器创建网络命名空间。需要注意，控制器同时还暴露出一个 UNIX Domain Socket 的监听接口，在 Docker 调用容器运行时的请求中，已经包含了访问这个监听接口的命令作为容器创建完成之前的钩子命令。容器运行时在创建了容器但还没有启动它之前，会执行这个钩子命令，并且将容器 pid 等参数通过网络接口发送到控制器中。采用这种网络传输的方式，宿主机上即使有多个容器同时向控制器发送请求，控制器也是以串行的方式来执行。

控制器在接收到容器运行时的请求之后，就会通知驱动，将 endpoint 加入到容器 pid 对应的网络命名空间中，并为容器网络准备好其他资源。这样就为容器启动准备好了网络环境。

1.4.4 容器存储

可以通过数据卷挂载的方式来实现独立于 Docker 容器生命周期的持久化存储。数据卷可以对应到宿主机上的特殊目录或文件，它们可以被一个或多个容器所使用。直接挂载目录时，Docker 自动创建匿名数据卷，而要在多个容器之间共享有名数据卷，就要事先加以创建。创建一个数据卷前，要在文件系统中创建好相应的目录或文件。容器启动运行时采用 -v 参数来挂载匿名数据卷是在容器生命周期之外持久化数据的最简单方法，如下面命令：

```
docker run -d -P -v /webapp:/home/tomcat/webapp tomcat
```

当然也可以在命令行上通过多个 -v 参数，一次性为运行的容器挂载多个匿名数据卷，以及将它们分别挂载到不同的容器目标目录上，具体命令如下：

```
docker run -d -P -v /webapp:/home/tomcat/webapp -v /log:/home/tomcat/log  tomcat
```

最后，再给出一个直接挂载文件的例子，如下：

```
docker run --rm -it -v ~/.bash_history:/.bash_histiry ubuntu /bin/bash
```

1.5 Docker 安装

Docker 引擎能够在 Linux、MacOS 以及 Windows 10 以上版本下安装。Docker 引擎以客户端 / 服务器模式运行在宿主机上，以下操作过程同时安装了客户端工具、服务器端程序以及基本文档。

Docker 引擎版本分为两类：社区版和企业版。其中，只有社区版是开源免费使用的，被称为 Docker-ce。对于 Docker 企业版这里暂不讨论。

1.5.1　手动安装模式

Docker-ce 版本包可以从 https://download.docker.com/ 站点下载，网上还有不少提供镜像功能的站点，有时从这些镜像站点下载比从官方站点下载要快，尤其是在企业内部网络中只能访问到内部的镜像站点时，这就变成唯一途径了。版本包中含有编译好的服务器端程序和客户端命令行工具，以及内置的 Containerd 和 RunC 等运行时依赖程序（但不含有 Linux 下用于 checkpoint 的 criu 工具）。如果用源码编译的话，可使用 git 克隆源代码，再用 Golang 编译出可执行程序。需要注意的是，Docker-ce 的部分版本分支（17.05 及以前的）代码在 https://github.com/moby/moby 项目中，但是更新的版本分支代码在 https://github.com/docker/docker-ce 项目中。编译过程中会自动下载依赖包对应的源码，并使用到编译机上已安装的 Docker 引擎，这是因为编译过程是在一系列容器中进行的。

Docker-ce 提供四种版本：stable、edge、test 和 nightly。从 Docker 1.13 版本以后，新版本号改成了以发布年份和月份为准，而不再是顺序的数字，比如 17.09.0、18.03.0 等。edge 版每月发布，stable 版则是每季度才发布一次。test 版是在 edge 版发布之前，以 rc1、rc2 等形式发布，而 nightly 版本带有 -dev 后缀，相当于下个月的预览版。目前，从上述官方下载站点只能下载 17.03.0 之后的版本，在 CentOS、Ubuntu 等操作系统上通过软件包管理工具安装时，可以通过指定版本号的方式从它们自有的仓库中下载并安装对应旧版本的软件包。

Docker-ce 版本分为静态链接和动态链接两种。静态链接版本不依赖操作系统库，但尺寸较大；而动态链接版本的可执行程序虽然小一点，但是与操作系统库相关，这种版本包只能在某种操作系统的具体发行版下安装。目前对于 Windows 和 MacOS，只能提供静态链接版本。

对 Linux 同时提供静态和动态链接两种版本。动态版本支持 CentOS、Debian、Fedora、Raspbian 和 Ubuntu 五类发行版。另外，由于 Docker 引擎要求内核版本在 3.10 以上，而且内核编译时需要激活必需的 namespace、CGroup、netfilter、veth 等特性，还对 iptables 等工具版本有依赖要求，因此只支持这些发行版的某些版本，比如对 CentOS 要求是版本 7 以上，对 Ubuntu 则要求是 14.04 版本以上等。如图 1-4 所示的表格整理了 Docker-ce 官方下载站点上提供的不同操作系统的版本情况。

要验证当前环境是否满足 Docker 运行要求，可以下载并执行如下脚本：

```
# curl https://raw.githubusercontent.com/moby/moby/master/contrib/check-config.
sh > check-config.sh
# bash ./check-config.sh
```

由于在 Windows 和 MacOS 下使用 Docker 的业务场景还不广泛，因此这里不讨论在这两种操作系统下安装 Docker-ce 的过程。

	stable	edge	test	nightly
Windows	X	X	X	
MacOS	X	X	X	X
Linux Static	A E H P S X	A E H P S X	A E H P S X	A E H P S X
CentOS	A X	A X	A X	A X
Debian	H 6	H 6	H 6	H 6
Fedora	A X	A X	A X	A X
Reapbian	H	H	H	H
Ubuntu	H P S 6	H P S 6	H P S 6	H P S 6

图 1-4　Docker-ce 操作系统支持情况

表格中■代表静态版本，●代表动态版本。

A = aarch64　E = armel　H = armhf　P = ppc64le　S = s390x　X = x86_64　6 = amd64

如果用户当前 Linux 发行版本不在上述支持范围内，可下载静态编译版本包（注意 URL 路径中版本类型和体系结构标识）：https://download.docker.com/linux/static/stable/x86_64/。URL 路径中 stable 表示版本类型，而 x86_64 表示该版本支持的体系结构。如果需要其他静态链接版本，只要从对应的 URL 下载即可。

下载该 URL 下后缀为 tgz 的压缩文件，解压并复制全部内容到 /usr/bin，就可以执行 Dockerd 守护程序了。不过以这种方式下载安装的时候不带有手册文档。

```
# tar xzvf /path/to/<FILE>.tar.gz
# cp docker/* /usr/bin/
# dockerd &
```

这时需要手工配置 /etc/docker/daemon.json，添加定制的运行参数，或者为 Dockerd 添加命令行参数。具体执行参数需要参考 Docker 文档。

1.5.2　Ubuntu 中自动化安装 Docker

Docker 声称支持的 Ubuntu 版本有：14.04（trusty）、16.04（xenial）、16.10（yakkety）、17.04（zesty）、17.10（artful）和 18.04（bionic），括号中为版本代号。下面以 17.10 版本为例来说明其安装过程。自动安装过程中使用的 deb 文件里包含了 Docker-ce 版本，并且会根据当前操作系统版本自动选择可用的最新 Docker-ce 版本来安装。

■ 17.10 上安装 Docker-ce

首先，删除可能有冲突的软件包并安装依赖工具。

```
# apt-get remove docker docker-engine docker.io lxc-docker docker-engine-cs lxc-
docker-virtual-package
# apt-get install apt-transport-https ca-certificates curl  software-properties-common
```

添加安装源时，可使用非download.docker.com的镜像来加快访问速度。执行add-apt-repository时可指定体系结构、自身版本代号和期望的Docker版本。

```
# curl -fsSL https://mirrors.ustc.edu.cn/docker-ce/linux/ubuntu/gpg | apt-key
add -
OK
# add-apt-repository "deb [arch=amd64] https://mirrors.ustc.edu.cn/docker-ce/
linux/ubuntu artful stable"
...
# apt-get update
```

然后，用`apt-get install`命令来安装。安装结束后，守护程序会自动运行起来。

```
# apt-get install docker-ce
# systemctl status docker
# docker info
```

此时，Dockerd监听的/var/run/docker.sock文件属组为root/docker。可将当前用户加入Docker组中，这样无需sudo就可执行Docker命令了。

```
$ ls -l /var/run
...
srw-rw----  1 root docker    0 Apr  7 14:37 docker.sock

$ sudo usermod -aG docker $USER
```

执行命令之后，还需要退出并重新登录之后才能生效。

还可以从Docker-ce官方下载站点或者镜像站点直接下载支持Ubuntu操作系统的版本deb文件，该文件对应的下载路径为：linux/ubuntu/dists/artful/pool/stable/amd64/。这个路径中，artful对应的是Ubuntu的版本代号，stable对应的是Docker-ce的版本类型，而amd64对应的是其支持的体系结构类型。如果需要其他版本，需要从不同的路径下载。下载了deb文件后，就可以用`dpkg -i`命令来安装和升级。

■ 卸载Docker-ce

用户可以用`apt-get purge docker-ce`命令来卸载Docker-ce，卸载后还需手工删除/var/lib/docker目录。

1.5.3 CentOS中自动化安装Docker

CentOS 6内核是2.6.xx，不适合运行Docker，因此最好在CentOS 7上安装Docker。

与Ubuntu类似，先删除冲突包，然后安装工具包并添加repo源（可用镜像源）。

```
# yum remove docker docker-client docker-client-latest docker-common docker-
latest docker-latest-logrotate docker-logrotate docker-selinux docker-engine-selinux
docker-engine
# yum install -y yum-utils
# yum-config-manager --add-repo https://mirrors.ustc.edu.cn/docker-ce/linux/
```

```
centos/docker-ce.repo
```

在 /etc/yum.repos.d 目录下的 docker-ce.repo 中，需手工修改 URL 才能指向定制镜像源，否则总是 download.docker.com。接下来就可用 `yum install` 指令来安装 Docker-ce 软件包。安装时，系统会自动下载与当前 OS 版本对应的包含最新可用 Docker-ce 版本的 rpm 包。

```
# yum install docker-ce
```

安装结束后，默认不启动服务，需用 `systemctl start docker` 来手工启动，并用 systemctl status docker 和 docker info 命令来查看启动效果。

```
# systemctl start docker
# systemctl status docker
# docker info
```

同样可以修改用户组，退出并重新登录之后才能生效。

```
$ sudo usermod -aG docker $USER
```

可从 Docker-ce 官方下载站点或者镜像下载站点的 linux/centos/7/x86_64/stable/Packages/ 路径直接下载 rpm，并用 `yum install` 命令来安装它。注意，在这个路径中，7 是对应的 CentOS 的版本，x86_64 是版本包对应的体系结构类型，stable 表示版本类型，如果需要不同的版本，就要从不同的路径下载。

升级当前主机上的 Docker-ce 时，也可以直接用下载的新版本 rpm 文件，但是需用 `yum upgrade` 命令，而不是 `yum install` 命令来安装。

卸载 Docker-ce 的命令为 `yum remove docker-ce`，此时 /var/lib/docker 目录也需要手工删除。

第 2 章 Chapter 2

容器引擎

容器引擎是容器的核心内容，主要是通过容器提供的命令进行容器相关的操作及容器状态的转换。通过 Docker 的 API 或 Docker 的 Event 可以获取容器生命周期中各个状态的变化。具体的容器状态变化及执行的命令如图 2-1 所示。

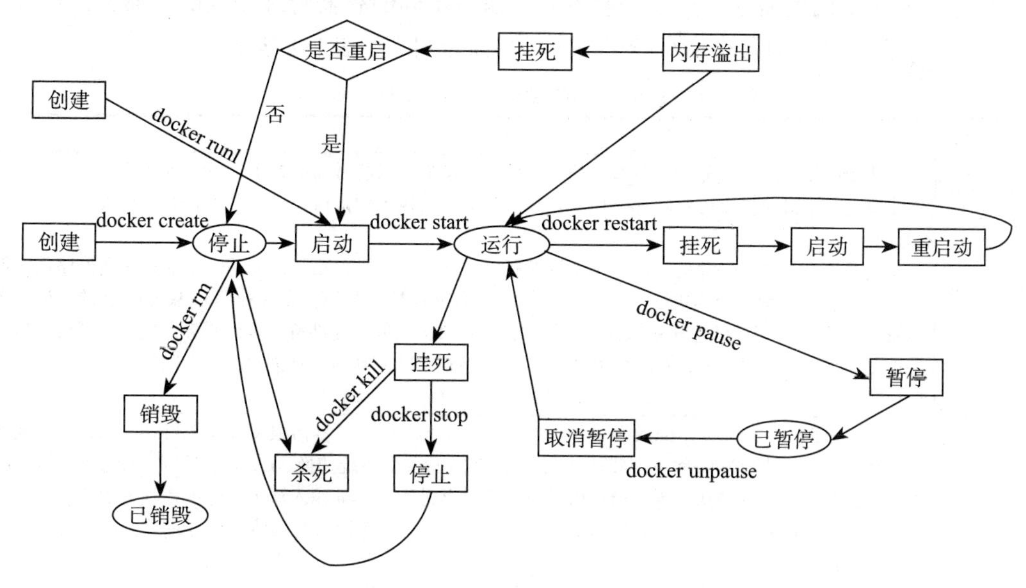

图 2-1 Docker 生命周期转换图

本章首先大致描述容器引擎的实现原理，然后对这些命令及状态转换进行简单说明，帮助读者了解如何创建容器、显示容器状态、访问运行状态容器以及暂停、终止和删除容器等操作。这里是基于 Docker-ce 18.04 版本来介绍具体命令的，这些命令通过 Restful 形式的接口访问 Docker 引擎来实现。

2.1 容器引擎实现原理

如果读者希望不仅了解 Docker 所提供的命令以及 API 的功能和各种选项，而且能够了解这些功能和选项的含义，那么就首先需要了解其实现机制。前面已经对当前 Docker 在 Linux 系统下的实现架构和利用的部分操作系统特性进行了介绍，而且提到了在此架构中由 Dockerd、Containerd 和 RunC 等多个组件配合完成整个容器生命周期的管理功能。那么，这些组件又是如何配合来完成各项功能的呢？由于每个组件都为其调用者提供了外部接口，那么从这些接口入手来介绍，无疑可以方便地构建出整个容器引擎的功能图景。

直接为 Docker 命令行工具服务的是 Dockerd 守护进程，它调用 Containerd 提供的接口，并进一步通过 Containerd-shim 调用 RunC 工具实现各种容器引擎功能。这几个功能组件之间形成了从上到下三层的相互调用关系，一共有四个功能接口需要加以介绍。很显然，要么从最上层的 Dockerd API 接口开始介绍，要么从最底层的工具接口开始。考虑到如果从最顶层开始介绍，难免使得读者对底层的实现产生疑惑，因此这里采用自底向上的方式来介绍它们，首先介绍的是 RunC 工具的功能接口。

其实，RunC 工具并不是以后台守护进程的方式运行，它只是一个二进制可执行程序。外部程序是通过不同的命令行选项来触发它以执行不同的容器管理功能的。那么，对其外部接口介绍实际上就是对各个命令行子命令的功能介绍。如表 2-1 所示。

表 2-1 各个 RunC 命令行子命令的功能介绍

子命令	说明
checkpoint	利用 criu 工具，根据命令行参数创建容器检查点镜像。只能对当前处于运行或者暂停态的容器执行创建检查点，目前只支持对以 root 用户权限创建的容器执行创建检查点，要求 criu 工具版本至少大于 1.5.2 可用命令行参数：保存的 criu 镜像文件路径；工作文件和日志路径；前一个 criu 镜像文件路径；创建检查点后进程是否继续执行标识；允许有打开 TCP 连接的标识；允许外部 Unix Socket 的标识；允许 shell 任务的标识；延迟恢复内存页面标识；延迟页面读同步文件符；页面服务器地址和端口；是否处理文件锁标识；只导出容器内存信息标识；CGroup 模式默认 soft；创建命名空间标识；启用自动内存镜像排重标识
create	根据 bundle 中的 config.json 文件，以及该文件中 rootfs 指向的容器根文件系统目录，构建容器隔离运行环境，包括执行各种命名空间创建、路径挂载、根文件系统切换、CGroup 控制文件参数写入、各种安全相关限制条件的执行等，通过管道方式将容器进程的标准输入输出和标准错误流引出，并执行 prestart 和 poststart 钩子程序，最后通过 FIFO 文件操作同步等待执行具体的容器进程。此时容器状态为 Created 子命令参数给出了容器 bundle 目录；用于接收 console 伪终端 master 端文件符的 UNIX Socket 路径；写入创建后容器进程 PID 的文件名；在 ramdisk 上创建容器时不使用 private_root 调用的特殊标识；指示继承父进程会话 keyring 的特殊标识；为容器进程保留除标准输入输出和标准错误之外文件描述符的特殊标识。主要的创建参数都通过 bundle 目录下的 config.json 文件来描述，该文件中的 json 数据格式已经通过 OCI 组织标准化了

（续）

子命令	说明
delete	带有强制删除参数，用于向运行状态容器进程发送 SIGKILL 信号 根据 ID 对应的容器状态执行信号发送、清理控制组、清理根目录、执行 poststop 钩子程序等操作，容器状态为 Stopped
events	显示一次或者一段间隔时间里的处于非停止状态容器的统计，包括容器里的 PID、PID 数量限制、各级别 CPU 占用、CPU 占用超限统计、各级别内存占用统计、各级别块 I/O 统计、是否被 OOM 清除掉等
exec	在 ID 指定的容器的命名空间中以指定模式执行某个应用，应用进程在容器控制组界限内。容器不能处于 Stopped 状态
init	专门用于 create 或者 run 操作时的特殊命令，作为容器进程的父进程来创建，负责对各种操作系统 API 调用的控制，在容器进程正常启动后退出
kill	向容器主进程或者全部进程发送指定信号，默认发送 SIGTERM 信号
list	根据指定 RunC 运行时根目录找到所有还未被清除的以容器 ID 命名的子目录，以表格或者 json 格式显示对应容器的基本状态信息，包括 OCI 版本、容器 ID、主进程号、当前状态、保存配置参数路径、根文件系统路径、创建时间、容器所有者和配置中用户定义注解。也可以只显示容器 ID 列表
pause	针对 Running 和 Created 状态的容器，利用 CGroup 中的 freezer 控制器暂停该容器中所有进程，成功后容器状态迁移到 Paused
ps	以表格或者 json 格式显示以 root 用户权限创建的容器中所有进程的基本状态，基本状态用 ps 命令来获取，用户可通过本命令的参数为 ps 命令的执行添加选项，如果没有就使用“-ef”默认选项
restore	利用 criu 工具和检查点镜像恢复容器
resume	针对已经处于 Paused 状态的指定容器，利用 CGroup 中的 freezer 控制器解冻该容器中所有进程，成功后容器状态迁移到 Running
run	相当于 create 和 start 命令的组合
spec	可以为通常的 root 权限方式启动容器场景创建出样例的 config.json 文件，也可以根据参数选项调整到非 root 权限方式的样例文件。样例文件中容器启动运行 sh 命令
start	对已经处于 Created 状态的容器根文件系统下专门 FIFO 文件操作触发容器进程实际执行 exec 调用
state	以 json 格式给出指定容器的基本状态信息，包括 OCI 版本、容器 ID、主进程号、当前状态、保存配置参数路径、根文件系统路径、创建时间、容器所有者和配置中用户定义注解。处于 Stopped 状态容器主进程号为 0
update	可以通过 json 和单独的命令行参数两种方式传递要修改的资源限制，用来修改非 Stopped 状态容器的 CPU、内存和块 I/O 权重以及容器进程数限制这几个资源限制值，具体通过直接写 CGroup 控制文件实现

在对容器架构进行介绍的时候已经提到，实现 Containerd-shim 的目的主要是避免容器中出现僵尸进程并减轻容器处理系统信号的负担。该组件其实是可选的，但是在目前 Dockerd 自动生成的 Containerd 的启动配置文件中，已经将该组件设为启用，因此这里要介绍其接口功能，以便读者了解 Containerd 是如何调用 RunC 的。这里说该组件是可选的，并不是说不启用该接口时下面介绍的那些功能就消失了，而是说这些功能不再以 gRPC 接口的形式提供，而是通过内部函数调用的方式完成，同时 shim 的专门职责就需要其他程序来负责了。

该组件以守护进程的方式执行，并且要为每个容器都启动一个，因此在实现时，以较为节省内存的ttRPC来支持gRPC类型的接口，该实现目前可能不支持流。该组件的启动参数中包括日志输出的调试级别；启动该shim的namespace（指的是Containerd中租户对应的namespace）；启动服务的监听socket路径；回调访问Containerd的socket路径；保存临时数据的工作目录；RunC的工作根目录；criu可执行程序路径；是否通过systemd管理CGroup的标识。启动参数中还带有Containerd的可执行程序路径，用于执行`containerd publish`命令来发布事件，其中将回调访问Containerd的socket路径作为地址参数，事件发布由单独线程负责。

gRPC接口以某个服务的方法加上请求和响应消息的格式来定义，不过，请求和响应消息的定义实际上以满足传递前后端接口数据为准，从上下文中也不难理解。因此，这里直接以对每个方法的说明来介绍接口的功能，而没有再对请求和响应消息进行详细讨论，如表2-2所示。

表2-2 Containerd-shim gRPC接口方法及其说明

方法	说明
State	调用`runc state`命令获取容器状态，对于使用Exec方法后再执行Start方法启动的进程状态，要在当前容器状态基础上再额外判断，但是总的状态集合都是一样的，包括created、running、pausing、paused和stopped。在获取容器或者正在执行的容器命令的状态的同时，返回对应的PID，配置根路径及原始请求中的各种中继流的文件路径。如果已经退出，带有何时退出、退出状态等信息
Create	一般情况下，调用`runc create`命令创建容器，将已经重定向的容器流中继到发起容器创建的请求中带来的FIFO文件中，从RunC创建容器时同时创建的PID文件中读取容器进程的PID。在调用RunC工具的同时，构建内部处理对象，并保存该对象作为后续处理的依据。但是如果请求中带有checkpoint的参数，则不调用RunC命令，而只是记录状态，为后续的Start命令做准备
Start	针对不同方式创建的内部处理对象，执行不同的RunC命令：对于一般创建的容器，执行`runc start`命令启动容器进程；对于为checkpoint参数请求准备的对象，执行`runc restore`命令恢复容器；对于Exec方式准备的对象，针对容器执行`runc exec`命令
Delete	调用`runc delete`命令完全删除容器，卸载根文件系统，清理内部对象，关闭对流的中继循环
DeleteProcess	针对exec方式内部对象，执行清理操作，关闭读写流
ListPids	通过以json作为输出的`runc ps`命令得到容器中进程ID列表，并在返回结果中将每个进程ID和创建时的ID对应起来
Pause	针对指定容器执行`runc pause`命令
Resume	针对指定容器执行`runc resume`命令
Checkpoint	针对指定容器执行`runc checkpoint`命令
Kill	针对指定容器或者指定任务执行`runc kill`命令。请求中可以带有要发送的信号名称以及是否针对所有子进程的标识
Exec	为后续执行`runc exec`命令准备好内部处理对象
ResizePty	对以启用console方式创建的任务执行窗口的resize操作
CloseIO	关闭指定任务的标准输入流
ShimInfo	返回当前containerd-shim进程的PID
Update	针对指定容器执行`runc update`命令
Wait	等待指定任务执行结束，并返回其退出时间以及退出代码

Containerd 组件的 API 是以 gRPC 形式来定义的。根据其定义文件，可以利用工具自动生成桩接口，提供给客户端和服务器端使用。在定义文件中，描述了 API 中有哪些服务，每个服务又由哪些方法组成，以及每个方法的具体请求和响应消息。

虽然 Containerd 组件定义了覆盖容器管理和镜像管理的 API，但是在使用 Docker 执行各种容器和镜像命令的场景中，只有容器管理相关服务才会被调用，而镜像管理相关服务在此场景下暂时还没有被用到。这里首先介绍在这种场景下会涉及的几个服务，以及服务中具体的方法，与前面的理由相似，这里略去了每个方法详细的请求和响应消息定义。

在谈到 Containerd 的 API 接口时，还是需要再提一下这个组件在实现时的插件机制。也许是为了确保 Containerd 支持足够灵活的功能集合，包括引入 Linux 下容器 runtime 的当前参考实现 RunC，以及其他平台下的不同 runtime，Containerd 内部的所有模块都是以插件形式来实现，包括实现 API 接口的模块也是作为 gRPC 类型的插件提供。而支持这些接口插件的是一系列后端模块，它们同样作为插件提供。除此之外，在该组件的 API 设计中，对于接口消息内部使用的对象，在设计时还较多地采用了一种抽象的数据类型，即 google.protobuf.Any。该数据类型实际上可以包裹任何其他内容，只要在实际传递时以类似于 HTTP 头中的媒体类型的类型串描述其包裹的实际内容，接收端就可以据此进行准确解析，甚至将其直接填充到其他接口消息中，由最终接收者去关注数据的兼容性，而 Containerd 自身的 API 可以保持中立。这是 Containerd API 接口的一个特点。

Containerd 中大部分 API 接口在处理时都是基于 namespace 进行的，可以将其理解为租户的标识。目前由 Dockerd 发送的请求都默认带有“moby”这样的 namespace。

Containerd 中内置了一个简单的 key-value 性质数据库的开源实现 bolt，虽然不能支持 SQL 等功能，但是用于存取各种元数据还是比较高效的。该数据库实现以库的形式提供，每个实例的数据存储在单一文件中，存取其中的数据都是以函数调用形式进行的。如表 2-3 所示。

表 2-3 Containerd gRPC 接口方法及其说明

服务	方法	说明
Version	Version	返回当前 Containerd 的版本信息
Introspection	Plugins	返回当前系统中已经注册启用的所有插件的信息，包括每个插件的类型、ID、依赖的插件类型列表、能够支持的平台信息、插件的特性说明和属性说明、初始化错误信息等
Leases	Create	由客户端指定 ID 或者产生时间戳加随机数形式的唯一 ID，以客户端请求的 namespace +“lease”+ ID 为 key 在数据库中添加记录，要求没有相同 key 存在
	Delete	删除请求中 namespace + ID 对应的租用记录
	List	根据过滤条件列出请求的 namespace 中的租用 ID
Events	Publish	将某个事件发送到指定的“主题”上，事件被包装的时候会带有时间戳和 namespace
	Forward	将一个已经被包装好的事件原封不动地转发给订阅者
	Subscribe	这是一个流式的 gRPC 接口，满足订阅请求中过滤条件的事件会被包装后发送给订阅者

（续）

服务	方法	说明
Containers	Get	从本地数据库中以namespace +“Containers”+ ID读出数据记录，并包装后返回。数据对象支持完全由发起端来描述以及通过本地镜像管理中标识描述两种模式。数据对象中包括了创建容器时的配置数据
	List	根据请求namespace和过滤条件列出本地数据库中的容器对象
	Create	在本地数据库中以namespace、“Containers”和ID来创建容器对象记录，以“/containers/create”主题发布容器创建事件
	Update	修改本地数据库中指定容器对象记录，以“/containers/update”为主题发布容器更新事件
	Delete	删除本地数据库中指定容器记录，以“/containers/delete”为主题发布容器删除事件
Tasks	Create	根据namespace和容器ID读取容器对象，启动shim，调用Create方法，发布task创建事件，再调用shim的State方法，得到任务状态，最后返回容器ID和容器进程PID
	Start	根据namespace和容器ID读取容器对象，如果是执行通过方法创建的任务Exec，还要先执行一次shim的State方法，然后执行shim的Start方法，发布任务启动事件。最后，再调用shim的State方法，确认任务对应的PID并返回
	Delete	根据namespace和容器ID读取容器对象，执行shim的Delete方法，完全删除容器，关闭shim，发布任务删除事件，返回退出状态码、退出时间和退出的PID
	DeleteProcess	根据namespace和容器ID读取容器对象，根据请求中Exec任务的ID，执行shim的DeleteProcess方法，返回该ID、退出状态、退出时间和退出的PID
	Get	根据namespace和容器ID读取容器对象，通过shim的State方法得到容器或者是容器中执行的命令的对应状态，包括容器ID或者Exec任务ID、PID、状态、各种流对应路径、可能的退出代码和退出时间
	List	针对所有当前容器，逐个通过shim的State方法得到其对应的状态信息，最后返回全部的状态列表
	Kill	根据namespace和容器ID读取容器对象，针对容器或者是其中的命令任务，执行shim的Kill方法
	Exec	要求请求参数中有该次任务的ID，根据namespace和容器ID读取容器对象，执行shim的Exec方法
	ResizePty	根据namespace和容器ID读取容器对象，不论是容器任务还是Exec任务，都执行shim的ResizePty方法
	CloseIO	根据namespace和容器ID读取容器对象，不论是容器任务还是Exec任务，都执行shim的CloseIO方法
	Pause	根据namespace和容器ID读取容器对象，执行shim的Pause方法，发布任务暂停事件
	Resume	根据namespace和容器ID读取容器对象，执行shim的Resume方法，发布任务恢复事件
	ListPids	根据namespace和容器ID读取容器对象，执行shim的ListPids方法，返回其中包含的信息
	Checkpoint	根据namespace和容器ID读取容器对象，执行shim的Checkpoint方法，发布为任务创建了检查点的事件，同时将写入到临时目录中的内容作为可恢复的特殊层保存在本地

（续）

服务	方法	说明
Tasks	Update	根据 namespace 和容器 ID 读取容器对象，执行 shim 的 Update 方法
	Metrics	通过容器对应的 CGroup 控制文件，根据请求的过滤条件，得到各个容器的运行统计
	Wait	根据 namespace 和容器 ID 读取容器对象，不论是容器任务还是 Exec 任务，都执行 shim 的 Wait 方法，返回退出状态和退出时间

在了解了被 Dockerd 调用的各个组件的接口功能之后，应该对容器管理功能的内部实现方式有一定的感性认识。上层组件通过对下层组件接口的组合调用来完成某项管理功能，而下层组件则专注于实现细粒度的功能点。同样，Dockerd 作为服务于命令行客户端的第一个组件，也是将自己的功能以接口的形式暴露出来，只不过这些功能的划分更加接近客户端命令的语义而已。

Dockerd 的接口实现是基于 HTTP Restful 形式的，符合 swagger 2.0 规范，既能支持 HTTP，也可以支持 HTTPS。下面就通过访问接口时使用的 HTTP 方法和访问路径，大致罗列后面将要提到的容器管理命令相关的一部分 API 接口，其他部分的 API 接口限于篇幅暂时没有涉及。每个访问路径之前基本都带有版本号前缀，这个版本号是通过访问 /_ping 或者 /info 这样的路径获取的。下面的介绍基于 v1.37 版本的 API 定义。另外，每个访问路径中 {id} 部分可以是容器的 ID 或者名称，ID 可以是长格式或者短格式。

由于篇幅的原因，表 2-4 对部分 API 接口的介绍中没有包括每个请求的参数描述。不过，这里的介绍主要是为了帮助读者了解 Dockerd 的框架性功能，所以可忽略一些实现细节。如果逐一比较具体的管理命令选项和 API 接口的话，也可以大致明白需要哪些接口参数。

表 2-4 部分 Docker API 接口的介绍

方法	访问路径	说明
GET	/_ping	返回服务端 API 版本号、Docker 版本号、是否启用实验性功能、操作系统类型等
GET	/{v}/version	不仅返回 Dockerd 的详细版本信息，还返回最低支持的 API 版本号，以及操作系统的版本信息
HEAD	/{v}/containers/{id}/archive	根据请求参数中的文件或目录名称，利用 HTTP 头中的一个扩展域返回包含了指定容器中文件或者目录属性的 json 数据，包括大小、模式、修改时间、链接目标等。该服务用于 `docker cp` 命令
GET	/{v}/containers/{id}/archive	以 tar 文件形式返回指定容器中某个文件或者目录的内容。该服务用于 `docker cp` 命令
GET	/{v}/containers/json	根据参数过滤条件返回 json 数据格式的容器列表，给出每个容器的 ID、名称、对应镜像、启动命令、创建时间、映射端口、尺寸、labels、状态、网络模式、网络设置和定制挂载等信息，用于 `docker ps` 等命令
GET	/{v}/containers/{id}/json	返回指定容器的 json 格式详细属性数据，用于 `docker inspect` 等命令

（续）

方法	访问路径	说明
GET	/{v}/containers/{id}/top	返回指定容器json格式的进程信息列表，用于docker top等命令。该服务调用Containerd的Tasks服务的ListPids方法
GET	/{v}/containers/{id}/logs	根据请求参数从指定容器的日志驱动中得到所需的日志数据，以流的形式返回给客户端。用于docker container logs命令
GET	/{v}/containers/{id}/changes	从指定容器的读写层中得到全部文件目录的增删改的列表，以json格式返回给客户端。用于docker container diff命令
GET	/{v}/containers/{id}/export	将指定容器的根文件系统视图中的全部内容以tar文件二进制数据的形式返回给客户端。用于docker container export命令
GET	/{v}/containers/{id}/stats	以json格式返回指定容器的资源使用统计数据，客户端要求连续显示的时候可能会返回多次统计结果，结果中还带有本地读取和上次读取的精确时间，供客户端计算使用。该服务调用Containerd的Tasks服务的Metrics方法，用于docker container stats命令
GET	/{v}/exec/{id}/json	以json格式返回ID指定的exec命令的详细信息。用于docker container exec命令
POST	/{v}/containers/{id}/resize	根据请求参数，针对处于运行状态的容器，调用Containerd的Tasks服务的ResizePty方法
POST	/{v}/containers/{id}/start	根据请求参数为已经创建的内部容器对象分配资源，调用Containerd的Containers服务的Create方法、Tasks服务的Create和Start等方法，启动运行容器。用于docker container start和run等命令
POST	/{v}/containers/{id}/stop	根据请求参数停止指定容器。主要调用Containerd的Tasks服务的Kill和Delete方法以及Containers服务的Delete方法。用于docker container stop命令
POST	/{v}/containers/{id}/restart	该服务功能等于是stop和start的组合。用于docker container restart命令
POST	/{v}/containers/{id}/kill	根据请求参数关闭指定容器。调用的Containerd服务与stop功能类似。用于docker container kill命令
POST	/{v}/containers/{id}/update	根据请求参数，更改指定容器的资源限制参数以及重启策略。调用Containerd的Tasks服务的Update方法。用于docker container update命令
POST	/{v}/containers/{id}/rename	根据请求参数，更改指定容器的名称。用于docker container rename命令
POST	/{v}/containers/{id}/pause	调用Containerd的Tasks服务的Pause方法，暂停指定容器全部进程。用于docker container pause命令
POST	/{v}/containers/{id}/unpause	调用Containerd的Tasks服务的Resume方法，解冻指定容器全部进程。用于docker container unpause命令
POST	/{v}/containers/{id}/attach	利用Web Socket将指定容器的标准流关联到客户端，可以根据请求参数确定是否代理用户输入的系统信号。用于docker container attach命令
POST	/{v}/containers/{id}/wait	针对指定容器等待并返回其退出代码和退出原因，也可能由人为终止等待操作。用于docker container wait等命令
POST	/{v}/containers/prune	实际删除已经停止的容器的配置和根文件系统等资源。用于docker container prune命令

（续）

方法	访问路径	说明
POST	/{v}/containers/{id}/exec	根据请求中 json 数据创建用于 exec 的内部结构，分配该次命令执行的 ID。用于 docker container exec 命令
POST	/{v}/exec/{id}/start	启动 ID 指定的 exec 命令。该服务调用 Containerd 的 Tasks 服务的 Exec、Start、Get 和 DeleteProcess 等方法。用于 docker container exec 命令
POST	/{v}/exec/{id}/resize	针对指定的 exec 命令调用 Containerd 的 Tasks 服务的 ResizePty 方法
POST	/{v}/containers/create	根据请求参数为后续需要创建的容器准备各种资源配置，并返回 ID。用于 docker container create 和 run 等命令
DELETE	/{v}/containers/{id}	实际删除指定容器的配置和根文件系统等资源。如果是强制删除处于运行状态的容器，那么还会首先调用 Containerd 的服务方法以删除对应的容器。用于 docker container rm 命令
PUT	/{v}/containers/{id}/archive	将 tar 文件内容上传覆盖到指定容器读写层的对应文件或者目录下，该服务用于 docker cp 命令

2.2 容器生命周期管理

容器生命周期管理是 Docker 引擎的核心功能，既包括对容器元数据的操作管理，也涵盖了对操作系统 API 的包装调用。这部分功能是由引擎守护程序、Containerd 和标准化的运行时工具配合完成的，具体的命令有：run、create、start、rename、update、pause、unpause、stop、kill、restart、rm、prune、wait 等。

1. 运行容器

```
docker container run [options] image[:tag|@digest] [cmd] [arg...]
```

该命令用于启动容器进程，等于 create 和 start 的组合。当命令无选项时，容器以镜像模板加默认属性的方式创建。下面对 docker container run 命令的主要选项分别进行介绍。

（1）基本选项

`--name` 指定容器名字。如不指定，引擎将随机分配一个。`-d/--detach`（默认模式），以后台模式运行，容器标准输出和错误流被送到日志驱动。容器结束或退出后不会从文件系统中删除，除非带有 `--rm`，它才会被自动清除（附带清除匿名卷）。`-i/--interactive` 则将容器标准流都关联到当前终端（`-a` 指定关联其中的几个），`-t` 为容器分配伪终端，`--sig-proxy=false` 关闭键盘输入系统信号（比如 Ctrl-C）的转发功能。如容器从管道得到标准输入时，不能带 `-t` 选项。`--cidfile`，指示引擎将创建的容器的 ID 写入指定文件中。

`--init` 指定容器中 PID 为 1 的进程，负责回收僵尸进程，正确处理系统信号，该选项不加参数时，使用引擎自带的 docker-init 可执行程序。

`--restart` 定义退出重启策略，默认 no 不重启。`on-failure[:max-retries]`

表示返回码不为 0 时且重启次数在限定范围内，则执行重启。always，在容器退出以及引擎启动时重启。unless-stopped，只在退出时重启。重启延迟时间从 100ms 开始逐次加倍，最长时间 1min，启动后 10s 重置。重启次数记录在元数据中，可用 inspect 查看。--stop-signal，定制停止容器时发送的默认 SIGTERM 信号。--stop-timeout，定制默认 10s 停止容器超时时间。

--log-driver 为容器指定与当前引擎不同的日志驱动。默认驱动是 json-file，可选值有 none、syslog、journald、gelf、fluentd、awslogs 和 splunk。配合 --log-opt 选项为具体驱动配置运行参数。

（2）用于覆盖 image 创建时默认配置的选项

该命令行上的 cmd 和参数能够覆盖 Dockerfile 里的 CMD 指令，而 --entrypoint 选项值能够覆盖 Dockerfile 中的 ENTRYPOINT 指令值。

Dockerfile 中有端口映射，--expose=[ ]，表示补充新的暴露端口；-p=[ ]，覆盖端口映射规则。它们的参数格式为 ip:hPort:cPort | ip::cPort | hPort:cPort | cPort，其中主机 hPort 和容器 cPort 都可以是范围值，能带 TCP/UDP 限定协议。-P 表示暴露全部。

--env/-e 为补充设置环境变量，--env-file 为从文件中读取补充的环境变量。-w/--workdir，覆盖 WORKDIR 指令。-l/--label，补充元数据标签。--label-file，从文件中读取补充的元数据标签。

-v/--volume 将宿主机路径和预定义卷绑定挂载到容器中的绝对路径，格式为 [src:]dest[:<opts>]。其中，src 为宿主机路径或卷名称，无此项使用匿名卷；opts 可带逗号分隔的多个属性，指定只读或读写挂载模式、源和目标之间的挂载传播属性、SELinux 安全标签是否修改，以及挂载命名卷时 dest 原有文件是否复制，格式为 [rw|ro]、[[r]shared|[r]slave|[r]private]、[z|Z] 和 [nocopy]。与此相关的选项还有 --volume-driver，表示使用专门的卷驱动；--volumes-from，指从指定容器挂载全部卷对象；--read-only，表示以只读方式挂载根文件系统。--tmpfs=[ ]，挂载指定的 tmpfs，格式参照 mount -t tmpfs -o 命令。

-u/--user 设置容器进程 UID 和 GID，可为用户名或 ID，如用 ID 则容器中可无此用户。格式为：user | user:group | uid | uid:gid | user:gid | uid:group。

（3）与健康检查相关的选项

--health-cmd，覆盖镜像定义时健康检查配置，以 exec 方式周期执行容器中命令，返回 0 判定为健康。--health-start-period，在容器启动时设定的容忍间隔，避免误判。--health-interval，周期检查间隔。--health-retries，返回码不为 0 时的重试次数。--health-timeout，检查超时时间。--no-healthcheck，关闭健康检查。

（4）与命名空间相关的选项

与命名空间相关的选项有：--uts、--pid、--ipc、--network 和 --userns。

空串值表示默认创建私有命名空间，'host' 表示共享宿主机对应命名空间。

--pid、--ipc 和 --network 可带容器 Name 或 ID 以共享其命名空间，此时不能再设置独立主机名和 MAC 地址等。--pids-limit 设置 PID 命名空间最大 pid 数量。

--network 还支持 bridge（默认值，此时可用端口映射）和 none，前者在私有空间中挂接虚拟网卡到全局网桥，后者则只有 loopback。docker network create 命令创建的网络对象名字或 ID 也能用于此选项。

--dns=[ ]、--dns-search 和 --dns-option 定制容器中 /etc/resolv.conf 内容、dns 服务器列表和搜索选项。--add-host host:ip 在容器里的 /etc/host 中添加 localhost 和已分配地址之外的映射。--mac-address 指定网卡的 MAC 地址，否则将根据 IP 地址生成。--ip 和 --ip6 指定网卡 IPv4 或 IPv6 地址，bridge 模式下默认自动分配。--link-local-ip=[ ] 指定网卡链路本地 IPv4/IPv6 地址。

（5）与安全相关的一些选项

--security-opt 设置安全相关配置，值为 key=value 形式，可打开或关闭 SELinux、apparmor、seccomp 和 new priviliages 功能，可配置 SELinux 的 label、seccomp 的描述文件和 apparmor 的 profile。--cap-add 和 --cap-drop 为容器添加或删除 capabilities。ALL 表示添加或删除所有 capabilities。其他 key 名字列在页面 http://man7.org/linux/man-pages/man7/capabilities.7.html 上。

--privileged=true|false 设置容器在宿主机上是否有特权，默认无。--device 为容器添加设备文件，设备名字后面可带 " :rwm" 这样的描述以限定读、写和 mknod 能力。--device-cgroup-rule='c 42:* rmw' 用于修改默认设备文件读写权限。对于容器进程执行时归属的补充组，可通过 --group-add 来添加。

有很多命令选项用于设置自定义的 CGroups 资源限制参数。

容器默认使用新建的 CGroup 节点，--cgroup-parent 指定使用其他节点。

（6）与内存资源相关的选项

-m/--memory 限制容器内存使用量，最小 4MB，单位可以是 b、k、m 和 g（对应 B、KB、MB 和 GB）。--memory-swap 限制容器内存加交换区使用总量，应比内存限制大。--memory-reservation 设置使用量软门限，应比 -m 硬门限小，以触发内存回收。--kernel-memory 设置内核内存使用量。--oom-kill-disable，设置是否对容器关闭 oom killer。--oom-score-adj 调整容器的 OOM 优先级。--memory-swappiness 调整容器的匿名页可交换比例，范围为 10 ~ 100。--shm-size 设置挂载的 /dev/shm 大小，默认为 64MB。

（7）与 CPU 资源相关的选项

-c/--cpu-shares 设置 CPU 使用权重，默认为 1024，各容器根据比例使用 CPU。--cpu-period 设置 CFS 模式下调度间隔，单位为微秒，默认为 100ms。--cpu-quota 指定 CFS 模式下每调度间隔中的限额，单位为微秒，与 cpu-period 配合使用。--cpus

设置可用CPU数，可为小数，获得cpu-period和cpu-quota配合使用时的相同效果，默认0为无限制。--cpuset-cpus限制容器可执行CPU核ID的集合。--cpuset-mems在NUMA系统上限制容器可用内存节点集合。--cpu-rt-period和--cpu-rt-runtime用微秒表示，上一级CGroup中须设置有此参数，且比此值大。

（8）与块I/O资源相关的选项

--blkio-weight设置块设备I/O权重，默认为500，取值范围为10～1000。--blkio-weight-device以设备名指定块I/O权重，格式为<dev-path>:<weight>。--device-read-bps设置对具体设备读操作的限速值，格式为<dev-path>:<number>[<unit>]，单位为KB、MB或GB。--device-write-bps设置对具体设备写操作的限速值，格式如前。--device-read-iops设置对具体设备每秒读次数的门限，格式为<dev-path>:<number>。--device-write-iops设置对具体设备每秒写次数的门限，格式如前。

2. 新建容器

```
docker container create [OPTIONS] IMAGE [COMMAND] [ARG...]
```

该命令用于创建容器配置并返回ID，后续用start来启动该容器。除-d、--detach和--sig-proxy几个选项外，与run命令选项几乎一样。

3. 启动容器

```
docker container start [OPTIONS] CONTAINER [CONTAINER...]
```

该命令除了用于启动已创建的容器配置之外，还用于恢复已保存检查点（实验性功能）。--interactive/-i，交互式执行。--attach/-a，挂接输出/错误流，转发信号。

4. 更新容器配置

```
docker container update [OPTIONS] CONTAINER [CONTAINER...]
```

此命令更新容器CPU、内存、I/O资源限制和重启策略。选项参考run命令：--blkio-weight、--cpu-period、--cpu-quota、--cpu-rt-period、-c/--cpu-shares、--cpu-rt-runtime、--cpus、--cpuset-cpus、--cpuset-mems、-m/--memory、--kernel-memory、--memory-reservation、--memory-swap和--restart。

5. 重命名容器

```
docker container rename CONTAINER NEW_NAME
```

该命令用于重命名一个容器。被更名的容器可以处于运行、暂停或者终止状态。

6. 暂停/恢复容器

```
docker container pause CONTAINER [CONTAINER...]
```

```
docker container unpause CONTAINER [CONTAINER...]
```

在 Linux 下，使用 CGroup 的 freezer 子系统控制器来暂停或者恢复容器进程。

7. 停止/重启容器

```
docker container stop [OPTIONS] CONTAINER [CONTAINER...]
```

stop 停止一个或多个容器。停止信号默认为 SIGTERM，除非创建容器时指定，实际停止前默认等待 10s（创建时可定制）。`-t/--time` 指示等待时间。

```
docker container kill [OPTIONS] CONTAINER [CONTAINER...]
```

kill 向容器主进程发送 SIGKILL 信号，或由 `-s/--signal` 选项给出的信号。

```
docker container restart [OPTIONS] CONTAINER [CONTAINER...]
```

restart 用于先停止指定的一个或者多个容器，再启动它们。

8. 删除容器

```
docker container rm [OPTIONS] CONTAINER [CONTAINER...]
```

该命令可以删除一个或者多个指定的容器。如果容器处于运行状态，必须使用 `-f/--force` 来强制删除。`-v/--volumes` 会删除只与该容器关联的匿名卷。

```
docker container prune [OPTIONS]
```

该命令删除所有停止状态的容器。`-f/--force` 在删除之前无提示。可使用 `--filter` 过滤需删除的容器，过滤条件有 until 和 label，用法与 `docker ps` 中的一样。

9. 等待容器运行结束

```
docker container wait CONTAINER [CONTAINER...]
```

使用这个命令以阻塞方式等待一个或者多个容器执行结束，并打印其返回码。

2.3 容器状态管理

最常用的容器状态管理命令是 ps、inspect 和 logs。另外，stats 可查看容器的资源使用统计，top 可查看容器中进程号等信息，而 port 可查看容器的端口映射信息。

1. 列出所有容器基本信息

```
docker container ps [OPTIONS]
```

该命令列出本机运行状态容器的 ID、对应镜像标识、Name、启动命令、创建时间和当前状态等信息。ls 和 list 为此命令别名。

-q/--quiet 只显示容器 ID。-s/--size 增加显示一列容器大小。-a/--all 可显示非运行态容器信息。--no-trunc 不截断各个信息列。-n/--last 显示最后创建的 n 个容器的基本信息。-l/--latest 显示最后创建的容器的基本信息。

--format（-f 选项不是它的缩写形式）用于控制显示格式，遵循 Go 模板语法，有 table 前缀时显示表头。列占位符有：ID、image、command、createdAt、runningfor、ports、status、size、names、labels、label、mounts、networks。label 可带参数，显示指定 key 对应的 value，例子是：{{.Label "docker.cpu"}}。

-f/--filter 用于过滤显示列表，表达式是 key=value 形式，每个选项只能带有一个过滤条件。基本过滤条件 key 包括：ID、name、label、exited、status、ancestor、before、since、volume、publish、expose 和 health。

2. 查看容器详细信息

```
docker container inspect [OPTIONS] CONTAINER [CONTAINER...]
```

该命令用 json 格式显示一个或者多个容器的详细信息。有 -s/--size 选项时，结果将增加两个 key：SizeRw 和 SizeRootFs，对应读写层大小和根文件系统大小。

-f/--format 可只显示指定 key 的值。可使用各种 Go 模板语法，key 直接取自完整的 json 输出中各个层次的键值及其组合。

3. 查看容器日志

```
docker container logs [OPTIONS] CONTAINER
```

该命令显示写入本地文件系统中的容器日志信息。假如启动 Docker 引擎或容器时，指定了非 json-file 和 journald 类日志驱动，命令可能无法正常工作。

--follow/-f，连续显示日志；--tail，指定从日志尾算起显示多少行，参数为 all 表示全部；-t/--timestamps，在每行日志之前加上时间戳。

--since 和 --until，选取指定时间之后或者之前的日志，参数格式为 RFC3339Nano，可以支持到纳秒精度，也能够支持到较粗精度。

4. 列出容器端口映射

```
docker container port CONTAINER [PRIVATE_PORT[/PROTO]]
```

该命令显示指定容器的全部端口映射或者部分端口映射信息。

5. 显示容器中运行进程

```
docker container top CONTAINER [ps OPTIONS]
```

该命令显示容器中进程信息，包括：UID、PID、PPID、CPU 使用率、启动时间、tty、运行时间和启动命令等列，PID 和 PPID 是宿主机进程命名空间中的 ID 值。Linux 下等于执行 ps 命令，并且默认带有 -ef 选项，因此要求容器中有 ps 命令。

6. 显示容器资源占用统计

```
docker container stats [OPTIONS] [CONTAINER...]
```

该命令以表格形式连续显示容器的运行统计：CPU 和内存占用百分比、内存使用量和允许使用量、容器网络流量、容器块设备读写量和容器创建的进程数。带 --no-stream 时只显示一次退出。

--format 控制显示格式，带 table 前缀显示表头，列占位符有 Container、name、ID、CPUPerc、MemUsage、NetIO、BlockIO、MemPerc 和 PIDs。

-a/--all 可显示非运行态容器统计；--no-trunc，所有字段显示时不截断。

2.4　访问运行状态容器

如果要直接改变运行状态容器的标准输入输出流，或者在其中执行程序，可以使用如下命令。

1. 挂接运行状态容器标准流

```
docker container attach [OPTIONS] CONTAINER
```

将宿主机标准输入 / 标准输出流挂接到容器上，相当于切换到交互式运行。虽然支持多终端对同一容器挂接，但若某窗口阻塞时，其他窗口也无法操作。

--no-stdin 不挂接容器的 STDIN。--sig-proxy=false，不转发终端信号。比如在终端上输入 Ctrl-C，只会退出 attach 状态，不会使容器运行终止。

2. 在运行状态容器中执行命令

```
docker container exec [OPTIONS] CONTAINER COMMAND [ARG...]
```

命令须在容器中可访问且只能为可执行程序或者 shell，不能是 shell 命令串。

-d/--detach 以后台方式执行，结果不回显；-i/--interactive 以交互式执行命令，回显结果。-e/--env 为命令设置环境变量。-t/--tty 会分配伪终端。--privileged 以特权方式执行命令。-u/--user 以指定用户名或者 UID 执行命令，参数格式为 <name|uid>[:<group|gid>]。-w/--workdir 指定工作目录。

3. nsenter 命令

只要进入 Docker 容器的命名空间中就可查看容器状态，在 util-Linux 软件包 2.23 以上版本中包含的 nsenter 工具就可以实现此功能。命令格式为：

```
nsenter [options] <program> [<argument>...]
```

若不进入 mount 命名空间，则待执行命令不必在容器文件视图中。

有 `-t/--target <pid>` 选项时，其他命名空间选项不必带有路径。`-m/--mount`; `-u/--uts`; `-i/--ipc`; `-n/--net`; `-p/--pid`; `-U/--user` 选项指定要进入的命名空间。`-Z/--follow-context` 使用目标进程 SELinux 上下文。

`-F/--no-fork` 在执行命令之前不执行 fork。`-w/--wd` 和 `-r/--root` 指定工作目录和根目录。`-S/--setuid` 和 `-G/--setgid` 分别为命令执行设定 UID 和 GID。

获取容器进程 ID 可用如下命令：

```
docker container inspect -f="{{.State.Pid}}" <container>
```

2.5 访问容器内容

使用下面的命令可以从宿主机上操作容器文件视图中的内容。

1. 复制容器内容

使用如下命令可在本地文件系统和容器文件视图之间复制文件或者目录内容。

拷出命令：

```
docker cp [OPTIONS] CONTAINER:SRC_PATH DEST_PATH|-
```

拷入命令：

```
docker cp [OPTIONS] SRC_PATH|- CONTAINER:DEST_PATH
```

“-”表示标准输入输出，目标路径的父目录需存在，以覆盖方式执行但不会用目录覆盖同名文件。不能复制 /proc、/sys、/dev 以及 tmpfs 下的文件。

`--archive/-a` 保存全部 UID/GID。`--follow-link/-L` 追溯源路径符号链接。

2. 查看容器运行后更新内容

```
docker container diff CONTAINER
```

该命令显示容器读写层内容，输出内容中行首字母表示更新类型：A（新增）、D（删除）、C（更改）。

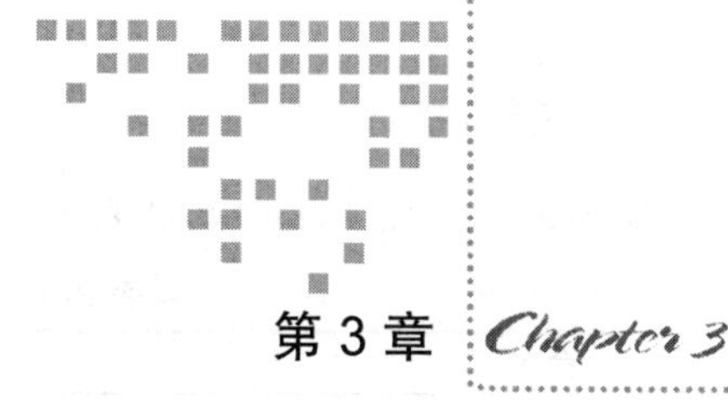

第 3 章 Chapter 3

镜像管理

镜像是 Docker 技术的基本组成部件，可以通过 Dockerfile 生成镜像文件，也可以通过命令行工具对镜像进行管理，如列出本地镜像、从镜像仓库下载镜像和上传镜像、导出镜像到 tar 文件和导入镜像、查看镜像历史、删除本地镜像和构建镜像、修改本地镜像标识等。

本章除了介绍 Dockerfile 及镜像管理的基本功能外，还会对如何优化 Dockerfile、如何制作操作系统基础镜像、镜像安全等较深入的内容进行讲解。

3.1 Dockerfile 及镜像制作

3.1.1 Dockerfile 的作用

Dockerfile 的主要作用是用来描述镜像文件的构成，通过这个文件可以生成镜像。

开发人员编写 Dockerfile 后执行镜像构建命令以生成镜像，通过镜像文件可以为开发团队提供完全一致的开发环境，提高开发效率。

测试人员可以直接使用开发生成的镜像或使用开发提供的 Dockerfile 生成新的镜像文件，保证开发测试环境一致性，减少环境差异性带来的不必要问题。

运维人员通过编排相应的镜像文件，可以简化部署、方便升级，以及无缝移植。

3.1.2 Dockerfile 文件构成

Dockerfile 是一个文本文件，内容中包含了一条或多条指令，每条指令构建镜像文件的一层。Dockerfile 文件一般以“#”注释行开头，包括基础镜像信息、维护者信息、镜像操作指令、启动时执行指令等。

3.1.3 常用命令集

Dockerfile 的常用命令集如表 3-1 所示。

表 3-1 Dockerfile 的常用命令集

命令	说明	样例
FROM image.tag	定义使用哪个基础镜像启动构建流程	FROM centos
MAINTERINER 用户名	声明镜像创建者	MAINTERINER fg
ENV key value	设置环境变量	ENV host 192.168.1.1
RUN 命令	执行命令	RUN agt-get install MySQL
ADD src/file dest/file	复制宿主机文件到容器内，如果有压缩文件则自动解压	ADD ./a.doc ~/a.doc
COPY src/file dest/file	复制宿主机文件到容器内，如果有压缩文件则不解压	COPY ./a.doc ~/a.doc
WORKDIR 目录	设置工作目录	WORKDIR /
EXPOSE 端口 1 端口 2	设定端口，容器内应用可以使用端口同外部交互	EXPOSE 3306 3306
CMD 参数	构建容器时使用，会被 docker run 后面的参数覆盖	CMD MySQL
ENTRYPOINT 参数	同 CMD 相似，但参数不会覆盖	ENTRYPOINT MySQL
VOLUME	将本地文件夹或其他文件挂载到容器中	VOLUME /aa

3.1.4 构建镜像

创建完 Dockerfile 文件后，在 Dockerfile 目录中执行以下命令来构建镜像

```
docker build  -t  <镜像名称>:<tag>
```

3.2 镜像基本操作

以下基于 Docker-ce 18.04 版本来对镜像操作的命令进行介绍。这些命令通过 Restful 形式的接口访问 Docker 引擎来实现。

3.2.1 从镜像仓库下载镜像

```
docker image pull [OPTIONS] NAME[:TAG|@DIGEST]
```

如果 NAME 不包含任何仓库域名并且无 tag 信息的话，相当于下载标识为 registry-1.docker.io:80/library/<name>:latest 的镜像，访问协议是 HTTPS。运行在 localhost 上的仓库，默认使用 HTTP 访问。`-a/--all-tags` 用于拉取 NAME 对应的所有镜像。`--platform` 用于指定拉取某种 OS 和体系结构下的镜像。

可以通过 Dockerd 的 `--registry-mirror` 启动选项，设置下载镜像的默认仓库地址列表，另一个选项 `--insecure-registry` 设置可接受 HTTP 协议的地址列表。选项

也可以写入 daemon.json，作用相同。

镜像标识若带摘要，仓库执行内容将精确匹配，客户端能感知到镜像内容的改变。

对于需要认证授权的镜像仓库，用户先通过 `docker login` 完成登录操作，才能执行后续 `pull` 命令。对应的注销命令为 `docker logout`。

3.2.2 将本地镜像上传到镜像仓库

```
docker image push [OPTIONS] NAME[:TAG]
```

命令选项与 `pull` 命令一样；同样可能要先完成认证授权后才执行 push 操作。

3.2.3 查看本地镜像

查看本地仓库中的镜像列表和镜像的元数据详细信息，可以使用 Docker 引擎提供的下述命令。

■ 显示本地镜像列表

```
docker image ls [OPTIONS] [REPOSITORY[:TAG]]
```

该命令默认显示全部本地镜像；也可显示 tag 不同而名称相同的全部镜像。

使用 `--digests` 选项补充显示远程仓库的摘要信息。`--format`(`-f` 不是该选项缩写) 选项指定显示结果，值为 Go 模板，列占位符有 ID、repository、tag、digest、createdsince、createdat 和 size。带有 table 前缀可显示表格头。

`--no-trunc` 选项不会截断显示 ID 等字段。`-q` 或者 `--quiet` 选项只显示 ID 列。

`-a` 或者 `--all` 选项显示 commit、build 等命令生成的中间镜像。

`-f` 或者 `--filter` 选项表达式过滤显示结果。表达式为 `key=value` 格式，若需要多个过滤表达式，需使用多个 `-f` 选项。可用的 key 有 `dangling=(true|false)`、`label=<key>` 或者 `label=<key>=<value>`、`before`、`since` 和 `reference`，表达式可以使用不等于号。key 为 `before` 和 `since` 时，显示创建时间在指定镜像之前或者之后的镜像。value 是镜像标识或匹配串时支持匹配多字符的‘*’和单字符的‘?’，若匹配字符‘/’时需先加以转义。支持字符范围，比如 [a,k] 或者 [^a-f]，对特殊字符使用‘\’作为转义。

```
docker images --filter=reference='busy*:*libc'
REPOSITORY      TAG            IMAGE ID          CREATED          SIZE
busybox          uclibc        e02e811dd08f      5 weeks ago      1.09 MB
busybox         glibc          21c16b6787c6      5 weeks ago      4.19 MB
```

■ 显示 json 格式的本地镜像详细信息

```
docker image inspect [OPTIONS] IMAGE [IMAGE...]
```

该命令输出为带缩进的 json 串，多个镜像在一个 json 串中。用 `-f/--format` 控制输出格式，占位符直接用 json 串中的 key。比如下面的例子：

```
docker image inspect -f="{{json .RootFS}}" alpine-32:3.6.2 | python -mjson.tool
{
    "Layers": [
            "sha256:8cc47a484384097504c53a993739fdafeac656c9574c7f06c95e9
fa499079486",
            "sha256:aa32d1fc6a59b44a5ddb95a3786ad7f317ae181d719ec79e15f5e60b5626
5a50"
    ],
    "Type": "layers"
}
```

■ 显示记录在元数据中的历史命令

```
docker image history [OPTIONS] IMAGE
```

-h 或者 --human 选项控制时间戳格式。--no-trunc 选项不会截断 ID 号等列，无此选项时，各个列的输出宽带是有限制的。-q 选项只显示与历史记录相关的 ID 号。--format 选项定制输出格式，6 个模板占位符为 .ID、.CreatedSince、.CreatedAt、.CreatedBy、.Size 和 .Comment。如果在模板描述中带有 table 前缀，显示结果中将有表头部分。

3.2.4 导出和导入本地镜像

利用 Docker 命令行工具能将本地镜像保存为 tar 文件，也能将 tar 文件重新导入本地仓库。另外，可将容器状态固化为镜像，还可以直接导入一个单纯 tar 文件。

■ 将镜像保存到 tar 文件中

```
docker image save [-o, --output=""] IMAGE [IMAGE...]
```

该命令不指定输出文件，默认写到标准输出；可以用镜像标识或 ID 表示镜像，生成的 tar 文件中既包含元数据也包含层数据。

■ 导入 tar 文件中镜像

```
docker image load [-i, --input=""][-q, --quiet[=false]]
```

默认从标准输入读取，-q 选项不产生反馈信息，导入镜像不会丢失原始信息。

■ 将容器固化为镜像

```
docker commit [OPTIONS] CONTAINER [REPOSITORY[:TAG]]
```

固化后镜像包括当前容器状态元数据以及原有镜像层加上当前容器层。如果没有指定镜像标识，则生成的镜像只有 ID。

-p/--pause[=true]，在执行 commit 操作前先暂停容器。

-c/--change，相当于在创建镜像时执行的 Dockerfile 指令，可用指令只有 cmd、

entrypoint、healthcheck、env、expose、label、onbuild、user、volume、workdir。-a/--author 对应 maintainer 指令，而 -m/--message 中信息将作为 comment 记录到镜像配置的 history 中。

■ 将容器根文件系统导出为 tar 文件

```
docker export [-o, --output=""] CONTAINER
```

注意，使用这种方式导出的 tar 文件中没有元数据，也没有镜像分层信息。

■ 导入容器根文件系统 tar 文件

```
docker image import [OPTIONS] file|URL|- [REPOSITORY[:TAG]]
```

由于 export 的 tar 文件中没有层次，据此生成的镜像也是单层的。

支持与 commit 命令类似的选项。

3.2.5 构建镜像

docker image build 根据 Dockerfile 构建镜像。它通过 Docker 引擎动态生成容器执行 Dockerfile 中指令，逐次将执行结果提交为中间镜像和指定标识镜像。基本命令语法为：

```
docker image build [OPTIONS] PATH | URL | -
```

PATH、URL 确定构建上下文。如指定 PATH，将路径下（也包括当前路径）文件和目录打包（.dockerignore 含不想上传内容）上传到 Docker 引擎；如指定 git URL，则引擎克隆该项目指定分支，作为上下文使用；还可使用远端 tar 文件以及‘-’表示的标准输入作为上下文。

-f/--file 指定 Dockerfile 的路径，默认为当前路径下 Dockerfile 文件。

-t/--tag 指定构建成功后镜像标识，使用多个该选项来指定多个镜像标识。

Dockerfile 中可以定义 ARG 参数，这些参数用 --build-arg 选项在构建时动态指定，预定义参数也是如此：--build-arg=http_proxy=“http://one.proxy”。

使用 --iidfile 将镜像 ID 写入指定文件。Dockerfile 中有多段时，--target 指定从哪段开始构建。--label 指定生成镜像的标签。--pull 会拉取基础镜像新版本，不使用本地的。-q/--quiet 控制输出信息。--add-host 可定义主机名到 IP 映射。--network=bridge | host | none | container:<name|id> 指定运行 run 命令的网络模式。--security-opt=[] 可参见前面 docker container run 选项的说明，值为 key=value 形式。

--rm 要求成功后删除中间层，--force-rm 则总是删除。--no-cache 说明构建时不使用缓存；而 --cache-from=[] 中包含的镜像用于搜索缓存镜像层。--squash 是实验性功能，将当前 build 过程只作为一层添加到父镜像上。

还有一些选项用于限制构建容器的资源占用，比如：--cgroup-parent；-m/--

memory; --memory-swap; --shm-size; --cpu-shares; --cpu-period,--cpu-quota,--cpuset-cpus,--cpuset-mems; --ulimit=[ ] 等。

另外，--isolation 选项指定使用的容器隔离技术，只在 Windows 下有意义。

3.2.6 修改本地镜像标识

```
docker image tag SOURCE_IMAGE[:TAG] TARGET_IMAGE[:TAG]
```

原镜像标识并不删除，相当于为原镜像标识生成了别名。

3.2.7 删除本地镜像

■ 删除本地镜像

```
docker image rm [OPTIONS] IMAGE [IMAGE...]
```

-f/--force，强删被引用镜像，但不删运行容器引用的。--no-prune 删除“虚悬”镜像。引用一个镜像层的最后镜像被删除后，才会实际删除该镜像层。

■ 删除虚悬镜像

```
docker image prune [OPTIONS]
```

-f 选项无确认信息。-a/--all 删除所有未使用镜像。--filter 选择被删除集合。

3.3 Dockerfile 优化

虽然 Dockerfile 文件的编写语法比较简单，但是如何写出一个高质量的 Dockerfile 也不是一件容易的事情，本节主要介绍编写一个好的 Dockerfile 要遵循的规范、检查项目、实例及优化工具。

3.3.1 Dockerfile 检查项

如何判断一个 Dockerfile 是最优的，一般要考虑如下因素：

■ Dockerfile 文件通俗易懂，可读性好。Dockerfile 文件不宜过长，如果过长需要考虑分成多个 Dockerfile。

■ 构建过程执行速度快，对执行环境要求低。

■ 构建出的镜像文件小，不含冗余的内容。

■ 构建出的 Docker 镜像包含的分层尽可能少。

为了编写出最优的 Dockerfile，需要根据下面的 checklist 进行检查，不符合要求的需要改正。

1）Dockerignore 文件。检查是否有 .dockerignore 文件，以及该文件中是否过滤掉了不用的文件。

2）容器进程数量。一般情况下一个容器只执行一个进程，如果有极其特殊原因需要使用多个进程，则需要考虑多个进程间是否互相影响，可以考虑使用supervisor进行多进程管理。

3）Dockerfile指令。

- 使用workdir设定当前工作目录。
- run指令。多个顺序执行的run指令需要合并，以减少镜像的层次及提高Dockerfile的可读性；run指令执行完后需要删除冗余的文件，确保制作出的镜像文件简洁。
- 合理调整copy与run的顺序。我们应该把变化最少的部分放在Dockerfile的前面，这样可以充分利用镜像缓存。
- 环境变量。Docker容器运行时很有可能需要一些环境变量，在Dockerfile中设置默认的环境变量是一种有效的方案。

4）基础镜像。如果有技术储备，建议自己制作基础镜像；如果自己不能制作基础镜像，建议选用成熟的基础镜像，镜像包尽可能小；使用基础镜像时建议写上镜像版本，防止镜像更新时latest标签会指向不同的镜像，这时构建镜像有可能失败。

3.3.2 Dockerfile优化实例

下面以Dockerfile内容为基础，按照检查项进行逐步优化。该Dockerfile的内容如下：

```
FROM RHEL
ADD . /mywebapp
RUN apt-get update
RUN apt-get upgrade -y
RUN apt-get install -y tomcat ssh MySQL
RUN cd /app && npm install
CMD MySQL & sshd & npm start
```

1）编写.dockerignore文件。.dockerignore的作用和语法类似于.gitignore，用来忽略一些不需要的文件，这样可以有效加快镜像构建时间，同时减少Docker镜像的大小。示例如下：

```
.git/
```

2）容器只运行单个应用。

```
FROM RHEL
ADD . /mywebapp
RUN apt-get update
RUN apt-get upgrade -y
RUN apt-get install -y tomcat    #ssh MySQL
RUN cd /app && npm install
CMD MySQL & sshd & npm start
```

3）run指令合并。

```
FROM RHEL
ADD . /mywebapp
RUN apt-get update \
&& apt-get upgrade -y \
&& apt-get install -y tomcat \    #ssh MySQL
&& cd /app && npm install
```

4）基础镜像的标签不要用latest。

```
FROM RHEL:7.4
ADD . /mywebapp
RUN apt-get update \
&& apt-get upgrade -y \
&& apt-get install -y tomcat \    #ssh MySQL
&& cd /app && npm install
```

5）设置默认工作目录。

```
FROM RHEL:7.4
WORKDIR /mywebapp
ADD . /mywebapp
RUN apt-get update \
&& apt-get upgrade -y \
&& apt-get install -y tomcat \    #ssh MySQL
&& cd /app && npm install
```

6）设置环境变量。

```
FROM RHEL:7.4
WORKDIR /mywebapp
ADD . /mywebapp
RUN apt-get update \
&& apt-get upgrade -y \
&& apt-get install -y tomcat \    #ssh MySQL
ENV  HOST=10.47.43.1 \
    PORT=8080
```

3.3.3 检查及优化工具

Dockerfile写好后可以通过http://dockerfile-linter.com/进行语法检查，然后针对检查结果进行优化。

3.4 操作系统基础镜像制作

目前，具有一定规模的企业都会自己制作操作系统镜像，而不是直接使用公有Hub上的镜像或者从镜像提供商的网站下载并直接使用，主要原因如下：

1）下载的容器镜像文件过大，浪费空间，执行效率低。

2）下载的容器镜像过小，不少驱动、工具或文件在容器镜像中并没有包括，不能满足应用的要求。

3）镜像文件没有遵循企业的规范。

4）外部下载的容器镜像存在安全漏洞。

5）操作系统版本同企业用的主流版本不一致。

因此企业需要掌握操作系统基础镜像的制作技能并制定出相关的规范，以满足企业的基本要求。操作系统基础镜像属于容器镜像的base image，其他镜像都是这个镜像的上层镜像。

由于容器共享宿主机操作系统的内核，rootfs 使用宿主机，因此操作系统基础镜像中主要包括 rootfs、rpm 工具包及常用命令等。

3.4.1 操作系统版本选择

根据自身的特点及需要，各个企业确定需要制作基础镜像的操作系统版本号，本文主要使用 RHEL7.4（3.10.0-693.el7.86_64）版本 Linux 系统，为保证应用容器化改造后获得最佳的兼容性，容器操作系统基础镜像也同样选型为 RHEL7.4 操作系统（文件系统版本号：basesystem-10.0-7.el7.noarch）。

3.4.2 操作系统参数调整

根据企业宿主机操作系统安装配置的要求，修改操作系统的参数配置，如文件句柄数、缓存大小、防火墙开关、交换分区等。

3.4.3 确定基础 rpm 包范围

基于 Red Hat 官网提供的 RHEL 7.4 容器基础镜像，为了进一步精简镜像体积，根据实际情况删除不常用 rpm 包，主要删除规则如下：

1）不需使用的工具类的 rpm 包可删除。

2）不影响系统安全且不需要的系统类的 rpm 包可删除。

表 3-2 列出了在自己制作的基础镜像中可以删除的 rpm 包：

表 3-2 可以删除的 rpm 包

acl-2.2.51-12.el7.x86_64	libuser-0.60-7.el7_1.x86_64
binutils-2.25.1-32.base.el7_4.2.x86_64	libutempter-1.1.6-4.el7.x86_64
cryptsetup-libs-1.7.4-3.el7_4.1.x86_64	libxml2-python-2.9.1-6.el7_2.3.x86_64
dbus-1.6.12-17.el7.x86_64	passwd-0.79-4.el7.x86_64
dbus-glib-0.100-7.el7.x86_64	python-chardet-2.2.1-1.el7_1.noarch

（续）

dbus-libs-1.6.12-17.el7.x86_64	python-dateutil-1.5-7.el7.noarch
dbus-python-1.1.1-9.el7.x86_64	python-decorator-3.4.0-3.el7.noarch
device-mapper-1.02.140-8.el7.x86_64	python-dmidecode-3.12.2-1.1.el7.x86_64
device-mapper-libs-1.02.140-8.el7.x86_64	python-ethtool-0.8-5.el7.x86_64
dmidecode-3.0-5.el7.x86_64	python-gobject-base-3.22.0-1.el7_4.1.x86_64
dracut-033-502.el7_4.1.x86_64	python-kitchen-1.1.1-5.el7.noarch
gdb-gdbserver-7.6.1-100.el7_4.1.x86_64	python-rhsm-1.19.10-1.el7_4.x86_64
gobject-introspection-1.50.0-1.el7.x86_64	python-rhsm-certificates-1.19.10-1.el7_4.x86_64
hardlink-1.0-19.el7.x86_64	qrencode-libs-3.4.1-3.el7.x86_64
kmod-20-15.el7_4.7.x86_64	rootfiles-8.1-11.el7.noarch
kmod-libs-20-15.el7_4.7.x86_64	shadow-utils-4.1.5.1-24.el7.x86_64
kpartx-0.4.9-111.el7_4.2.x86_64	subscription-manager-1.19.23-1.el7_4.x86_64
libmount-2.23.2-43.el7_4.2.x86_64	tar-1.26-32.el7.x86_64
libnl-1.1.4-3.el7.x86_64	usermode-1.111-5.el7.x86_64
libsemanage-2.5-8.el7.x86_64	ustr-1.0.4-16.el7.x86_64
virt-what-1.13-10.el7.x86_64	util-linux-2.23.2-43.el7_4.2.x86_64
which-2.20-7.el7.x86_64	vim-minimal-7.4.160-2.el7.x86_64

3.4.4 确定常用命令范围

容器镜像需要封装合理的命令集，命令过少，不利于后期维护中的问题定位与排查；命令过多，则会增加镜像体积。基础镜像封装的常用命令详见表3-3。

表3-3 基础镜像封装的常用命令

命令名称	命令用途
awk	awk是一个非常好用的数据处理工具。相较于sed常常一整行处理，awk比较倾向于一行当中分成数个“字段”处理
bash	bash是一个为GNU项目编写的UNIX shell，也就是Linux用的shell，大多数shell脚本都可以使用bash命令运行
cat	cat主要有三大功能：1）一次显示整个文件；2）从键盘创建一个文件；3）将几个文件合并为一个文件
cd	cd命令用来切换工作目录至dirname。其中，dirName表示法可为绝对路径或相对路径。若目录名称省略，则变换至使用者的home directory（也就是刚登录时所在的目录）。另外，“～”也表示为home directory的意思，“.”则表示目前所在的目录，“..”表示目前目录位置的上一层目录
chgrp	chgrp命令用来改变文件或目录所属的用户组
chkconfig	chkconfig命令主要用来更新（启动或停止）和查询系统服务的运行级信息。谨记：chkconfig不是立即自动禁止或激活一个服务，它只是简单地改变了符号连接
chmod	用来变更文件或目录的权限
chown	改变某个文件或目录的所有者和所属的组。该命令可以向某个用户授权，使该用户变成指定文件的所有者或者改变文件所属的组
chroot	用来在指定的根目录下运行指令。chroot即change root directory（更改root目录）
clear	clear命令用于清除屏幕

（续）

命令名称	命令用途
cmp	cmp 命令用于比较两个文件是否有差异
cp	cp 命令用来将一个或多个源文件或者目录复制到指定的目的文件或目录。它可以将单个源文件复制成一个指定文件名的具体的文件或复制到一个已经存在的目录下
curl	curl 命令是一个利用 URL 规则在命令行下工作的文件传输工具。它支持文件的上传和下载，所以是综合传输工具，但按传统习惯称 curl 为下载工具
cut	cut 是一个选取命令，就是将一段数据经过分析，取出需要的信息。一般来说，选取信息通常是针对“行”来进行分析的，并不是整篇信息分析
date	date 可以用来显示或设定系统的日期与时间
dd	用于复制文件并对原文件的内容进行转换和格式化处理。dd 命令功能很强大，对于一些比较底层的问题，使用 dd 命令往往可以得到出人意料的效果
df	df 命令用于显示磁盘分区上可使用的磁盘空间。默认显示单位为 KB
diff	diff 命令在最简单的情况下，比较给定的两个文件的不同。如果使用“-”代替“文件”参数，则要比较的内容将来自标准输入。diff 命令是以逐行的方式比较文本文件的异同处。如果该命令指定进行目录的比较，则将会比较该目录中具有相同文件名的文件，而不会对其子目录文件进行任何比较操作
du	du 命令也是查看使用空间的，但是与 df 命令不同的是，Linux du 命令是对文件和目录磁盘使用的空间的查看
echo	用于字符串的输出
egrep	egrep 命令用于在文件内查找指定的字符串
expr	求表达式变量的值
find	find 命令用来在指定目录下查找文件。任何位于参数之前的字符串都将被视为欲查找的目录名。如果使用该命令时不设置任何参数，则 find 命令将在当前目录下查找子目录与文件，并且将查找到的子目录和文件全部进行显示
grep	grep 是一种强大的文本搜索工具，它能使用正则表达式搜索文本，并把匹配的行打印出来
gzip	gzip 命令用来压缩文件。gzip 是一个使用广泛的压缩程序，文件经它压缩过后，其名称后面会带有“.gz”扩展名
ln	ln 命令用来为文件创建连接，连接类型分为硬连接和符号连接两种，默认的连接类型是硬连接。如果要创建符号连接必须使用“-s”选项
ls	ls 命令用来显示目标列表，在 Linux 中是使用率较高的命令。ls 命令的输出信息可以进行彩色加亮显示，以区分不同类型的文件
mkdir	mkdir 命令用来创建目录。该命令创建由 dirname 命名的目录。如果在目录名的前面没有加上任何路径名，则在当前目录下创建由 dirname 指定的目录；如果给出了一个已经存在的路径，将会在该目录下创建一个指定的目录。在创建目录时，应保证新建的目录与它所在目录下的文件没有重名
mv	mv 命令用来对文件或目录重新命名，或者将文件从一个目录移到另一个目录中。source 表示源文件或目录，target 表示目标文件或目录。如果将一个文件移到一个已经存在的目标文件中，则目标文件的内容将被覆盖
nohup	不挂断地运行命令（后台运行）。该命令可以在退出账户 / 关闭终端之后继续运行相应的进程
ps	列出系统中当前运行的进程。该命令列出的是当前进程的快照，就是执行 ps 命令的时刻的进程。如果想要动态地显示进程信息，就可以使用 top 命令
pwd	pwd 命令以绝对路径的方式显示用户当前工作目录。命令将当前目录的全路径名称（从根目录）写入标准输出。全部目录使用“/”分隔，第一个“/”表示根目录，最后一个目录是当前目录。执行 pwd 命令可立刻得知目前所在工作目录的绝对路径名称

（续）

命令名称	命令用途
rm	rm 命令可以删除一个目录中的一个或多个文件或目录，也可以将某个目录及其下属的所有文件和子目录均删除。对于链接文件，只是删除整个链接文件，而保持原有文件不变
rpm	rpm 命令是 rpm 软件包的管理工具。rpm 原本是 Red Hat Linux 发行版专门用来管理 Linux 各项套件的程序，由于它遵循 GPL 规则且功能强大方便，因而广受欢迎，逐渐受到其他发行版的采用。rpm 套件管理方式的出现让 Linux 易于安装、升级，间接提升了 Linux 的适用度
sed	sed 是一个很好的文件处理工具，本身是一个管道命令，主要是以行为单位进行处理，可以对数据行进行替换、删除、新增、选取等特定工作
sh	sh 命令是 shell 命令语言解释器，执行命令从标准输入读取或从一个文件中读取。通过用户输入命令与内核进行沟通。Bourne Again Shell（即 bash）是自由软件基金会（GNU）开发的一个 Shell，它是 Linux 系统中一个默认的 Shell。Bash 不但与 Bourne Shell 兼容，还继承了 C Shell、Korn Shell 等优点
sleep	sleep 命令常用于在 Linux shell 脚本中延迟时间
sort	sort 命令在 Linux 里非常有用，它将文件进行排序，并将排序结果进行标准输出。sort 命令既可以从特定的文件，也可以从 stdin 中获取输入
tail	tail 命令用于输入文件中的尾部内容。tail 命令默认在屏幕上显示指定文件的末尾 10 行。如果给定的文件不止一个，则在显示的每个文件前面加一个文件名标题。如果没有指定文件或者文件名为“-”，则读取标准输入
tee	tee 命令用于读取标准输入的数据，并将其内容输出成文件
test	test 命令是 shell 环境中测试条件表达式的实用工具
top	top 命令可以实时动态地查看系统的整体运行情况，是一个综合了多方信息监测系统性能和运行信息的实用工具
touch	touch 命令有两个功能：一是用于把已存在文件的时间标签更新为系统当前的时间（默认方式），它们的数据将原封不动地保留下来；二是用来创建新的空文件
uname	uname 命令用于打印当前系统相关信息，包括内核版本号、硬件架构、主机名称和操作系统类型等
wc	Linux 系统中的 wc（word count）命令的功能为统计指定文件中的字节数、字数、行数，并将统计结果显示输出
who	Linux who 命令用于显示系统中正在登录的用户，显示的资料包含了用户 ID、使用的终端机、从哪边连上来的、上线时间、呆滞时间、CPU 使用量、动作等
whoami	打印当前有效的用户名称
yum	yum 命令是在 Fedora 和 Red Hat 以及 SUSE 中基于 rpm 的软件包管理器，它可以使系统管理人员交互和自动化地管理 rpm 软件包，能够从指定的服务器自动下载 rpm 包并且安装，可以自动处理依赖性关系，并且一次安装所有依赖的软体包，无须烦琐地一次次下载、安装

3.4.5 操作系统镜像制作过程

基于 RHEL7.4（3.10.0-693.el7.86_64）虚拟机操作系统和统一 yum 源，自定义基础 rpm 包后通过 makeImageForRedhat.sh 脚本可自动完成操作系统基础镜像的制作过程。

■ yum 源配置说明

基础镜像 /etc/yum.repos.d/rhel_7_rmps.repo 已配置 yum 源，这样后续应用层制作容器时可直接使用 yum 命令安装需要的 rpm 包。

■ 制作过程

1）重新安装或利用现有 RHEL7.4（3.10.0-693.el7.86_64）操作系统的主机。

2）根据宿主机操作系统的安装要求进行相关的参数配置，如文件句柄数等。

3）在该主机上安装 Docker，原因是使用 docker import 生成镜像时需要 Docker。

4）在该机器根目录下创建 tmp 目录，将需要复制到镜像的原始文件复制到此目录下。

5）在 tmp 目录下建立临时目录。

6）读取 rpm 包列表，使用 yum 命令在 tmp 目录安装文件系统和软件包。

7）将 tmp 目录 tar 打包并通过 docker import 导入本地镜像文件后上传到镜像仓库。

8）清理 tmp 临时目录。

其中第 6、7 两步可以通过执行 makeImageForRedhat.sh 脚本完成。

■ 制作脚本 makeImageForRedhat.sh

下载地址：https://pan.baidu.com/s/13tm-xRJz8LjHV3KtRxPVKw，密码：jgwh。

3.4.6 系统资源限制配置说明

通过修改 /etc/security/limit.conf 文件可限制用户同一时刻打开文件数和开启进程数等。容器技术进行资源限制的方法有两种：

1）修改 /usr/lib/systemd/system/docker.service 文件可实现全局性控制，docker deamon 控制下的容器都是按照配置来限制资源。

2）docker run 提供了 `--ulimit` 参数，可针对每个容器使用的资源进行差异化限制。

但是，通常情况下用户都不会使用上述两种方法进行资源限制，因为根据容器系统启动加载的原理，bootfs 仅会加载宿主机 /etc/security/limit.conf 配置，而非容器内的 limit.conf 文件来限制资源的使用，因此只需要正确配置宿主机 limit.conf 即可，镜像中的 limit.conf 文件不起作用。

3.5 容器镜像安全加固

Docker 容器通过 namespace 进行进程间的隔离，通过 CGroup 限制资源的使用，这只能做到进程及文件的安全隔离，同虚拟机操作系统级别的安全隔离尚有差距，正是因为这方面的原因，容器轻量快速的特性才能发挥出来。

研发应用软件时，开发人员编写代码并提交到配置库，触发持续集成流程，经测试人员进行测试，测试通过后由运维人员部署到生产环境，因此容器安全加固涉及容器的全生命周期，包括开发阶段及生产阶段。容器安全加固就是在开发测试环境中保证容器镜像构建、存储安全可信，在生产环境中保证容器启动、运行、停止正确即可。

3.5.1 容器安全加固规范

■ Docker 主机安全加固

具有一定规模的企业会建立自己的主机安全加固规范及 checklist，按照这个规范进行即可，如关闭swap、防火墙、文件句柄修改等，必要时使用安全工具对主机进行安全扫描。对安全要求极高的企业可以考虑使用自主研发的操作系统，在操作系统中启用SELinux。

■ 更改运行容器的用户权限

为了防止容器“逃逸”并获得宿主机的权限，因此要用非root用户执行容器；如果用户已经在镜像中定义，那么可以通过Dockerfile在此镜像基础上生产新的镜像，在Dockerfile中添加用户：RUN useradd -d/home/<用户名> -m -s/bin/bash <用户名> USER <用户名>。如果制作镜像文件时需要使用root权限同后端daemon进程进行交互，则可以使用kaniko开源工具进行处理。

■ 镜像中的setuid及setgid

setuid和setgid指令可用于提权，如果这两个指令使用高权限就可能引入了风险，因此在镜像中要进行权限控制，一般在Dockerfile末尾添加命令：RUN find/-perm 6000 -type f -exec chmod a-s {}\;||true 进行权限控制。

■ 对镜像进行安全扫描，使用安全可信的容器镜像

使用clair或其他工具对镜像文件进行安全漏洞扫描，根据扫描结果打补丁或更新软件，消除安全隐患后再重新制作镜像。

■ 镜像文件使用数字签名

对从Docker仓库发送和接收的数据使用数字签名能力，允许客户端验证特定镜像标签的完整性。

■ 启用HTTPS

Docker对所有请求启用TLS验证，启用HTTPS需要对Docker启动文件进行配置，可使用命令：

```
dockerd --tlsverify --tlscacert=ca.pem --tlscert=server-cert.pem --tlskey=server-key.pem \ -H=10.47.40.110:2376
```

■ 容器网络流量限制

默认情况下容器能访问容器网络上的所有流量，因此可能会导致信息泄露，Dockerd采用守护进程模式启动时增加参数 -icc = false 可以对容器流量进行限制，只访问自己的流量。

■ 内存配额限制

默认情况下容器可以使用主机所有内存，容器启动时通过-m或-memory参数限定容器的内存，如使用命令 docker run -it --rm -m 128m 限制内存配额。

■ CPU优先级限制

默认情况下CPU是没有设置优先级的，用户可以通过CPU共享设定优先级。如使用下面的命令设置优先级：

```
docker run -it --rm --cpuset=0,1 -c 2
```

■ 存储空间配额限制

采用 `docker -d --storage-opt dm.basesize=5G` 命令可限制存储空间配额，但目前还不能有效控制磁盘 I/O。

■ 日志和审核

收集并归档与 Docker 相关的日志以便后期进行审核监控或做统计分析，记录容器日志的命令如下：

```
docker run -v /dev/log:/dev/log <container_name> /bin/sh
```

3.5.2 安全检查工具

Docker 官方针对 Docker 的安全提供了具体的实践，从主机安全配置、Docker 守护进程配置、Docker 守护程序配置文件、容器镜像和构建、容器运行期安全、Docker 安全操作等方面进行了阐述，具体的内容可参考网站 https://www.docker.com/docker-security。同时，针对 Docker 的安全配置官方提供了一个脚本工具 docker-bench-security 以进行检查。

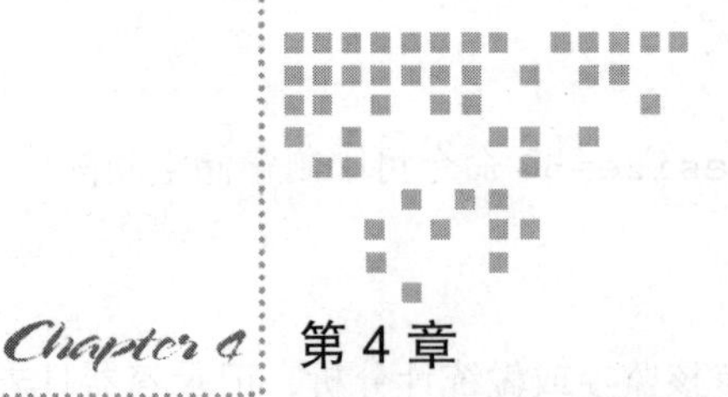

Chapter 4 第4章

镜像仓库管理

镜像仓库是用来存储和管理容器镜像文件的。镜像仓库主流实现方案有两种：Docker Registry 和 Harbor，本章分别对这两种方式进行介绍。

4.1 Docker Registry

镜像仓库是容器三大核心组件中的重要组成部分，Docker 镜像仓库一般有本地镜像仓库、Docker Hub 公共仓库和其他第三方公共仓库三种。一个 Docker Registry 中可以包含多个仓库（Repository）；每个仓库可以包含多个标签（Tag）；每个标签对应一个镜像。

4.1.1 Docker Hub

Docker Hub 是 Docker 公司官方提供的公共镜像仓库，此镜像库中提供了上万种官方镜像文件。

1. 注册

使用 Docker Hub 前需要注册用户账户，访问地址为 https://cloud.docker.com，可以在此网站上注册用户。如图 4-1 所示。

2. 登录及退出

登录 Docker Hub 有两种方式，一种是使用 `docker login` 输入用户名及密码以完成登录，在命令行模式下进行与镜像相关的操作，另外一种就是在 Docker Hub 的可视化界面中操作。

退出 Docker Hub 时，可以使用 `docker logout` 直接退出命令行模式。

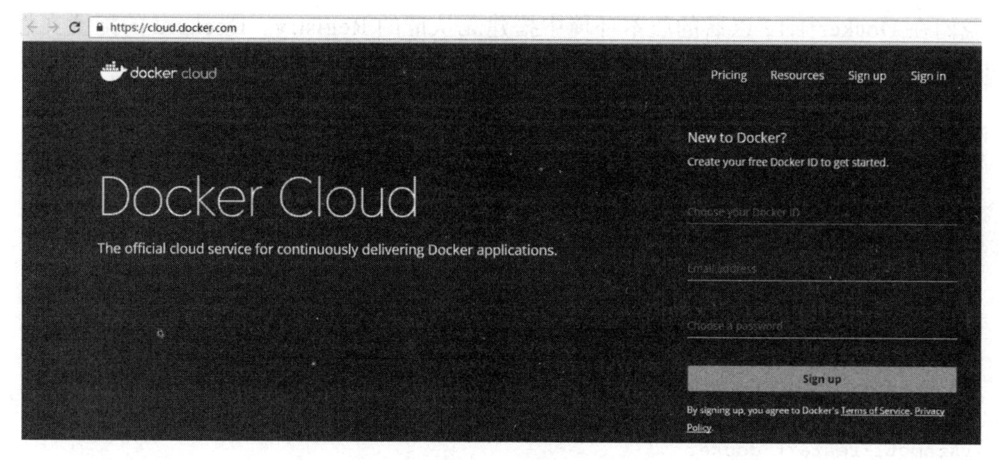

图 4-1　用户注册

3. 镜像查询

可以通过 `docker search` 进行镜像文件的查询或在官网中进行查找。

4. 镜像下载

可以通过 `docker pull` 下载镜像文件。通常在下载前会通过 `docker search` 搜索是否有相关的镜像。

5. 镜像上传

可以通过 `docker push` 上传镜像文件。

由于一些特殊原因在国内访问 Docker Hub 上的服务比较慢，因此国内主流容器云服务商提供了针对 Docker Hub 的镜像服务（Registry Mirror），这些镜像服务被称为加速器。使用加速器会直接从国内的地址下载 Docker Hub 的镜像，比直接从 Docker Hub 下载的速度会提高很多。

4.1.2　第三方公共仓库

国内也有一些主流的容器云服务商提供类似于 Docker Hub 的公开服务。比如网易云镜像服务、阿里云镜像库、DaoCloud 镜像市场等，这些镜像仓库上也会提供不少镜像文件供用户下载使用。

4.1.3　建立私有镜像仓库

Docker 公司官方提供的 Docker Hub 镜像仓库由于服务器在国外，网速会非常慢且存在不安全因素，而国内第三方公共仓库不受自己控制，因此具有一定规模的企业都会建立自己的私有镜像仓库，上传镜像到私有镜像参考，在构建容器化应用时，可以快速地下载镜像文件使用。

我们在 Docker 1.12 以后的版本环境中搭建无认证的 Registry。Dockerd 的配置文件在 /etc/docker/daemon.json 中，如果没有该文件，可以手动创建。

```
第一步：从 Docker 官方镜像仓库下载 Registry。
docker pull registry <版本号> ——不指定版本，表示 latest 版本

第二步：配置 daemon.json，去掉 Docker 默认的 https 的访问。
vim /etc/docker/daemon.json
{
"insecure-registries":["10.47.43.100:5000"]
}       ——增加 insecure-registries 的项目

第三步：重启 Docker，执行以下命令。
systemctl daemon-reload docker
systemctl restart docker

第四步：无认证方式启动 Registry 容器。
docker run -d --name registry -p 5000:5000 --restart=always -v /opt/registry/:/var/lib/registry/ registry

第五步：测试是否启动容器。在浏览器中访问 http://10.47.43.100:5000/v2/_catalog，如果返回 {"repositories":[]}，就代表启动成功了。

第六步：上传镜像到镜像仓库测试 push 功能。
docker tag MySQL 10.47.43.100:5000/MySQL——必须带有 "10.47.43.100:5000/" 这个前缀，然后开始上传镜像到我们建立的私有 Registry
docker push 10.47.43.100:5000/MySQL
再在浏览器中访问 http://10.47.43.100:5000/v2/_catalog，可以看到返回 {"repositories":["MySQL"]}，说明已经上传成功。

第七步：从镜像仓库下载镜像测试 pull 功能。
首先删除本机存在的镜像 10.47.43.100:5000/MySQL（刚才通过 tag 重命名的）：
docker rmi 10.47.43.100:5000/MySQL
然后执行 docker images，可以看到已经没有了 10.47.43.100:5000/MySQL 这个镜像。下面开始下载这个镜像：
docker pull 10.47.43.100:5000/MySQL
然后再执行 docker images，可以看到 10.47.43.100:5000/MySQL，说明下载成功了。
```

4.2 Harbor

Harbor 是由 VMware 公司开源的容器镜像仓库，它在 Docker Registry 的基础上进行了企业级扩展，包括基于角色的权限控制、AD/LDAP 集成、可视化管理界面、日志审计等，它同 Docker Registry 一样提供容器镜像的存储及分发服务，但与 Docker Registry 有很多不同，Harbor 进行了不少优化及改进，主要差别如下：

1）传输效率优化：Harbor 根据容器镜像每层的 UUID 标识进行增量同步，而不是全量同步，减少带宽及其他资源占用。

2）镜像仓库水平扩展：由于上传、下载镜像文件涉及大量的耗时 I/O 操作，当用户对性能有较高要求时，需要创建多个 Registry，通过负载均衡器将访问压力分发到不同的 Registry，同时多个 Registry 存储时进行镜像文件的同步，便于水平扩展。

3）用户认证：Harbor 在 Docker Registry 的基础上扩展了用户认证授权的功能，用户在 Harbor 中进行访问需要携带 token，以增强安全性。

4）镜像安全扫描：上传到 Harbor 上的镜像文件能够通过 clair 的安全扫描，以发现镜像中存在的安全漏洞，并提高镜像文件的安全性。

5）提供 Web 界面以优化用户体验：Registry 只提供命令行方式，没有操作界面，而 Harbor 提供用户界面，可以支持登录、搜索功能，镜像分类管理包括区分公有、私有镜像等功能，优化了用户管理及操作体验。

4.2.1 Harbor 架构

Harbor 由 5 个组件构成，架构如图 4-2 所示。

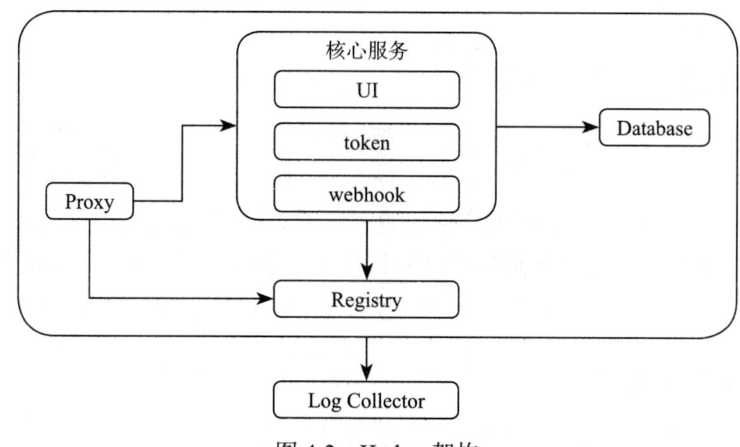

图 4-2　Harbor 架构

（1）Proxy

Proxy 是镜像仓库核心服务（Registry、UI、token 等）的前端访问代理，通过这个代理可统一接收客户端发送来的请求，并将此请求转发给后端不同的服务进行处理。

（2）Registry

Registry 是容器镜像仓库，负责 Docker 镜像存储，响应镜像文件上传及下载操作，但是在访问过程中会进行访问权限控制，用户每次执行 docker pull/push 请求都要携带一个合法的 token。为了增强安全性，Registry 会通过公钥对 token 进行解密验证，解密通过后才能进行相应的操作。

（3）Core Services

Core Services 是 Harbor 的核心服务，主要包括如下功能：

- UI：图形化界面，根据用户的授权采用可视化方式管理镜像仓库中的各个镜像（image）文件。
- token服务：根据用户权限给每个镜像操作请求生成token。Docker客户端向Registry服务发起的请求如果不包含token会被重定向到这个token服务，获得token后再重新向Registry进行请求，这个token是后续操作的唯一合法身份，直到token超时或用户退出当前会话。
- webhook：主要用来实时监控Registry中镜像文件的状态变化。在Registry上配置webhook，通过webhook把image状态变化传递给UI模块。

（4）Database

为核心服务提供数据库存储及访问能力，负责存储用户权限、审计日志、Docker image分组信息等数据。

（5）Log Collector

负责收集其他组件运行过程中产生的日志，监控Harbor运行状况，以便后续进行运行状况分析。

4.2.2 Harbor的镜像同步机制

由于Harbor支持多个镜像仓库，用户访问任何一个镜像仓库结果都相同，因此需要在多个仓库间进行文件同步功能。Harbor通过调用自身的API对镜像文件进行下载和上传，实现镜像文件的同步。在镜像同步的过程中，Harbor会监控整个复制过程，如果遇到网络等错误会自动重试，提供复制策略机制以保证复制任务成功执行。Docker Registry与Harbor采用的机制不同，Harbor采用push机制，Docker Registry采用pull机制。

4.2.3 Harbor用户认证

Harbor中的用户分为两类：管理员及普通用户。管理员权限比较大，可以对用户进行管理，普通用户只能在自己权限范围内进行查询及日常运维操作。用户认证的流程如图4-3所示。

- 客户端发送镜像文件push/pull请求，Docker Daemon进程收到此请求。
- Docker Daemon向Docker Registry发送上传/下载镜像的请求。
- 如果Docker Registry需要进行授权，Docker Registry将会返回错误码401（即没有授权），同时在响应中包含docker客户端需要进行认证的相关信息。

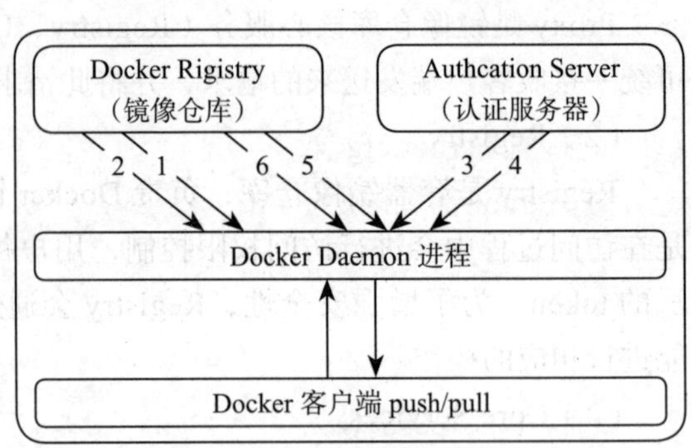

图4-3 Harbor用户认证流程

■ Docker Registry 分析此返回信息，并将相应数据返回给 Docker 客户端。
■ Docker 客户端根据 Registry 返回的信息，附加相关内容后，向 Docker Daemon 再次发送请求。
■ Docker Daemon 向 Authencation（认证服务器）发送获取认证 token 的请求。
■ Authencation 服务器验证提交的用户信息是否存符合业务要求。
■ Authencation 服务器根据用户信息生成的 token 令牌和当前用户所具有的相关权限信息，返回给 Docker Daemon。
■ Docker Daemon 将结果返回给 Docker 客户端。
■ 后续 Docker 客户端进行 push/pull 操作时请求头中都带上 token，发送到认证服务器进行身份认证。

4.2.4　Harbor 容器镜像安全扫描

Harbor v1.2 新增了镜像漏洞扫描的功能，可以发现容器镜像中存在的安全漏洞并告警，通知用户及时采取防范措施。容器镜像安全扫描原理就是扫描镜像中的文件系统，逐个文件地检查是否存在安全漏洞，在 Harbor 中集成了开源项目 clair 的扫描功能，可从公开的 CVE 字典库下载漏洞资料。

4.2.5　Harbor 部署实战

Harbor 运行时由多个 Docker 容器组成，包括 Nginx、MySQL、UI、Proxy、log、JobService 六个主要组成部分。安装 Harbor 有三种方式，这里以离线安装的方式为例描述如何安装。

■ 安装准备：在安装 Harbor 的节点上要求安装好 Docker 1.12 版本及以上、Python 2.7 版本及以上、Docker Compose1.6.0 或以上版本。
■ 下载 Harbor：

```
git clone https://github.com/vmware/harbor
```

■ 解压：

```
tar xvfharbor-offline-installer-<version>.tgz
```

■ 配置 harbor.cfg 文件。
■ Harbor 部署的所有文件均在 Deploy 目录下：

```
#cd ./Harbor/Deployment
#ls
config
db
docker-compose.yml     #Docker Compose 模板
harbor.cfg      #Harbor 配置文件
```

```
......
```

■ 执行 install.sh 脚本安装并启动 Harbor:

```
./install.sh
```

■ 配置 HTTPS 访问

默认情况下 Harbor 使用 HTTP 进行访问，官方提供了自签名证书的方法，不过生产环境还是建议购买 SSL 证书。

配置证书：

```
# cp nginx.https.conf nginx.conf
#ssl
# cd config/nginx/
```

将两个证书文件放置到 cert 目录下：

```
xxx.xxx.com.crt（证书公钥）
xxx.xxx.com.key（证书私钥）
```

■ Harbor 配置

Harbor 的配置项比较少，都在 harbor.cfg 里面。

```
# vim harbor.cfg
hostname = myharbor
ui_url_protocol = https
harbor_admin_password =123456
```

构建并启动 Harbor：

```
# ./prepare
Generated configuration file: ./config/ui/env
Generated configuration file: ./config/ui/app.conf
Generated configuration file:./config/registry/config.yml
Generated configuration file: ./config/db/env
Generated configuration file:./config/jobservice/env
Clearing the configuration file:./config/ui/private_key.pem
Clearing the configuration file:./config/registry/root.crt
Generated configuration file:./config/ui/private_key.pem
Generated configuration file:./config/registry/root.crt
The configuration files are ready, please usedocker-compose to start the service.
```

使用 DockerCompose 启动服务：

```
# docker-compose up -d
```

现在就可以访问 https://xxx.xxx.com，使用默认的账号打开 Harbor 的管理界面。

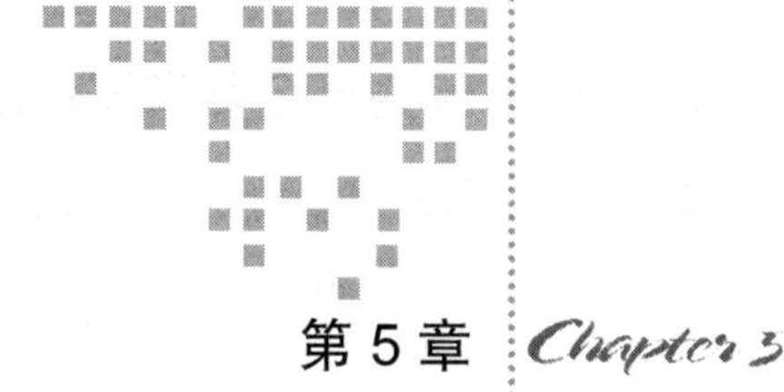

第 5 章 Chapter 5

Docker 相关部署实践

我们开发的应用软件通常是由 Web 服务器、应用服务器、中间件服务器及数据库服务器等构成的。数据库是核心组件，通常部署在物理机上，但数据库服务器一般资源利用率并不高，因此可以考虑使用容器化部署方式。

5.1 MySQL Docker 部署实践

在容器化应用中经常使用 MySQL 数据库、Redis 缓存等通用中间件来发挥容器的特色，由于各个中间件的部署都大同小异，因此本节主要以 MySQL 为例来进行容器化部署实践。

5.1.1 MySQL 简介

MySQL 是一种流行的关系型数据库，目前属于 Oracle 公司所有，MySQL 有开源免费版本及商用版本两种，随着 MySQL 功能的不断完善，性能不断提高，使用开源版本的用户越来越多。MySQL 的系统架构如图 5-1 所示。

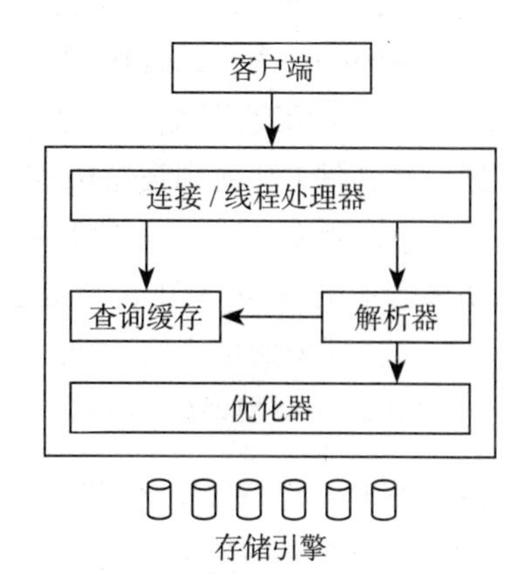

图 5-1 MySQL 架构

从图 5-1 可以看出，MySQL 是由三层组成的，最上层是客户端层，主要包括连接池等；第二层是核心，主要是数据的查询、分析、优化、缓存等；第三层是存储引擎，负责 MySQL 数据的存储及提取。

由于 MySQL 的用户越来越多且属于轻量级，随着容器技术的发展，为了更好地发挥 MySQL 的优势，越来越多的人将 MySQL 部署到容器中。

5.1.2 MySQL 为什么要容器化部署

- 提高资源利用率。通常数据库服务器只启动一个实例，资源利用率不高，借助 Docker 容器资源隔离能力可在同一宿主上部署多个 MySQL 实例，并且将这些实例间资源隔离开，极大提高数据库实例部署密度，提高了资源利用率。
- 平滑扩容。当用户访问量大、对数据库的性能要求超出单个实例的极限时，能够借助 Docker 容器资源平滑升级能力，方便数据库实例平滑扩容，满足数据库方案的性能需求。
- 通过对部署 MySQL 的容器暴露 API 服务，可以有效进行数据库的生命周期管理，用户能自主实现数据库上线、下线、资源调整等自动化运维工作。

5.1.3 MySQL 容器化操作实践

（1）MySQL 容器镜像下载

提供 MySQL 的镜像网站很多，如 https://hub.docker.com/explore/。用户需要首先登录到安装有 Docker 的宿主机上，使用 docker pull MySQL 下载镜像，当然该宿主机需要能访问 hub.docker.com。如果有私有镜像仓库，也可以从指定的私有镜像仓库下载镜像。

（2）运行 MySQL 容器镜像

登录到安装容器的宿主机上，执行如下命令：

```
docker run -d --name MySQL1 -v /data/MySQL:/var/lib/MySQL -e MySQL_ROOT_
PASSWORD=654321 -p 3306:3306 MySQL:5.7.9
docker run -d --name MySQL2 -v /data/MySQL:/var/lib/MySQL -e MySQL_ROOT_
PASSWORD=654321 -p 3336:3306 MySQL:5.7.9
```

上述命令中的各参数含义如下：

-d：--detach，后台运行。

--name：为你的镜像创建一个别名，该别名便于更好地进行后续操作。

-v：指定数据卷，意思就是将 MySQL 容器中的 /var/lib/MySQL（这个是数据库所有数据信息文件）映射到宿主机 /data/MySQL 里面。

-p：映射端口，一般我们会对默认端口进行更改，以避免与本机的 MySQL 端口冲突。如果宿主机有 MySQL，请更改端口，如 -p 33060:3306。

-e：环境变量。为 MySQL 的 root 用户设置密码为 654321。

（3）进入 MySQL 容器

```
docker exec -t -i MySQL1 /bin/bash
```

上述命令中的各参数含义如下：

-t：伪终端界面。

-i：--interactive，交互界面。

（4）登录 MySQL 容器

```
# MySQL -uroot -p654321
MySQL: [Warning] Using a password on the command line interface can be insecure.
Welcome to the MySQL monitor.  Commands end with ; or \g.
Your MySQL connection id is 5
Server version: 5.7.9 MySQL Community Server (GPL)
Copyright (c) 2000, 2015, Oracle and/or its affiliates. All rights reserved.
Oracle is a registered trademark of Oracle Corporation and/or its
affiliates. Other names may be trademarks of their respective
owners.
Type 'help;' or '\h' for help. Type '\c' to clear the current input statement.
MySQL>
```

（5）查询数据库

```
MySQL> show databases;
+--------------------+
| Database           |
+--------------------+
| information_schema |
| MySQL              |
| performance_schema |
| sys                |
+--------------------+
4 rows in set (0.00 sec)
```

（6）创建新数据库 dockerdemo

```
MySQL> create database dockerdemo
    -> ;
Query OK, 1 row affected (0.00 sec)
MySQL> show databases;
```

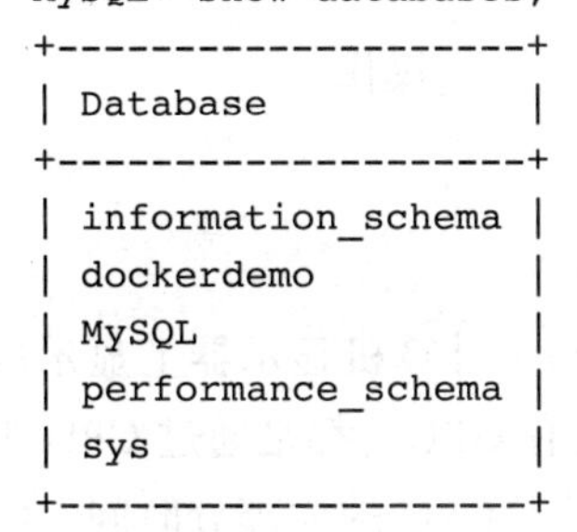

```
+--------------------+
| Database           |
+--------------------+
| information_schema |
| dockerdemo         |
| MySQL              |
| performance_schema |
| sys                |
+--------------------+
```

（7）启动另外一个 MySQL 实例

```
# docker run -d --name MySQL2 -v /data/MySQL:/var/lib/MySQL -e MySQL_ROOT_
PASSWORD=654321 -p 3336:3306 MySQL:5.7.9
af46438f7b93eb62b09516639a3bf367662796cbd512995ece7daf57a1aff6b9
```

（8）查询数据库

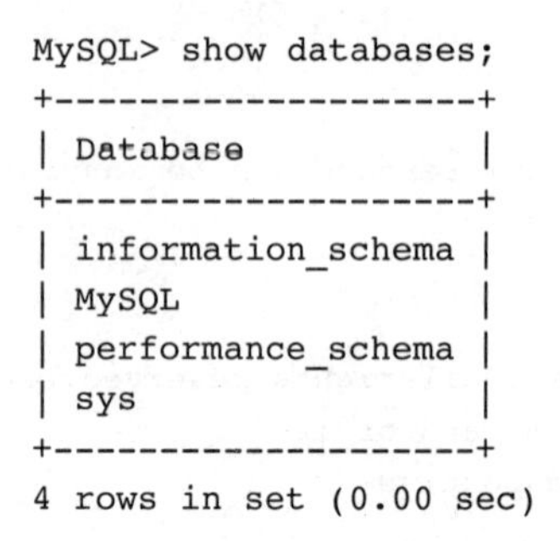

```
MySQL> show databases;
+--------------------+
| Database           |
+--------------------+
| information_schema |
| MySQL              |
| performance_schema |
| sys                |
+--------------------+
4 rows in set (0.00 sec)
```

结果显示没有 dockerdemo 数据库，说明 MySQL1 同 MySQL2 两个实例是隔离开的。

5.2 Docker 支持 GPU 实践

当前处在云计算、大数据、人工智能时代，有大量的数据需要运算，如大数据中要对大量数据进行运算，人工智能中需要通过深度学习训练平台提高识别的准确度，这些都是高吞吐的并行计算，GPU 在这些场景下能充分发挥优势，提升性能及效率。

由于容器具有轻量级、秒级启动、弹性伸缩等特性，也适合分布式应用场景，而人工智能图像训练时间长，中间难免会异常停止，因此采用“容器 +GPU”方式能保持训练状态，便于训练过程的调度、执行、异常恢复，因此人工智能训练平台倾向于部署在容器化环境下，优势如下：

- 可重复地构建。
- 降低应用部署难度。
- 支持设备隔离。
- 在异构的驱动 / 工具环境上运行同一应用。
- 工作节点只需要安装 nvidia 驱动。

因此，本节主要对 Docker 如何支持 GPU 进行描述。

5.2.1 GPU 简介

GPU 就是图形处理器，即 Graphics Processing Unit 的缩写。计算机显示器上显示的图像要经过“渲染”才能在显示器上显示出来。曾经计算机上没有 GPU，都是通过 CPU 来进行“渲染”处理，这些涉及“渲染”的计算工作很耗时，占用了 CPU 的大部分时间。GPU 是为了实现“渲染”这样的计算工作而专门设计的，从而将 CPU 解放出来。

到目前为止 GPU 经历了三个发展阶段：第一个阶段是 1995 ～ 2000 年，这个阶段 GPU 的功能比较固定，不能编程，只能进行一些基本的配置；第二个阶段是 2000 ～ 2005 年，这个阶段着色器（shader）可编程，能对顶点及像素 shader 进行编程，但是 pipeline 不能编程；第三个阶段就是 2005 年到现在，这个阶段是图像可编程，可以定做 pipeline，这个阶段的 GPU 厂家都提供了一个 GPU 编程类库，如英伟达公司就提供了 CUDA 及 OpenCL。

5.2.2　CPU 与 GPU 的对比

CPU 同 GPU 的比较如图 5-2 所示。

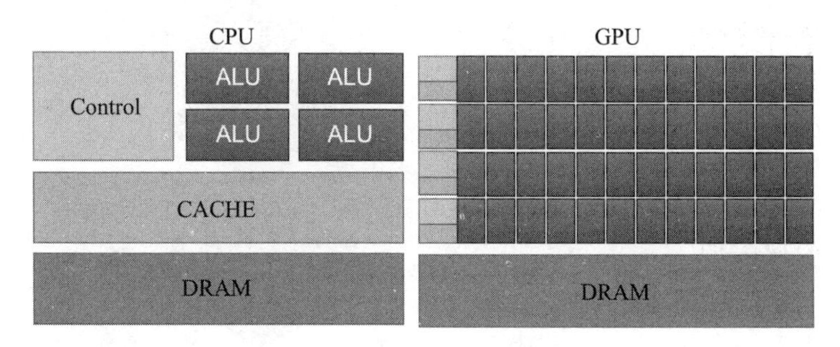

图 5-2　CPU 同 GPU 的比较

CPU 主要包括控制单元、算术逻辑单元等，为低延迟做了专门的优化，配置了大量缓存，计算时从缓存中获取数据以降低延迟，CPU 能处理复杂的控制逻辑、乱序执行和分支预测；GPU 主要在高吞吐并行计算方面做了优化，采用了小缓存，通过大规模并行计算降低内存延时，并使用大量的晶体管用于专用计算。

5.2.3　通过 nvidia-docker 使用 GPU

（1）为什么需要 nvidia-docker

GPU 是一个独立的外设，Docker 并不直接支持 GPU，如果要在 Docker 中使用 GPU，必须安装厂家 GPU 的驱动，然后把主机上的 GPU 设备（例如，/dev/nvidia0）映射到容器中，因此这样的 Docker image 并不具备可移植性，nvidia-docker 项目就是为了解决这个问题的。它让 Docker image 不需要知道底层 GPU 的相关信息，而是通过启动 Container 时挂载（mount）设备和驱动文件来实现，在容器启动时需要做两件事情：

1）将 GPU 设备映射到容器内部。

2）将 nvidia 驱动加载到容器内部。

nvidia-docker 就是英伟达公司为用户在容器环境下使用 GPU 而创建的一个专门项目，以便容器应用程序使用 GPU 时能方便地实现上述两个功能。

（2）nvidia-docker 项目简介

nvidia-docker 是英伟达公司专门为 Docker 容器上如何使用 GPU 而提供的一个开源项目，nvidia-docker 系统架构如图 5-3 所示。

使用 nvidia-docker 时，需要在安装 Docker 容器的宿主机上安装 CUDA Driver，而不是将 CUDA Driver 打包到容器镜像中，这样做的价值如下：

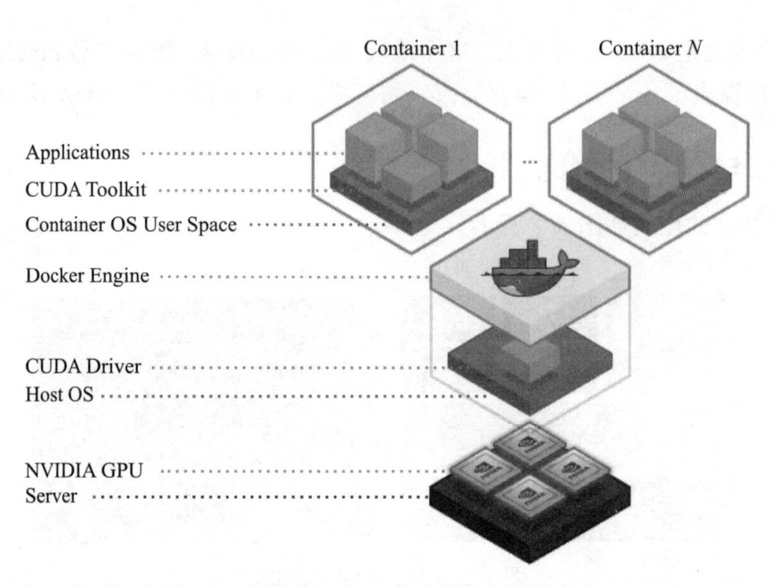

图 5-3 nvidia-docker 架构图（此图引用自 nvidia 官方网，地址：http://www.nvidia.cn/object/docker-container-cn.html）

1）避免不同应用修改操作系统内核问题：所有容器共享主机操作系统内核，CUDA Driver 包含内核和用户空间两个部分，在容器中安装 CUDA Driver 会修改主机操作系统内核，从而影响主机本身和其他容器，这与容器共享操作系统内核的理念完全不符。

2）解决 Driver 和操作系统版本不匹配问题：CUDA Driver 与 Host OS 具有严格的版本匹配要求，CUDA Driver 版本与主机 OS 版本必须完全匹配。在某台机器上制作的镜像不一定能在 OS 版本不匹配的机器上运行。

（3）nvidia Docker 软件包

nvidia Docker 软件包包括两个程序，如表 5-1 所示。

表 5-1 nvidia Docker 软件包程序

程序类型	程序名	说明
DockerCLI	/usr/bin/nvidia-docker	Docker 客户端
DockerPlugin	/usr/bin/nvidia-docker-plugin	Docker 插件

nvidia-docker-plugin 启动命令为 `sudo -b nohup nvidia-docker-plugin`，它是 Docker 的 volume 类型的插件，是一个 daemon 程序，默认侦听 3476 端口。其主要功能为：查找、鉴别 nvidia Driver 文件，识别用户态库和工具，默认复制到 /var/lib/nvidia-docker/volumes 下；检查、管理 nvidia GPU 设备，对其进行编号和状态检测；侦听 3476 端口，等待客户端请求关于 volume 和 GPU 的信息。

（4）Docker 中如何使用 nvidia Docker

nvidia Docker 对 Docker 进行一层简单的封装，提供了 nvidia-docker-plugin 插件，在此插件的配合下可自动完成：

- 挂载驱动文件：--volume 方式挂载 nvidia Driver 的用户态文件库和工具。
- 挂载 GPU 设备：--device 方式挂载 GPU 设备。

第 6 章 Chapter 6

Kubernetes 简介

Kubernetes 是云计算 PaaS 领域的集大成者，一经推出就受到广泛关注和认可。本章从整个 PaaS 行业背景入手，介绍 Kubernetes 诞生的起因，并阐述 Kubernetes 的发展历程和技术特点，最后简单介绍 Kubernetes 的基本概念，帮助读者以对 Kubernetes 有一个初步但全面的认识。

6.1 PaaS 简介

PaaS 作为云计算中非常重要的一类服务，可为用户提供应用生命周期管理和相关的资源服务。用户可以通过 PaaS 平台完成应用的构建、部署、运维管理，而不需要自己搭建计算执行环境，如安装服务器、操作系统、中间件和数据库等。laaS 系统提供给用户的是虚拟机资源，而 PaaS 负责应用的部署和运维，实现应用的弹性伸缩和高可用等功能，用户只需专注于应用的开发。

PaaS、SaaS、IaaS 的年度复合增长率分别为 36%、18% 和 19%，PaaS 领域的增长速度最快。在企业使用的云服务数量中，零售、饭店和酒店业使用量最多；其次为财经服务业、银行和保险业等，然后是医疗、制造业。

6.1.1 传统 PaaS 系统

传统的 PaaS 系统主要由管理平台、计算资源池和服务资源池三个部分组成。PaaS 管理平台主要负责认证授权、应用自动化部署、运维监控等工作。应用运行在计算节点上，计算资源池提供应用所需要的完整运行环境，包含语言环境和应用框架等，一般基于 Linux

的 CGroup 和 namespace 为应用提供资源隔离和限制。服务节点通过代理或接口为应用提供数据库、缓存和存储服务。传统的 PaaS 架构如图 6-1 所示，具有如下功能。

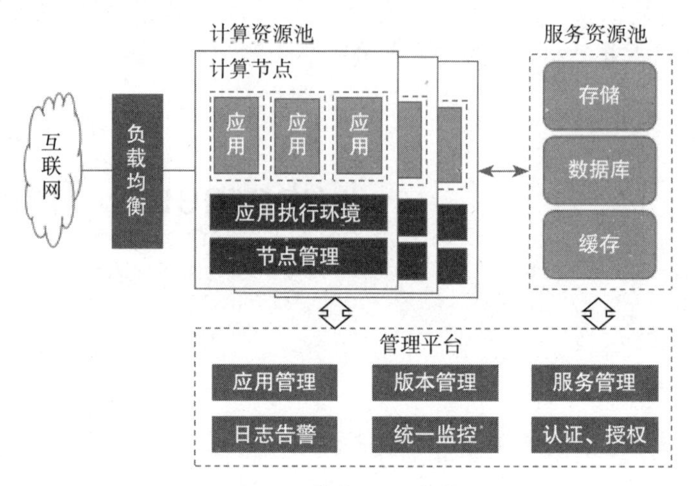

图 6-1　传统 PaaS 架构

1）认证授权：为保证系统的安全可靠性，系统中所有的访问都会通过 AAA 模块进行认证授权验证。

2）服务管理：通常情况下，用户的数据和状态信息都不保存在计算节点上，而是存放在服务节点上的数据库和缓存集群中，用户可以设置所需资源的额度和配置信息，PaaS 在后台进行资源配置实现。应用可通过接口或者代理来访问这些资源。

3）应用部署：PaaS 平台提供代码仓库（SVN/Git）或者应用仓库，用来保存用户上传的代码或者编译后的应用。根据应用的开发语言，PaaS 将其依赖的中间件、框架与应用一起打包、编译，按照用户指定的资源需求（CPU、内存和磁盘等资源），并依据 PaaS 平台调度算法来选出合适的计算节点，该节点上的管理程序将应用下载到本地后启动。

4）负载均衡：它是所有 PaaS 应用的访问入口。负载均衡模块按照用户设置的分发策略，将应用请求分发给 PaaS 系统后端的各个应用实例。

5）运维监控：用来监控 PaaS 系统中各模块的状态和信息；PaaS 平台实时监控系统中所有应用的所有信息，如 CPU、内存信息、应用运行状态等。如发现应用意外停止，PaaS 会将其再次拉起。用户也可以手动启动、停止和升级应用。

6）应用日志：用于采集、存储并可视化展示各用户的应用日志信息，以便测试和调试（Debug）。

7）应用伸缩：用户可根据应用负载的大小来手动调整应用实例数量。一些 PaaS 系统可以根据用户所设置的阈值（如 CPU/ 内存的负载或者应用访问量）自动地增减应用实例数量。而要实现应用的自由弹性伸缩，就需要应用做到无状态化，所有有状态的信息（如数据库、Session 信息等）都要放在服务节点上的资源池中。

传统PaaS平台有很多局限性：1）只能提供有限的开发语言、框架和中间件支持，如只支持Java、PHP和Ruby等，用户开发应用时所能选择的技术比较受限；2）一般只支持简单的Web类单体应用，无法支持复杂的分布式应用，对其他非Web类应用的支持也有限；3）应用与PaaS平台锁定。为了管理/安全的考虑，应用必须调用PaaS平台所提供的专用SDK，使用PaaS平台定制的框架和中间件来重新开发自己的应用，这也导致现有IT系统很难迁移到PaaS平台。

综上所述，因为传统PaaS平台存在诸多缺陷，导致用户在部署PaaS平台时非常谨慎，发展也很缓慢。随着Docker容器技术的迅速兴起，PaaS系统迎来了新的挑战和发展。

6.1.2　基于Docker的新型PaaS平台

Docker技术有一个最大的好处：将应用和依赖的框架中间件等运行环境都打包到了Docker镜像，用户应用部署并运行在隔离的Docker容器中，不再依赖宿主机来提供运行环境支持，从而实现了应用和PaaS平台解耦。这为应用开发带来了巨大便利，用户向PaaS平台提交的不再是代码，而是Docker镜像，PaaS平台也无须再为应用准备各种运行时环境。

近年来微服务框架、DevOps越来越受到关注，而传统的单体架构以及软件开发、测试交付模式使得持续交付变得充满挑战，因为哪怕是应用程序的最小改变都需要整个应用软件重新编译和测试。而微服务架构模式是将应用分解成小的自治服务的软件架构，每个服务可以被独立地开发、测试和部署，并使用约定的API进行服务间通信，通过API网关向外提供服务。微服务架构提高了应用的灵活性、扩展性和高可用性。因此为了在PaaS平台上支持微服务框架，需要PaaS提供完整的服务治理功能，如服务注册、发现、管理、认证授权、分布式事务、熔断、服务链调用分析等功能。

随着企业数字化革命、互联网经济的不断深入发展，企业不仅需要PaaS平台提供关系型数据库、缓存和存储的服务，还需要大数据、NoSQL、搜索和机器学习等服务。

当前，云计算技术已经被广泛接受，应用可以部署在企业私有云上，也可以部署在公有云上，因此PaaS系统应具备跨云部署的能力，可以将应用调度到不同的云计算环境中，给用户提供无缝连接的计算环境，并以应用的Docker镜像为软件的交付标准，集成开发测试流水线，实现应用的快速迭代。

如图6-2所示，新PaaS平台以Docker容器为基础，面向云化、微服务、DevOps等多种应用场景，支持分布式计算、大数据、深度学习等多种计算服务，集成开发、测试、部署流水线，成为一站式应用开发运行平台。

与传统PaaS相比，新PaaS平台在架构上变化很大。通常在每个计算节点上部署负载均衡模块，为多实例应用或者微服务提供接入访问服务，实现服务治理中的负载均衡功能。

在PaaS平台管理节点上会安装etcd/ZooKeeper/consul等模块，用于服务注册和服务发现，以及整个系统的应用配置。同时，在PaaS管理节点还会部署DNS模块（如Skydns），为部署在 PaaS 系统中的应用提供域名解析服务。

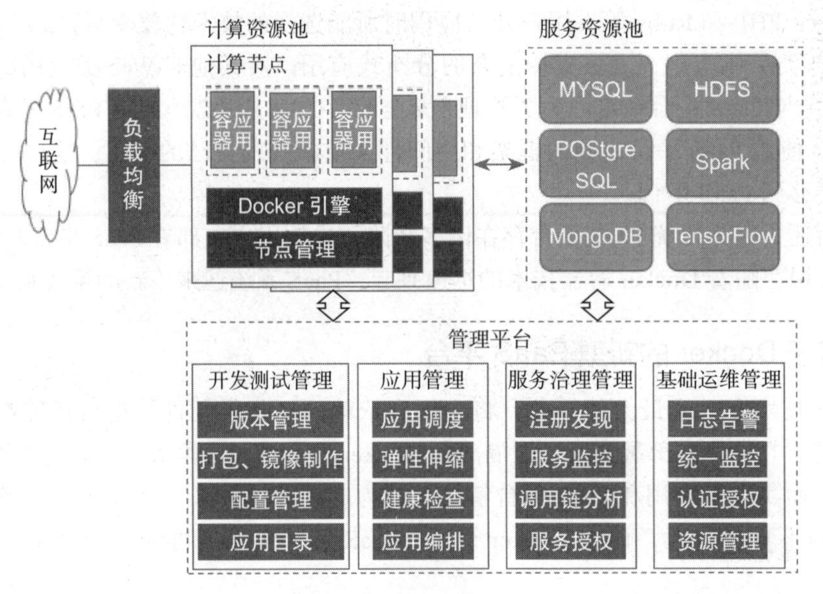

图 6-2 新 PaaS 架构

在 PaaS 平台的计算资源节点上，一般采用 Bridge 模式来部署容器网络，采用 Flannel、Weave 或 Calico 等网络解决方案来实现跨节点的容器间互联互通。

采用 Advisor 实现容器监控。Advisor 部署在计算节点上，用于采集计算节点及节点之上的所有容器的运行信息，如 CPU、内存、磁盘、I/O 等。Advisor 所采集的信息可以保存到 InfluxDB 中，并由 Grafana 进行图形化展示，也可以通过 Heapsterl 收集汇总后由 Kafka 转发至其他系统。

这种新型 PaaS 平台可提供如下新的关键功能：

1）自动化部署与智能运维。众所周知，分布式应用的部署、弹性伸缩、升级等运维过程非常复杂，而且几乎每种分布式应用的上述运维过程都千差万别。而新型 PaaS 平台为众多应用定义了一整套标准、统一的运维手段，且提供了以往无法做到的新运维体验，如应用编排、自动化部署、蓝绿部署、滚动升级、灰度发布、灰度上线等，方便对分布式应用进行高效、智能的运维。

2）持续集成和持续交付。由于容器具备轻量级、一次构建到处运行、快速交付和部署等特性，使得新型 PaaS 平台更容易与各种持续集成和持续交付工具进行集成，形成从应用开发到应用交付的完整流程。

3）支持微服务。为了满足企业数字化转型的需求（移动化、互联网化、云化、智能化、服务化），大量企业应用正从单体架构向微服务架构迁移，新型 PaaS 平台为这类应用提供了很好的运维支撑平台（服务治理等）。

4）支持复杂应用的应用编排服务，可以帮助用户构建和管理分布式应用。

6.2 为什么需要Kubernetes

真正的生产型应用会涉及多个容器，这些容器必须跨多个服务器主机进行部署。Kubernetes可提供用户所需的编排和管理功能，以便用户针对这些工作负载进行大规模容器部署。借助Kubernetes编排功能，用户可以构建多个容器的应用服务，跨集群调度、扩展这些容器，并长期持续管理这些容器的健康状况。

Kubernetes还需要与网络、存储、安全、监控等其他服务整合，以便提供全面的容器基础架构。Linux容器被视作高效、快速的虚拟机，一旦用户将其扩展至生产环境和多个应用中，用户将需要多个并行容器来协作，以交付各种服务。这样大幅增加了用户环境中的容器数量，而且随着数量不断累积，复杂性也不断提高，Kubernetes正是为解决这个问题应运而生。

Kubernetes利用容器扩展解决了许多常见问题，其将容器归类形成“容器集”（Pods）。容器集为分组容器增加了一个抽象层，更有利于帮助用户调用工作负载，并为这些容器提供所需的网络和存储等服务。Kubernetes的其他部分可帮助用户在这些容器集之间达成负载均衡，同时确保运行正确数量的容器，充分支持应用的工作负载。

6.3 Kubernetes的由来

Kubernetes（简称k8s）是用于自动部署、扩展和管理容器化应用程序的开源系统，由Google公司设计并捐赠给CNCF（Cloud Native Computing Foundation）来使用的。它旨在提供“跨主机集群的自动部署、扩展以及运行应用程序容器的平台”。它支持一系列容器工具，包括Docker等。

Kubernetes一词的希腊语含义是“舵手”，由Joe Beda、Brendan Burns和Craig McLuckie共同创立，后经其他Google工程师，包括Brian Grant和Tim Hockin进行创作，由Google公司在2014年首次对外宣布。Kubernetes的开发和设计深受Google的Borg系统影响，许多Kubernetes顶级贡献者之前也是Borg系统的开发者。

使用Kubernetes有如下明显优势：Kubernetes提供了一个便捷、有效的PaaS平台，让用户可以在物理机和虚拟机集群上调用和运行Docker容器，可以帮助用户在生产环境中完全实施并依托基于容器的基础架构运营。由于Kubernetes的实质在于“实现操作任务自动化”，所以用户可以将其他应用平台或管理系统分配给用户的许多相同任务交给容器来执行。

6.3.1 Kubernetes的特点

1. 开源开放

Kubernetes顺应了开源、开放的趋势，吸引了大批开发者和公司参与进来，协同工作，共同构建了一个生态圈。同时，Kubernetes与OpenStack、Docker等大型开源社区积极合作、共同发展，企业和个人都可以参与其中，并从中受益。

2. 提供强大的 PaaS 功能

（1）自动装箱

在不牺牲性应用可用性的前提下，根据资源需求和其他约束条件自动部署容器。基于尽力而为的工作负载特性，提高利用率以便节省更多资源。

（2）弹性伸缩

使用门户界面或根据监控指标的使用情况（如 CPU 或者内存利用率）阈值来自动扩展和缩小用户的应用程序。

（3）服务发现和负载均衡

应用程序无需修改即可使用不熟悉的服务发现机制，同时 Kubernetes 还为容器提供了独立的 IP 地址和一组容器的单个 DNS 名称，可以在它们之间进行负载均衡。

（4）自愈

重新启动失败的容器，以便替换故障容器，并“杀死”那些对用户定义运行状况检查无响应的容器。

（5）自动发布和回滚

Kubernetes 推出对应用程序及其配置的逐步更新功能。Kubernetes 同时监视应用程序运行状况以确保它不会同时终止所有实例。如在更新过程中出现问题，Kubernetes 支持回滚更改。

（6）秘钥和配置管理

支持部署和更新秘钥 / 应用程序配置，而无需重新构建映像，也不会在用户的堆栈配置中暴露秘钥。

3. 轻量级

Kubernetes 遵循微服务架构理念设计，整个系统的各个功能组件模块化，组件之间边界清晰，部署简单，可以轻易地运行在各种系统和环境中。另一方面，Kubernetes 中的许多功能都实现了插件化，可以非常方便地进行扩展和替换。

6.3.2 Kubernetes 的历史

Kubernetes 自推出后发展迅速，经过 400 多位贡献者一年的努力，多达 14 000 次代码提交，2015 年 7 月 Google 公司正式对外发布了 Kubernetes v1.0，意味着这个开源容器编排系统可以正式在生产环境中使用。与此同时，Google 联合 Linux 基金会及其他合作伙伴共同成立了 CNCF，并将 Kubernetes 作为首个编入 CNCF 管理体系的开源项目，助力容器技术生态的发展进步。

Kubernetes 的发展里程碑如下。

2014 年 6 月，Google 宣布 Kubernetes 开源。

2014年7月，Microsoft、Red Hat、IBM、Docker、CoreOS、Mesosphere和Saltstack加入Kubernetes。

2014年8月，VMware加入Kubernetes社区，Google产品经理公开表示VMware将会帮助Kubernetes实现利用虚拟化来保证物理主机安全的功能模式。

2015年5月，Intel加入Kubernetes社区，宣布将合作加速Tectonic软件的发展进度。

2015年5月，OpenStack发布Magnum等模块，支持Kubernetes容器云的自动化部署和编排。

2015年7月，Kubernetes v1.0正式发布。

2016年10月，VMware的Cloud Foundry商用版本宣布正式支持Kubernetes。

2016年12月，Kubernetes 1.5版本发布。

2017年7月，在Kubernetes 1.6版本中，单集群的规模终于达到5000个node节点、15万个Pod的水平。

2018年3月，Kubernetes 1.10版正式发布。

6.4 Kubernetes核心概念

与其他技术一样，Kubernetes也会采用一些专用词汇，这可能会对初学者理解和掌握这项技术造成一定的障碍。本节将就一些较常用的术语进行说明，以帮助读者快速理解Kubernetes的基本概念。

1. Pod

Kubernetes的基本调度单元称为"Pod"，一个Pod包含一个或多个容器，这样可以保证同一个Pod内的容器运行在同一个宿主机上，并且可以共享资源，这些容器使用相同的网络命名空间、IP地址和端口。Kubernetes中的每个Pod都被分配一个唯一的IP地址，这样就可以允许应用程序使用端口而不会有冲突的风险。另外，同一个Pod的容器还可共享一块存储卷空间，可以定义一个卷，如本地磁盘目录或网络磁盘。在Kubernetes中创建、调度和管理的最小单位是Pod，而不是Docker容器。用户可以通过Kubernetes API手动管理Pod，也可以委托给控制器来管理Pod。

2. Replication Controller

Replication Controller用于管理、控制Pod的副本数，用于解决Pod的扩容、缩容问题。通常，分布式应用为了性能或高可用性的考虑，需要复制多份资源，并且根据负载情况实现动态伸缩。通过Replication Controller，我们可以指定一个应用需要几份副本，Kubernetes将为每份副本创建一个Pod，并且保证实际运行Pod数量总是与该副本数量相等。如果少于指定数量的Pod副本，Replication Controller会重新启动新的Pod副本，反之会"杀死"多余的副本以保证数量不变。

3. Service

Service 是真实应用服务的抽象，定义了 Pod 的逻辑集合和访问这个集合的策略。Service 是一组协同工作的 Pod，就像多层架构应用中的一层，是 Pod 的路由代理抽象，用于解决 Pod 之间的服务发现问题。因为 Pod 的运行状态可动态变化（比如，Pod 迁移到其他机器或者在缩容过程中被终止等），所以访问端不能以固定 IP 的方式去访问该 Pod 提供的服务。Service 的引入旨在保证 Pod 的动态变化对访问端透明，访问端只需要知道 Service 的地址，由 Service 来提供代理。构成服务的 Pod 组通过 Label 选择器来定义。Kubernetes 通过给服务分配静态 IP 地址和域名来提供服务发现机制，并且以轮询调度的方式将流量负载均衡到能与选择器匹配的 Pod 的 IP 地址的网络连接上（即使是故障导致 Pod 从一台机器移动到另一台机器）。默认情况下，一个服务会暴露在集群中（例如，多个后端 Pod 可能被分组成一个服务，前端 Pod 的请求在它们之间负载均衡）；但是，一个服务也可以暴露在集群外部（例如，从客户端访问前端 Pod）。

4. Label 及 Label Selector

Kubernetes 将称为“ Label”的键 – 值对附加到系统中的任何 API 对象上，如 Pod、Service、Replication Controller 等。实际上，Kubernetes 中的任意 API 对象都可以通过 Label 进行标识。每个 API 对象可以有多个 Label，但每个 Label 的 Key 只能是唯一值。相应地，Lable Selector 则是针对匹配对象的标签来进行的查询。Label 和 Label Selector 是 Kubernetes 中的主要分组机制，用于确定操作适用的组件。例如，如果应用程序的 Pod 具有系统的标签 tier（例如，“front-end”、“back-end”）和一个 release_track（例如，“canary”、“ production”），那么对所有 back-end 和 canary 节点的操作可以使用如下所示的 Label Selector：tier=back-end AND release_track=canary。

5. Node

Node 也称为 Worker 或 Minion 节点，是主从分布式集群架构的计算单元，是分配给 Pod 并运行 Pod 的宿主机。Kubernetes 集群中的每个计算节点都必须运行 Docker 引擎以及下面提到的组件，以便与这些容器的网络配置进行通信。每个 Node 节点主要由三个模块组成：kubelet、kube-proxy、runtime。

6. Master

Master 是 Kubernetes 分布式集群的管理控制中枢，所有任务分配都来自于此。Master 节点主要由四个模块组成：API Server、scheduler、controller manager、etcd。

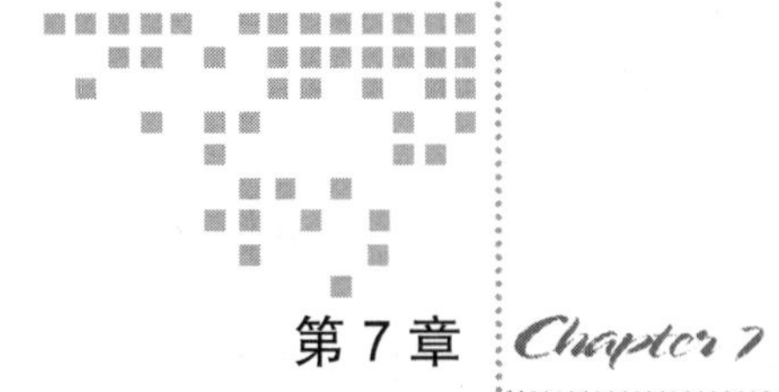

第 7 章 Chapter 7

Kubernetes 架构和部署

本章首先介绍 Kubernetes 整体架构，然后分别介绍各个组件的核心功能，以便让读者对 Kubernetes 各模块的功能定位和业务流程有一个整体的认识。

7.1 Kubernetes 架构及组件

尽管 Docker 为容器管理提供了一个有用的抽象层和工具层，但 Kubernetes 不仅带来了类似的协助，还可以进行大规模容器编排并管理完整的应用程序堆栈。

图 7-1 展示了 Kubernetes 的核心架构。Kubernetes 为我们提供了自动化和工具来确保高可用性和服务可移植性。Kubernetes 还可以更好地控制资源使用情况，如整个基础架构中的 CPU、内存和磁盘空间。Kubernetes 的大多数管理交互都是通过 Kubectl 脚本或 Restful 服务调用 API 来完成的。

Kubernetes 管理集群及其工作负载的关键是：对比期望状态和实际状态。所有 Kubernetes 都在不断监测当前的实际状态，并通过 API 服务器或 Kubectl 脚本与管理员定义的期望状态进行同步。有时候这些状态不匹配，但系统总是在努力调和这两个状态。

7.1.1 Master 节点

客户端通过 Kubectl 命令行工具或 Kubectl Proxy 来访问 Kubernetes 系统，在 Kubernetes 集群内部的客户端可以直接使用 Kubectl 命令管理集群。Kubectl Proxy 是 API 服务器的一个反向代理，在 Kubernetes 集群外部的客户端可以通过 Kubectl Proxy 来访问 API 服务器。

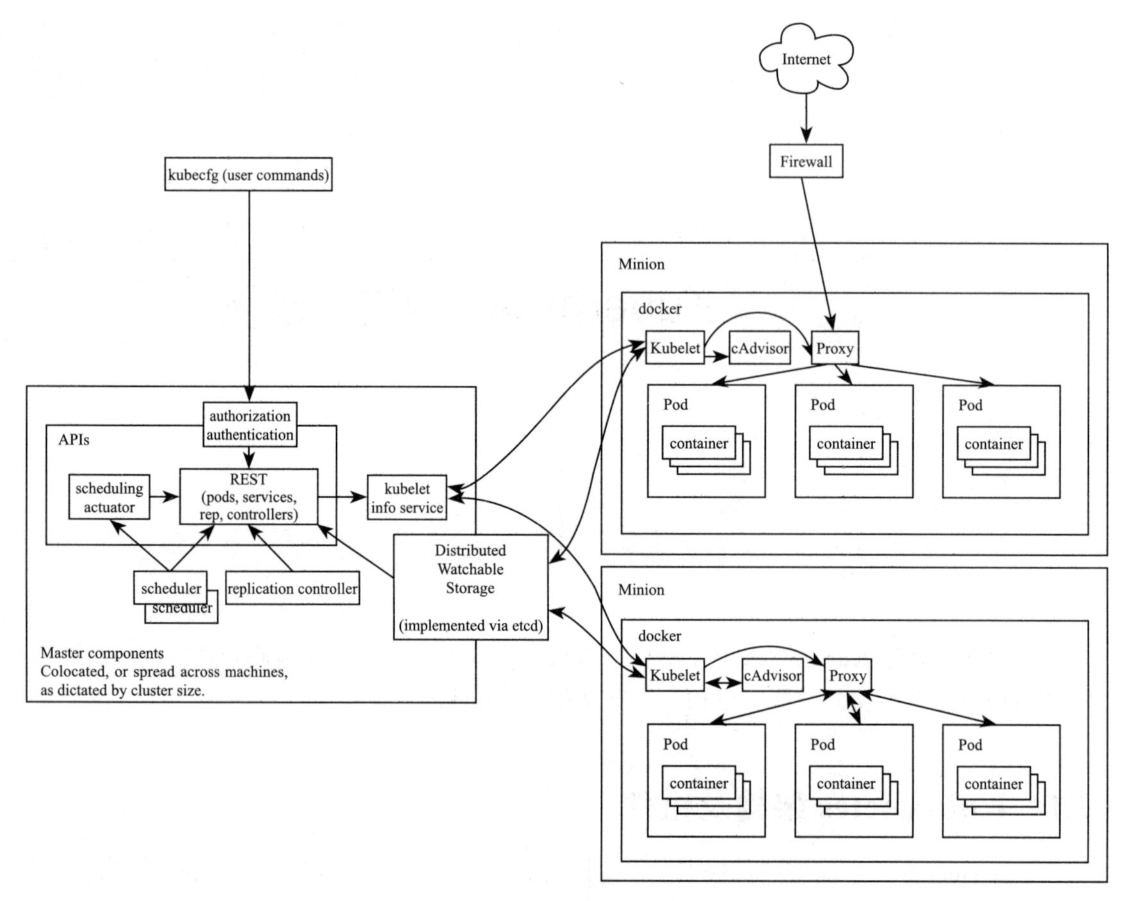

图 7-1 Kubernetes 架构

从本质上讲，Kubernetes 管理节点是 Kubernetes 集群的大脑。

Kubernetes 管理节点包含 API 服务器，它提供基于 Restful 的 Web Service 接口以用于查询或者定义我们所需要的各种集群和状态。需要注意的是，所有 Kubernetes 集群对象的增、删、改、查操作只能通过访问 Kubernetes 管理集群的主管理节点来操作，不能直接访问各 Node 节点。

API 服务器内部有一套完备的安全机制，包括认证、授权及准入控制等相关模块。API 服务器在收到一个 REST 请求后，会首先执行认证、授权和准入控制的相关逻辑，过滤非法请求，然后将请求发送给 API 服务器中的 REST 服务模块以执行资源的具体操作逻辑。

此外，Kubernetes 管理节点还包含调度程序，该程序与 API 服务器协同工作，以 Node 节点上的实际 Pod 为单位进行工作负载调度。默认情况下，基本 Kubernetes 调度程序将各 Pod 分散到集群中，并使用不同的节点来匹配 Pod 副本。Kubernetes 还允许为每个容器指定必要的资源，因此可以通过这些附加因素来改变调度策略。

复制控制器与 API 服务器一起工作，以确保在任何给定时间正确运行 Pod 副本数量。

如果我们的复制控制器定义了三个副本，并且我们的实际状态是两个Pod副本，那么调度程序将被调用以在群集中某处添加第三个Pod副本。如果在任何给定时间发现集群中运行的Pod副本数过多，则会销毁部分Pod副本。通过这种方式，Kubernetes总是保持用户预先设定的集群状态。

最后，Kubernetes将Etcd作为分布式配置存储，各种Kubernetes状态存储在Etcd中，Etcd允许第三方软件监视值的变化，因此，可以将Etcd理解成Kubernetes的共享记忆。接下来，所有Node节点上运行的Proxy进程通过API服务器查询并监听Service对象及其对应的Endpoint（端点）信息，建立一个软件方式的负载均衡器来实现Service访问到后端Pod的流量转发功能。

从上面的分析来看，Kubernetes的各个组件的功能是很清晰的。

API服务器：提供了Kubernetes资源对象的唯一操作入口，其他组件都必须通过它提供的API来操作资源数据，通过对相关的资源数据“全量查询+变化监听”，这些组件可以很“实时”地完成相关的业务功能，比如新建Pod的请求一旦被提交到API服务器中，Controller Manager就会立即发现并开始调度。

Controller Manager：集群内部的管理控制中心，其主要目的是实现Kubernetes集群的故障检测和恢复的自动化工作。比如，根据Replication Controller（RC，复制控制器）的定义完成Pod的复制或移除，以确保Pod实例数符合RC副本的定义；根据Service与Pod的管理关系，完成服务的Endpoint对象的创建和更新：其他诸如Node的发现、管理和状态监控、已“杀死”容器所占磁盘空间及本地缓存的镜像文件的清理等工作也都由Controller Manager来完成。

Scheduler：负责集群的资源调度，以及Pod在集群节点中的调度分配。资源调度在整个Kubernetes管理节点中是一个独立的组件，也就意味着可以根据客户需求定制化开发自己的调度器或者替换成第三方调度器。

7.1.2 Node节点

在每个Node节点中，都有几个关键组件。

Kubelet与API服务器交互以更新状态并启动调度程序调用的新工作负载，Kubelet负责管理Pod和它们上面的容器、images镜像、volume（卷）等。

kube-proxy提供基本的负载均衡，并将指定的服务的流量指向后端正确的Pod，正如Kubernetes API所定义的这些服务，可以在各种终端中以轮询的方式做一些简单的TCP和UDP传输。

在Node节点运行的Kubelet服务中内嵌了一个Advisor服务，Advisor是Google的另外一个开源项目，用于实时监控Docker上运行的容器的性能指标，在第13章会详细介绍它。

7.1.3 调度控制原理

Controller Manager是Kubernetes集群内部的管理控制中心，负责Kubernetes集群内的Node、Pod、服务端点、服务、资源配额、命名空间、服务账号等资源的管理、自动化部署、健康监测，并对异常资源执行自动化修复，确保集群各资源始终处于预期的工作状态。比如，当某个Node意外宕机时，Controller Manager会根据资源调度策略选择集群内其他节点自动部署原宕机节点上的Pod副本。

Controller Manager是一个控制器集合，包含Replication Controller、Node Controller、Resourcequota Controller、Namespace Controller、Serviceaccount Controller、Token Controller、Service Controller及Endpoint Controller等多个控制器，Controller Manager是这些控制器的核心管理者。一般来说，智能系统和自动系统通常会通过一个操纵系统来不断修正系统的状态。在Kubernetes集群中，每个控制器的核心工作原理就是：每个控制器通过API服务器来查看系统的运行状态，并尝试着将系统状态从“现有状态”修正到“期望状态”。

在Kubernetes集群中与Controller Manager并重的另一个组件是Kubernetes Scheduler。Kubernetes Scheduler的主要作用是将待调度的Pod按照给定的调度算法和调度策略绑定到Kubernetes集群中的某个合适的Node上，并将绑定信息写入Etcd中进行存储。在整个调度过程中涉及三个对象：待调度Pod列表、可用Node列表，以及调度算法和调度策略。简单地说，就是依据调度算法和调度策略，从可用Node列表中筛选出最适合的一个Node给待调度Pod。

随后，目标节点上的Kubelet通过API服务器监听到Kubernetes Scheduler产生的Pod绑定事件，获取对应的Pod清单，下载image镜像并启动容器，然后再将Pod创建结果反馈给API服务器。

7.1.4 集群功能模块间的通信

作为Kubernetes集群的核心，API服务器负责Kubernetes集群各功能模块之间的信息交互。Kubernetes集群内的功能模块都是通过API服务器的接口函数调用将信息存入Etcd的，其他模块可通过API服务器（用get、list或watch方式）来读取这些信息，从而实现模块之间的信息交互。例如，Node节点上的Kubelet每隔一个时间周期，通过API服务器报告自身状态，API服务器接收到这些信息后，将Node节点状态信息保存到Etcd中。Controller Manager中的Node Contoller通过API服务器定期读取这些Node节点状态信息，并做相应处理。又比如，Scheduler监听到某个Pod创建的信息后，检索所有符合该Pod要求的Node节点列表，并将Pod绑定到节点列表中最符合要求的Node节点上；如果Scheduler监听到某个Pod被删除，则调用API服务器删除该Pod资源对象。Kubelet一直监听Pod信息，一旦监听到Pod对象被删除，则删除本Node节点上相应的Pod实例；如果 Kubelet 监听到要修改 Pod 信息，则 Kubelet 修改本节点的 Pod 实例等。

为了缓解集群各模块对 API 服务器的访问压力，各功能模块都采用缓存机制来缓存数据。各功能模块定时通过 API 服务器接口调用方式获取指定资源对象信息（通过 list 及 watch 方式），并将信息进行本地缓存。这样一来，在一些情况下各功能模块通过访问本地缓存的方式来获取数据信息，而不需要直接访问 API 服务器。

7.1.5　Kubernetes 高可用方案

系统的高可用性一直是用户重点关注的话题。在生产环境中，任何系统都需要持续、可靠地运行，特别是对于 Kubernetes 这样的云管理平台，因为 Kubernetes 系统承载着大量的应用，它的任何故障都可能使大面积的业务受影响，重要性不言而喻。

Kubernetes 系统属于主从分布式架构，它的重要数据都集中存储在 Etcd 上。Etcd 在整个 Kubernetes 集群中处于核心数据库的地位，数据层的可靠性至关重要，为保证 Kubernetes 集群的高可用性，首先要保证数据库不是单点故障。Etcd 需要以集群的方式进行部署，以实现 Etcd 数据存储的冗余、备份与高可用性。

Kubernetes 作为容器应用的管理中心，对集群内部所有容器的生命周期进行管理，结合自身的健康检查及错误恢复机制，实现了集群内部应用层的高可用性。Kubernetes Master 服务扮演着总控中心的角色，其主要的三个服务 kube-apiserver、kube-controller-manger 和 kube-scheduler 通过不断与工作节点上的 Kubelet 和 kube-proxy 进行通信来维护整个集群的健康工作状态。Kubernetes Node 作为 Pod 的运行机，原生支持集群化扩展来提供容灾、容错能力。Kubernetes Node 运行后将会注册到 Kubernetes Master，并定时上报心跳信息以说明其可用。Kubernetes Master 调度 Pod 到可用的 Kubernetes Node 部署运行，如果 Master 服务无法访问到某个 Node，则会将该 Node 标记为不可用，并不再向其调度新建的 Pod。如果有 Kubernetes Node 发生宕机，Kubernetes Master 会将该 Kubernetes Node 设置为不可用状态，然后 Replication Controller 会重新创建 Pod，从而调度到新的 Kubernetes Node 上，当然，Kubernetes Node 的数目至少要大于 2 才可以保障 Pod 的高可用性。

以 Master 的 kube-apiserver、kube-controller-mansger 和 kube-scheduler 三个服务作为一个部署单元，类似于 Etcd 集群的典型部署配置。使用至少三台服务器安装 Master 服务，并且使用 Active- Standby- Standby 模式，保证任何时候总有一套 Master 能够正常工作。所有工作节点上的 Kubelet 和 kube-proxy 服务则需要访问 Master 集群的统一访问入口地址，例如，可以使用 Pacemaker 等工具来实现。图 7-2 展示了一种典型的部署方式。

7.2　Kubernetes 部署方案总结

Kubernetes 可以在多种平台运行，从笔记本电脑到云服务商的虚拟机，再到机架上的裸机服务器。要创建一个 Kubernetes 集群，根据不同场景需要做的也不尽相同，可能是运行一条命令，也可能是配置自己的定制集群。这里我们将引导用户根据自己的需要选择合适的解决方案。

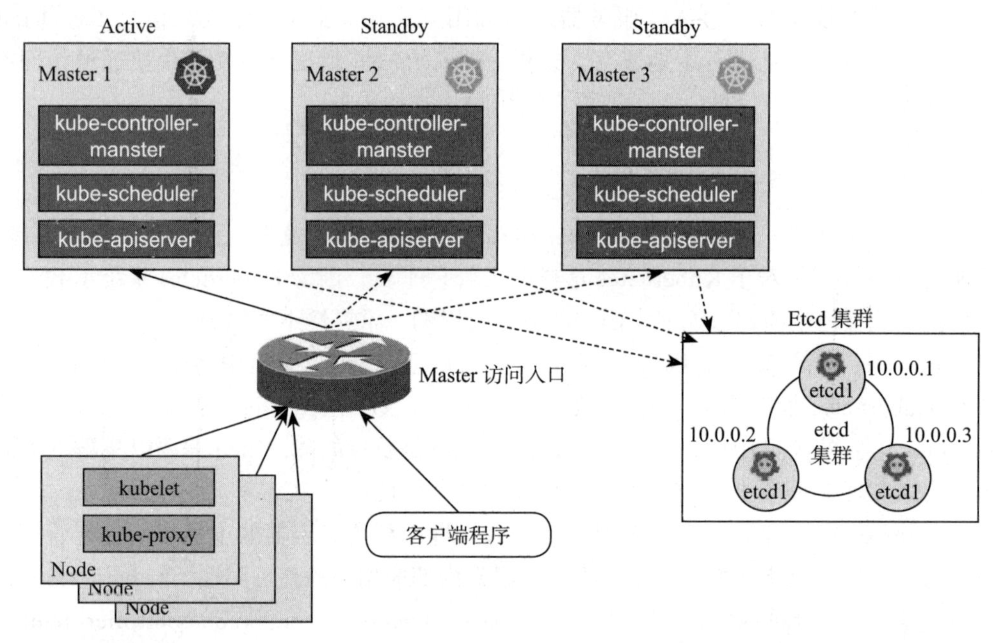

图 7-2 Kubernetes 集群

如果用户只是想试一试 Kubernetes 的功能，我们推荐基于 Docker 的本地方案。本地服务器方案可在一台物理机上创建拥有一个或者多个 Kubernetes 计算节点的单机集群。创建过程是全自动的，且不需要任何云服务商的账户，但是这种单机集群的规模和可用性都受限于单台机器。当用户准备好扩展到多台机器和更高可用性时，托管解决方案是最容易搭建和维护的。

全套云端方案只需要少数几个命令就可以在更多的云服务提供商搭建 Kubernetes 集群。读者通过几个命令就可以在很多 IaaS 云服务中创建 Kubernetes 集群，并且有很活跃的社区支持，如 GCE、AWS、Azure。

定制方案需要花费更多的精力，但是覆盖了从零开始搭建 Kubernetes 集群的通用建议到分步骤的细节指引。

Kubernetes 官方和社区针对不同系统和平台提供了自动化部署脚本，具体情况如表 7-1 所示。

表 7-1 Kubernetes 的自动化部署脚本

IaaS Provider	Config.Mgmt	OS（操作系统）	Networking
GKE			GCE
Vagrant	Saltstack	Fedora	Flannel
GCE	Saltstack	Debian	GCE

（续）

IaaS Provider	Config.Mgmt	OS（操作系统）	Networking
Azure	CoreOS	CoreOS	Weave
Docker Single Node	custom	N/A	local
Docker Multi Node	Flannel	N/A	local
Bare-metal	Ansible	Fedora	Flannel
Bare-metal	custom	Fedora	none
Bare-metal	custom	Fedora	Flannel
libvirt	custom	Fedora	Flannel
KVM	custom	Fedora	Flannel
AWS	CoreOS	CoreOS	Flannel
GCE	CoreOS	CoreOS	Flannel
Vagrant	CoreOS	CoreOS	Flannel
Bare-metal (Offline)	CoreOS	CoreOS	Flannel
Bare-metal	CoreOS	CoreOS	Calico
CloudStack	Ansible	CoreOS	Flannel
Vmware		Debian	OVS
Bare-metal	custom	CentOS	none
AWS	Juju	Ubuntu	Flannel
OpenStack/HPCloud	Juju	Ubuntu	Flannel
Joyent	Juju	Ubuntu	Flannel
AWS	Saltstack	Ubuntu	OVS
Azure	Saltstack	Ubuntu	OpenVPN
Bare-metal	custom	Ubuntu	Calico
Bare-metal	custom	Ubuntu	Flannel
libvirt/KVM	CoreOS	CoreOS	Libvirt/KVM
Rackspace	CoreOS	CoreOS	Flannel

表格中各列说明：

- IaaS Provider是指提供Kubernetes运行环境的虚拟机或物理机（节点）资源的提供商。
- OS是指节点上运行的基础操作系统。
- Config.Mgmt是指节点上安装和管理Kubernetes软件的配置管理系统。
- Networking是指实现网络模型的软件。none表示只支持一个节点，或支持单物理节点上的虚拟机节点。

Kubernetes从开发至今，其部署方式已经变得越来越简单。常见的有以下三种方式：

1）最简单的就是使用Minikube方式。下载一个二进制文件即可拥有一个单机版的Kubernetes，而且支持各个平台。

2）从源码安装。使用这种方式可以进行一些简单的配置，然后执行kube-up.sh就可以部署一个 Kubernetes 集群。可参见官方文档《 Manually Deploying Kubernetes on Ubuntu Nodes 》。

3）通过 kubeadm 部署。可参见官方文档《 Installing Kubernetes on Linux with kubeadm 》。

除了上面三种方式外，一些 Linux 发行版还提供了 Kubernetes 的安装包（比如 CentOS 7），直接执行 `yum install -y etcd kubernetes` 即可安装 Kubernetes，然后做些配置就可以完成部署了。对于 Google 这种追求自动化、智能化的公司，他们还会让 Kubernetes 部署方式更加简化。

现在简单化的部署方式屏蔽了很多细节，使得我们对于各个模块的感知少了很多，而且很容易觉得 Kubernetes 的内部部署细节非常麻烦或者复杂，但其实并非如此，因此强烈建议读者自行纯手工安装一套 Kubernetes 系统，对深入理解 Kubernetes 解决方案有很强的辅助作用。

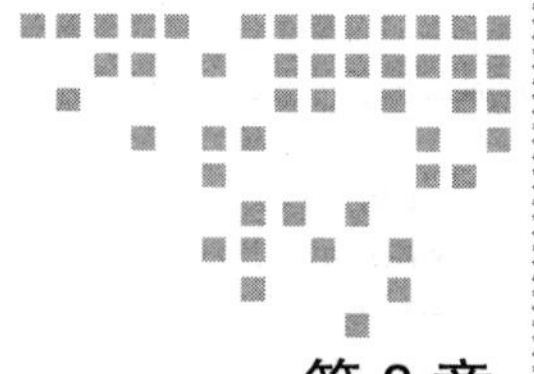

第 8 章 Chapter 8

Pod 相关核心技术

现在，让我们深入探索一下 Kubernetes 提供的一些核心抽象。

8.1 Pod

Pod 是 Kubernetes 的最基本操作单元，也是应用运行的载体，包含一个到多个密切相关的容器。整个 Kubernetes 系统都是围绕着 Pod 展开的，比如如何运行 Pod、如何保证 Pod 的数量、如何访问 Pod 等。本节将围绕 Pod 进行详细讲解，首先介绍如何运行一个基本的 Pod，然后由浅入深地说明 Pod 的各个方面，包括资源隔离、镜像、端口映射、生命周期、弹性伸缩等。

8.1.1 Pod 定义文件详解

Pod 的定义模板（yaml 格式）如下：

```
apiVersion: v1              // 需要
kind: Pod                   // 需要
metadata:                   // 需要
    name: string            // 需要
    namaspace: string       // 需要
    labels:
    - name: string
    annotations:
    - name: string
spec:                       // 需要
    containers:             // 需要
    - name: string          // 需要
```

```
    images: string    //需要
    imagePullPolice: [Always | Never | IfNotPresent]
    command: [string]
    args: [string]
    workingDir: string
    volumeMounts:
    - name: string
      mountPath: string
      readOnly: boolean
    ports:
    - name: string
      containerPort: int
      hostPort: int
      protocol: string
    env:
    - name: string
      value: string
    resources:
      limits:
        cpu: string
        memory: string
      requests:
        cpu: string
        memory: string
    livenessProbe:
      exec:
        command: [string]
      httpGet:
        path: string
        port: int
        host: string
        scheme: string
        httpHeaders:
        - name: string
          value: string
      tcpSocket:
        port: int
      initialDelaySeconds: number
      timeoutSeconds: number
      periodSeconds: number
      successThreshold: 0
      failureThreshold: 0
    securityContext:
      privileged: false
RestartPolicy: [Always | Never | OnFailure]
nodeSelector: object
imagePullSecrets:
- name: string
hostNetwork: false
volumes:
- name: string
  emptyDir: {}
  hostPath:
```

```
        path: string
    secret:
        secretName: string
        items:
        - key: string
            path: string
     configMap:
        name: string
        items:
        - key: string
            path: string
```

定义文件中描述了 Pod 的属性和行为，其中的主要要素如下所示：

1）apiVersion：Kubernetes 的 API 版本声明，目前是 v1。

2）kind：API 对象的类型声明，当前类型是 Pod。

3）metadata：设置 Pod 的元数据。

- name：指定 Pod 的名称，Pod 名称必须在 namespace 内唯一，需符合 RFC 1035 规范。
- namespace：命名空间，不指定时将使用名为“default”的命名空间。
- labels：自定义标签属性列表。可根据需要对所创建的 Pod 自定义标签，再利用 Service 或者 ReplicationController 的 Label Selector 来选择自定义的 Pod。

4）spec：配置 Pod 的详细描述。

- RestartPolicy：设置 Pod 的重启策略。该 Pod 内容器的重启策略可选值为 Always、OnFailure 以及 Never，默认值为 Always。Pod 重启策略选择 Always 时，容器一旦终止运行，无论容器是如何终止的，Kubelet 都将重启它。Pod 重启策略选择 OnFailure 时，只有容器以非零退出码终止时 Kubelet 才会重启该容器。如果容器正常结束（退出码为 0），则 Kubelet 将不会重启它。Pod 重启策略选择 Never 时，容器终止后 Kubelet 将退出码报告给 Master，不再重启它。
- containers：Pod 中运行的容器列表，数组形式，每一项定义一个容器。
- name：指定容器的名称，在 Pod 的定义中唯一，需符合 RFC 1035 规范。
- image：设置容器镜像名，在 Node 上如果不存在该镜像，则 Kubelet 会先下载。
- command：设置容器的启动命令。

8.1.2　基本操作

正如上一章所述，Kubernetes 集群通过 API 服务器来接收对各种对象的增、删、改、查操作，而 Kubernetes 提供了命令行运行工具 Kubectl，用它来将 API 服务器的 API 包装成简单的命令集以供用户使用。Kubectl 的实现原理很简单，就是将用户的输入转换成对 API 服务器的 Rest API 调用，然后发起远程调用并输出调用结果。因此，可以认为 Kubectl 是 API 服务器的客户端开发工具。Kubectl 命令格式如下：

```
kubectl  [command]  [options]
```

对于 Pod 对象的增 / 删 / 改 / 查操作的命令行如下：

- 创建：kubectl create -f xxx.yaml
- 查询：kubectl get pod 容器名称
  kubectl describe pod 容器名称
- 删除：kubectl delete pod 容器名称
- 更新：kubectl replace /path/to/yourYaml.yaml

1. 创建 Pod

Kubernetes 中大部分 API 对象都是通过 Kubernetes create 命令创建的。

使用 kubectl create 命令创建 Pod 前，需要先定义一个文件 createpod.yaml：

```
apiVersion: v1
kind: Pod
metadata:
name: testpod
spec:
    containers:
    - name: test
    image:nginx
    ports:
    -name:web
    containerPort: 80
```

通过定义文件创建 Pod，命令如下：

```
# Kubectl create -f createpod.yaml
Pod "testpod" created
```

2. 查询 Pod

最常用的查询命令是 kubectl get，可以查询一个到多个 Pod 信息，查询指定的 Pod 命令如下：

```
# Kubectl get pod testpod
NAME     READY   STATUS    RESTARTS      AGE
testpod  1/1     Running   0             10s
```

查询显示的字段含义如下：

- NAME：指 Pod 名称。
- READY：显示 Pod 中的容器信息，“/”右边的数字表示 Pod 包含的容器总数目，“/”左边的数字表示准备就绪的容器数目。
- STATUS：显示 Pod 的当前状态。
- RESTARTS：Pod 的重启次数。
- AGE：Pod 的运行时间。

默认情况下，Kubectl get 仅仅显示 Pod 的简要信息。如想获得 Pod 的完整信息，可使用如下命令：

```
# Kubectl get pod testpod --output yaml
```

该命令将使用 yaml 格式来显示 Pod 的详细信息。或者：

```
# Kubectl get pod testpod --output json
```

该命令将使用 json 格式来显示 Pod 的详细信息。

当然，还可以使用 kubectl delete 或者 kubectl replace 等命令来删除或者替换 Pod。此处不对此做详细讲解，感兴趣的读者可登录 Kubernetes 官方门户进行了解。

8.1.3　Pod 与容器

Pod 与容器的关系如图 8-1 所示。

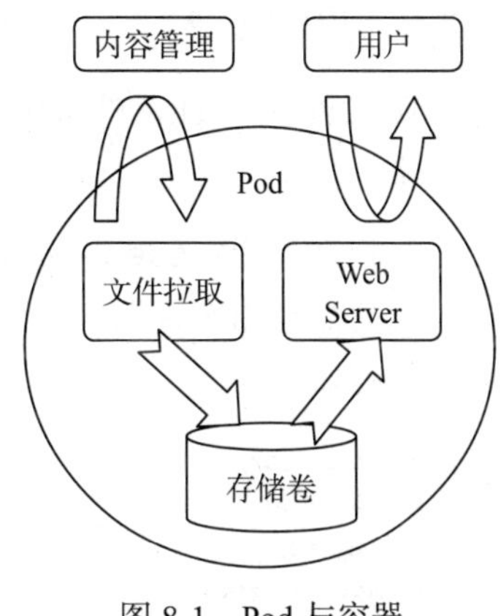

图 8-1　Pod 与容器

在 Docker 中，容器是最小的处理单元，增、删、改、查的对象是容器，容器间隔离是基于 Linux namespace 实现的。而在 Kubernetes 中，Pod 包含一个或者多个相关的容器，是容器的一种延伸扩展，一个 Pod 也是一个隔离体，而 Pod 内部包含的一组 Docker 容器又是共享的（包括 PID、Network、IPC、UTS 等）：

1）网络命名空间（NET namespace）。由于容器之间共享网络命名空间，并且使用同一个 IP 地址，通过 localhost 互相通信。不同 Pod 之间可以通过 IP 地址访问。

2）同一个 Pod 内的应用容器能够看到对方容器进程（PID），同一个 Pod 内的应用容器能使用 System V IPC 或 POSIX 消息队列进行通信（IPC），同一个 Pod 内的应用容器共享主机名（UTS）等。

3）存储卷（Volume）。Pod 内的所有容器之间共享存储卷，即允许这些容器共享数据。Volume 还用于 Pod 中的数据持久化，以防止容器重启而导致数据丢失。

虽然 Pod 可以在其中运行一个或多个容器，但 Pod 本身可能是 Node 节点上运行的许多 Pod 之一。综上所述，Pod 为我们提供了一组容器，我们可以复制、调度和负载均衡到各个服务端点。如图 8-2 所示为容器、卷与 IP 地址之间的关系。

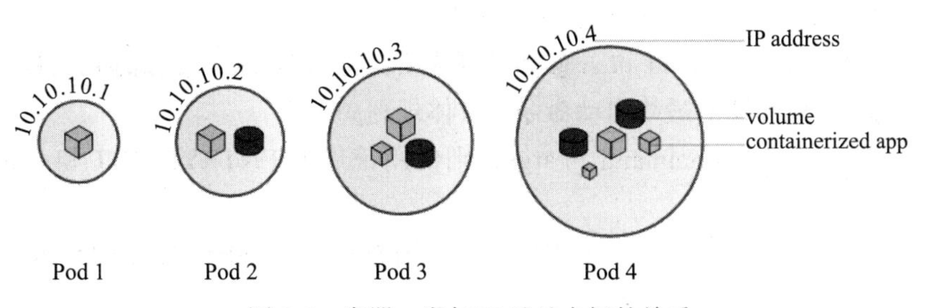

图 8-2　容器、卷与 IP 地址之间的关系

8.1.4 镜像

在 Kubernetes 中，镜像的下载策略为：

- Always：每次都下载最新的镜像。
- Never：只使用本地镜像，从不下载。
- IfNotPresent：只有当本地没有的时候才下载镜像。

Pod 被分配到 Node 之后会根据镜像下载策略进行镜像下载，因此，用户可以根据自身集群的特点来决定采用何种下载策略。无论何种策略，都要确保 Node 上有正确的镜像可用。

8.1.5 其他设置

通过 yaml 文件，可以在 Pod 中设置启动命令、环境变量、端口映射、数据持久化及重启策略。

1. 启动命令：spec-->containers-->command

启动命令用来说明容器是如何运行的。在 Pod 的定义中可以设置容器的启动命令和参数，代码如下：

```
apiVersion: v1
kind: Pod
metadata:
name: testpod
spec:
    RestartPolicy:Never
    containers:
    - name: test
    image: "ubuntu:14.04"
    Command: ["/bin/echo","test","pod"]
```

在使用 docker run 命令运行容器时，如果未指定容器的启动命令，则使用 Docker 镜像内默认的启动命令启动（一般是通过 Dockerfile 中的 ENTRYPOINT 和 CMD 进行设置的）。另外，CMD 命令是可覆盖的，docker run 指定的启动命令会把镜像内 CMD 设置的命令覆盖。而 ENTRYPOINT 设置的命令只是一个入口，docker run 指定的启动命令作为参数传递给 ENTRYPOINT 设置的命令，而不是进行替换。

在 Pod 的定义中，command 和 args 都是可选项，将与 Docker 镜像的 ENTRYPOINT 和 CMD 相互作用，生成容器的最终启动命令。具体规则如下：

- 如果容器没有指定 command 和 args，则使用镜像的 ENTRYPOINT 和 CMD 作为启动命令运行。
- 如果容器指定 command，而未指定 args，则忽略镜像中的 ENTRYPOINY 和 CMD，使用指定的 command 作为启动命令运行。

- 如果容器没有指定 command，只是指定 args，则使用镜像的 ENTRYPOINT 和 CMD 作为启动命令运行。
- 如果容器指定了 command 和 args，则使用指定的 command 和 args 作为启动命令运行。

2. 环境变量：spec-->containers-->env-->name/value

一般情况下，可以在 Pod 定义中通过 env 的 name/value 来设置容器运行时的环境变量。而在一些特殊场景下，Pod 中的容器想知道自身的一些信息，如 Pod 名称、Pod 本身的 IP 地址等，这些信息可以通过 Downward API 获得，也可以通过环境变量得知容器目前所支持的信息。比如，Pod 的名称可通过 metadata.name 获得；Pod 的 IP 地址可通过 status.podIP 获得，详见下面示例：

```
apiVersion: v1
kind: Pod
metadata:
    name: testpod
spec:
    RestartPolicy:Never
    containers:
    - name: test
    image: "ubuntu:14.04"
        Command: ["/bin/echo","test","pod"]
    env:
    -name:ENV_NAME
        Value:"test"
    -name:MY_POD_NAME
    ValueForm:
        fieldRef:
            fieldPath:metadata.name
    -name:MY_POD_IP
    ValueForm:
        fieldRef:
            fieldPath:status.popIP
```

3. 端口映射：spec-->containers-->ports-->containerPort/protocol/hostIP/hostPort

在使用 docker run 运行容器时，往往通过 --publish/p 参数设置端口映射规则，也可以在 Pod 定义文件中设置容器的端口映射规则。比如，下面示例中 Pod 设置容器 nginx 的端口映射规则为 0.0.0.0:80->80/TCP：

```
apiVersion: v1
kind: Pod
metadata:
    name: nginxtest
spec:
    containers:
```

```
- name: nginx
Image:nginx
Ports:
-name:web
containerPort:80
Protocol:TCP
hostIP:0.0.0.0
hostPort:80
```

使用hostPort时需要注意端口冲突的问题，不过Kubernetes在调度Pod的时候会检查宿主机端口是否冲突，比如当两个Pod均要求绑定宿主机的80端口，Kubernetes会将这两个Pod分别调度到不同的机器上。

在Host网络中的一些特殊场景下，容器必须要以host方式进行网络设置（如接收物理机网络才能够接收到的组播流），在Pod中也支持host网络的设置，如：spec-->hostNetwork=true。

4. **数据持久化：spec-->containers-->volumeMounts-->mountPath**

要注意的一点是，容器是临时存在的，如果容器被销毁，容器中的数据将会丢失。为了能够持久化数据以及共享容器间的数据，Docker提出了数据卷（Volume）的概念。简单地说，数据卷就是目录或者文件，它可以绕过默认的联合文件系统，而以正常的文件或者目录的形式存在于宿主机上。

在使用docker run运行容器的时候，经常使用参数--volume/-v创建数据卷，即将宿主机上的目录或者文件挂载到容器中，这样，即使容器被销毁，数据卷中的数据仍然保存在宿主机上。

Kubernetes对Docker数据卷进行了扩展，支持对接第三方存储系统。另一方面，由于Kubernetes的数据卷是Pod级别的，所以Pod中的容器可以访问共同的数据卷，实现容器间的数据共享。下面通过实例来介绍Pod中数据卷的创建，代码如下：

```
apiVersion: v1
kind: Pod
metadata:
    name: testpod
spec:
    containers:
    - name: test1
    image: "ubuntu:14.04"
    volumeMounts:
        -name:data
            mountPath:/data
    - name: test2
    image: "ubuntu:14.04"
    volumeMounts:
        -name:data
        mountPath:/data
```

```
Volumes:
-name:data
hostPath:
Path:/tmp
```

由以下例子可以看到，在 Pod 定义文件中，.Pod.volumes 配置了一个名称为 data 的数据卷，数据卷的类型是 hostpath，使用宿主机的目录 /tmp。Pod 中的两个容器都通过 .spec.containers[].volumesMounts 来设置挂载数据卷到容器中的路径 /data。

5. 重启策略

重启策略即当 Pod 中的容器终止退出后，重启容器的策略。这里所谓 Pod 的重启，实际上是容器的重建，因为 Pod 容器退出后，之前容器中的数据将会丢失，如果需要持久化数据，那么需要使用数据卷进行持久化设置。Pod 支持三种重启策略：Always（默认策略，当容器终止退出后总是重启容器）、OnFailure（当容器终止且异常退出时重启）、Never（从不重启）。

8.1.6　Pod 调度

Pod 调度是指将创建好的 Pod 分配到某一个 Node 上。首先，筛选出符合条件的 Node，然后选择最优 Node。对于所有 Node，首先 Kubernetes 通过一系列过滤函数，去除不符合条件的 Node。过滤函数如下所示：

Nodiskconflict：检查 Pod 请求的数据卷是否与 Node 上已存在 Pod 挂载的数据卷存在冲突，如果存在冲突则过滤掉该 Node。

PodFitsResources：检查 Node 的可用资源（CPU 和内存）是否满足 Pod 的资源请求。

PodFitsPorts：检查 Pod 设置的 Hostports 在 Node 上是否已经被其他 Pod 占用。

PodFitsHost：如果 Pod 设置了 Nodename 属性，则筛选出指定的 Node。

PodSelectorMatches：如果 Pod 设置了 Nodeselector 属性，则筛选出符合要求的 Node。

CheckNodeLabelPresence：检查 Node 是否存在 Kubemetes Scheduler 配置的标签。

筛选出符合条件的 Node 来运行 Pod，如果存在多个符合条件的 Node，那么需要选择出最优的 Node。Kubernetes 中通过一系列优先级函数（Priority Function）来评估出最优 Node。这样一来，通过最终分数对 Node 进行排序，得分最高的 Node 即最优 Node。如果存在多个 Node 并列第一，则随机选择一个 Node。

Kubernetes 提供的优先级函数有如下几个：

1）LeastRequestedPriority：优先选择有最多可用资源的 Node。

2）CalculateNodeLabelPriority：优先选择含有指定 Label 的 Node。

3）BalancedResourceAllocation：优先选择资源使用均衡的 Node。

在一些场景下，希望 Pod 调度到指定的 Node 上，比如，调度到专门用于测试的 Node，如何实现呢？可以为 Node 定义特殊标签，并且在定义 Pod 时指明选择含有该标签的 Node

来创建。如：

```
# Kubectl label nodes node1 env=test
```

定义Pod的时，通过设置Nodc Sclcctor来选择Nodc：

```
apiVersion: v1
kind: Pod
metadata:
    name: testpod
    labels:
        -env: test
spec:
    containers:
    -name: nginx
    image: nginx
    imagepullpolicy: Ifnotpresent
nodeSelector:
Nodename:node1
```

Pod创建成功后将会被分配到带有test标签的Node1节点上。

除了设置Node Selector之外，Pod还可以通过Node Name直接指定Node，但还是建议使用Node Selector。因为通过Label进行选择是一种弱绑定，而直接指定Node Name是强绑定，Node失效时会导致Pod无法调度。

8.1.7 Pod生命周期

1. 容器状态

Pod状态就是一组容器状态的体现和概括，容器的状态变化会影响Pod的状态变化，并触发Pod的生命周期状态发生变化。

使用docker run运行容器时，首先会下载镜像，成功后开始运行容器；当容器运行结束并退出后，容器终止，这是一个完整的生命周期过程。Kubernetes对Pod的完整生命周期状态进行了记录，每个状态所含的信息如下：

1）Waiting：容器正在等待创建，如正下载镜像。

- reason：等待的原因。

2）Running：容器已经创建，正运行。

- startAt：容器创建时间。

3）Terminated：容器终止退出。

- exitCode：退出码。
- signal：容器退出信号。
- reason：容器退出原因。
- finishedAt：容器退出时间。

- containerID：容器的 ID。

Pod 运行后，可以通过 Pod 查询接口来查询容器的状态。命令如下：

```
# Kubectl describe pod my_pod
```

2. Pod 生命周期

Pod 被分配到一个 Node 上之后，直到被删除前都不会离开这个 Node。一旦某个 Pod 失败，Kubernetes 会将其清理，然后 Replication Controller 将会在其他机器上（或本机）重建 Pod。重建后，Pod 的 ID 将发生变化，这便是一个新的 Pod。因此，Kubernetes 中 Pod 的迁移实际是在新 Node 上重建 Pod。

Pod 的生命周期可以简单描述为：首先 Pod 被创建，紧接着 Pod 被调度到 Node 上进行部署运行。Pod 一旦被分配到 Node 后就不会离开这个 Node，直到它被删除，即生命周期完结。

Pod 的生命周期被定义为以下几个相位：

- Pending：Pod 已经被创建，但是一个或者多个容器还未创建，这包括 Pod 调度阶段，以及容器镜像的下载过程。
- Running：Pod 已经被调度到 Node，所有容器已经创建，并且至少一个容器在运行或者正在重启。
- Succeeded：Pod 中所有容器正常退出。
- Failed：Pod 中所有容器退出，至少有一个容器是一次退出的。

可以通过以下命令查询 Pod 处于生命周期的哪个阶段：

```
$ kubectl get pods my-app --template="{{.status.phase}}"
Running
```

Pod 被创建成功后，首先会进入 Pending 阶段，然后被调度到某 Node 节点后运行，进入 Running 阶段。如果 Pod 中的某容器停止（正常或者异常退出），那么 Pod 会根据重启策略的不同进入不同的阶段，举例如下：

1）Pod 是 Running 阶段，含有一个容器，容器正常退出：

- 如果重启策略是 Always，那么会重启容器，Pod 保持 Running 阶段。
- 如果重启策略是 OnFailure，Pod 进入 Succeeded 阶段。
- 如果重启策略是 Never，Pod 进入 Succeeded 阶段。

2）Pod 是 Running 阶段，含有一个容器，容器异常退出：

- 如果重启策略是 Always，那么会重启容器，Pod 保持 Running 阶段。
- 如果重启策略是 OnFailure，Pod 保持 Running 阶段。
- 如果重启策略是 Never，Pod 进入 Failed 阶段。

3）Pod 是 Running 阶段，含有两个容器，其中一个容器异常退出：

- 如果重启策略是 Always，那么会重启容器，Pod 保持 Running 阶段。

■ 如果重启策略是 OnFailure，Pod 保持 Running 阶段。

■ 如果重启策略是 Never，Pod 保持 Running 阶段。

4）Pod 是 Running 阶段，含有两个容器，两个容器都异常退出：

■ 如果重启策略是 Always，那么会重启容器，Pod 保持 Running 阶段。

■ 如果重启策略是 OnFailure，Pod 保持 Running 阶段。

■ 如果重启策略是 Never，Pod 进入 Failed 阶段。

Pod 一旦被分配到 Node 节点，就不会离开这个 Node 节点，直到被删除。删除可能是人为删除，或者被 Replication Controller 删除，也有可能是 Pod 进入 Succeeded 或者 Failed 阶段过期，被 Kubernetes 清理掉。总之，Pod 被删除后，Pod 的生命周期就结束了，即使被 Replication Controller 进行重建，那也是新的 Pod，因为 Pod 的 ID 已经发生了变化，所以实际上关于 Pod 迁移，准确的说法是在新的 Node 上重建 Pod。

Kubernetes 提供了生命周期回调函数，在容器的生命周期的特定阶段执行调用就可以进行相关操作，比如，容器在停止前希望执行某项操作，就可以注册相应的钩子函数。目前，Kubernetes 提供的生命周期回调函数主要有：Poststart，在容器创建成功后调用该回调函数；PreStop，在容器被终止前调用该回调函数。

8.2 Label

Kubernetes 使用称为“Label”的键值对来标识附加到系统中的任何 API 对象（如 Pod、Service、Replication Controller 等）。实际上，Kubernetes 中的任意 API 对象都可以通过 Label 进行标识。每个 API 对象可以有多个 Label，但每个 Label 的 Key 只能有唯一一个值。相应地，LableSelector 则是针对匹配对象的标签来进行的查询。Label 和 Label Selector 是 Kubernetes 中的主要分组机制，用于确定操作适用的组件。例如，如果应用程序的 Pod 具有系统的标签 tier（“front-end”、“back-end”等）和一个 release（“canary”、“production”等），那么对所有“back-end”和“product”节点的操作可以使用如下所示的 Label Selector：tier=back-end AND release=product。它们的关系如图 8-3 所示。

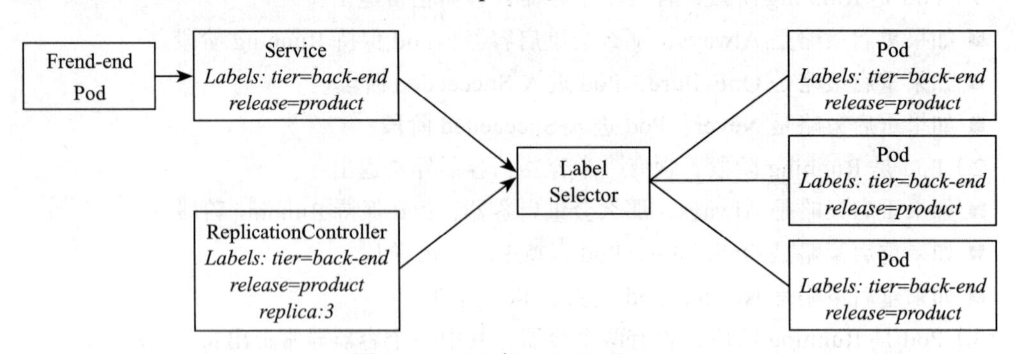

图 8-3 Label 与 Label Selector

8.3 Replication Controller 和 Replica Set

Kubernetes提供Replication Controller（简称“RC”）来管理Pod，Replication Controller确保任何时候Kubernetes集群中有指定数量的Pod副本在运行。如果少于指定数量的Pod副本，Replication Controller会启动新的Pod，反之会“杀死”多余的以保证数量不变。当Pod失败、被删除或被终结时，RC会自动创建新的Pod来保证副本数量，所以即使只有一个Pod，也应该使用RC来进行管理。除此之外，RC还提供了一些更高级的特性，比如滚动升级、升级回滚等。

8.3.1 RC定义文件详解

我们通过Replication Controller（RC）来创建持续运行的Pod。Replication Controller的定义文件my-testpod-rc.yaml如下：

```
apiVersion: v1
kind: ReplicationController       //ReplicationController类型
metadata:
        name: my-testpod          //Pod名字
spec:
        replicas: 2               //2个副本
    selector:
                app: testpod      //通过这个标签找到生成的Pod
        template:                 //定义Pod模板，在这里不需要定义Pod名字
        metadata:
            labels:               //定义标签
                app: testpod      //键值对，这里必须和Selector中定义的键值对一样
                spec:
                    containers:   // RC的容器重启策略必须是Always（总是重启），这样才能保
                                     证容器的副本数正确
                        - image: nginx
                          name: nginx
                          ports:
                              - containerPort: 80
```

提示：Kubernetes通过template来生成Pod，创建完成后，模板和Pod就没有任何关系了。RC通过Label查找对应的Pod并控制副本。

通过定义文件创建Replication Controller：

```
# kubectl create -f my-testpod-rc.yaml
replicationcontroller "my-testpod-rc" created
```

查询Replicaiton Controller：

```
# kubectl get rc my-testpod
NAME        DESIRED    CURRENT    READY    AGE
my-testpod    2          2          2        1m
```

查询Pod容器：

```
# kubectl get pod --selector app=testpod
NAME              READY     STATUS      RESTARTS      AGE
testpod-2qftt     1/1       Running     0             2m
testpod-hbtqj     1/1       Running     0             2m
```

因为Replication Controller设置Pod的副本数目（replicas）为2，所以创建出两个Pod，并且可以看出Pod的名称前缀是Replication Controller的名称，后缀则是5位随机字符串。

删除一个Pod后，Replication Controller会立刻再重建一个Pod：

```
# kubectl delete pod testpod-2qftt
pod "testpod-2qftt" deleted
# kubectl get pod --selector app=testpod --label -culumns app
NAME              READY     STATUS              RESTARTS   AGE    app
testpod-2qftt     0/1       ContainerCreating   0          5s     testpod
testpod-hbtqj     1/1       Running             0          19m    testpod
```

使用kubectl delete命令删除Replication Controller，默认会删除Replication Controller关联的所有Pod副本。如果需要保留Pod运行，删除Replication Controller的时候可以设置参数--cascade=false。

在实际的操作中，相比于直接创建Pod，一般都是先在Replication Controller中预定义Pod模板，然后通过Replication Controller来创建Pod。Pod模板是在Replication Controller的定义中通过.spec.template设置的。Pod模板的定义方法与Pod的定义一致，但有一些需要注意的内容：

- 在Pod模板中无需指定Pod名称，即使指定了也不起作用。通过Pod模板创建Pod时，会设置Pod的.metadata.generateName，Pod的名称就是“.metadata.generateName+5位随机码”，目的是确保Pod模板创建出来的Pod名称是唯一的。
- Pod模板中的重启策略必须是Always，因为Replication Controller要保证Pod持续运行，确保Pod总是重启容器。
- Pod模板中的Label不能为空，否则Replication Controller无法同Pod模板创建出来的Pod进行关联。

Pod模板示例：

```
    apiVersion: v1
    kind: PodTemplate
    metadata:
        name: my-testpod
template:
            metadata:
                labels:
                    app: testpod
            spec:
                containers:
```

```
        - image: nginx
          name: nginx
          ports:
          - containerPort: 80
```

通过定义文件创建 Podtemplate：

```
# kubectl create -f template.yml
podtemplate "my-testpod" created
# kubectl get podTemplate testpod
TEMPLATE    CONTAINER(S)    IMAGE(S)    PODLABELS
my-testpod   nginx           nginx        app=testpod
```

8.3.2　RC 与 Pod 的关联——Label

RC 与 Pod 的关联是通过 Label 来实现的。Label 机制是 Kubernetes 中的一个核心概念，通过 Label 定义这些对象的可识别属性，可以灵活地进行分类和选择。对于 Pod，需要设置其自身的 Label 来进行标识，Label 是一系列的键值（Key/value）对，用户可以在 Pod-->metadata-->labels 中对其进行设置。Labels 键值对可以是多个：

```
Labels:
Key1:Value1
Key2:Value2
```

Label 虽然是用户任意定义的，但是 Label 必须具有可标识性，比如设置 Pod 的应用名称和版本号等。另外 Label 是不具有唯一性的，为了更准确地标识一个 Pod，应该为 Pod 设置多个维度的 Label。如下：

```
"release" : "V1","release" : "V2"
"environment" : "dev","environment" : "test", "environment" : "production"
"tier" : "frontend","tier" : "backend","tier" : "cache"
"partition" : "customerA","partition" : "customerB"
"track" : "daily","track" : "weekly"
```

例如，当用户在 RC 的 yaml 文件中定义了该 RC 的 Selector 中的 Label 为“app:my-web”，那么这个 RC 就会去关注 Pod-->metadata-->labeks 中 Label 为“app:my-web”的 Pod。如图 8-4 所示。

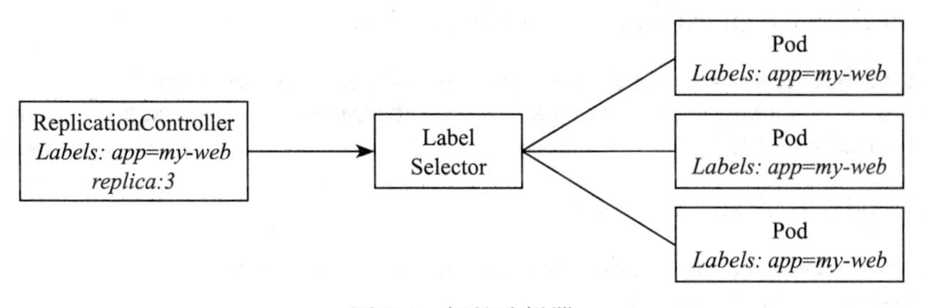

图 8-4　标签选择器

修改了对应Pod的Label，就会使Pod脱离RC的控制。同样，在RC运行正常的时候，若试图继续创建同样Label的Pod，是无法创建的。因为RC认为副本数已经正常了，再多的话会被RC删掉。

对于Replication Controller来说就是通过Label Selector来匹配Pod的Label，从而实现关联关系。在Replication Controller的定义中通过.spec.selector来设置Label Selector。Replication Controller的定义文件my-test-rc.yaml如下：

```
apiVersion: v1
kind: ReplicationController
metadata:
        name: my-test
spec:
        replicas: 1
    selector:
                app: my-test
        template:
        metadata:
            labels:                 // 定义两个标签。
                app: my-test
                Version:v1
                spec:
                    containers:    // RC的容器重启策略必须是Always（总是重启），这样才能保
                                      证容器的副本数正确。
                        - image: my-test
                            name: my-test:v1
                            ports:
                                - containerPort: 80
```

通过定义文件创建Replication Controller：

```
# kubectl create -f my-test-rc.yaml
replicationcontroller "my-test" created
```

查询Replication Controller：

```
# kubectl get rc my-test
NAME       DESIRED    CURRENT    READY    AGE
my-test    1          1          1        1m
```

通过Label查询Replication Controller创建的Pod：

```
# kubectl get pod --selector app=my-test --label-columns=app
NAME            READY      STATUS      RESTARTS        AGE      APP
my-test-itaxw   1/1        Running     0               2m       my-test
```

可将该Pod的标签app=my-test修改为：

```
# kubectl label pod my-test-itaxw app=debug --overwrite
Pod "my-test-itaxw" labeled
```

通过查询可以看到有新的Pod被创建，因为Replication Controller只是通过Label关联Pod，对Replication Controller而言，Pod的Label被修改相当于减少一个关联的Pod，自然会触发创建新的Pod。

```
# kubectl get pod --selector app --label-columns=app
NAME              READY     STATUS      RESTARTS        AGE    APP
my-test-itaxw     1/1       Running     0               2m     debug
my-test-p4nll     1/1       Running     0               2m     mt-test
```

8.3.3 弹性伸缩

弹性伸缩是为适应应用负载变化，以弹性可伸缩的方式提供资源。反映到Kubernetes中，指的是可根据负载的高低动态调整Pod的副本数，目前Kubernetes提供了API接口实现Pod的弹性伸缩。当然，Pod的副本数本来就是通过Replication Controller进行控制，所以Pod的弹性伸缩就是修改Replication Controller的Pod副本数，可以通过kubectl scale命令来完成。

首先，创建Replication Controller，设置的Pod副本数为1，Replication Controller的定义文件my-test-rc.yaml如下：

```
apiVersion: v1
kind: ReplicationController
metadata:
        name: my-test
spec:
        replicas: 1
    selector:
            app: my-test
        template:
        metadata:
            labels:                     // 定义两个标签。
                app: my-test
                Version:v1
                spec:
                    containers:         //RC的容器重启策略必须是Always（总是重启），这
                                        样才能保证容器的副本数正确。
                        - image: my-test
                          name: my-test:v1
                          ports:
                              - containerPort: 80
```

通过定义文件创建Replication Controller：

```
# kubectl create -f my-test-rc.yaml
replicationcontroller "my-test" created
```

查询Replication Controller：

```
# kubectl get rc my-test
NAME        DESIRED     CURRENT    READY    AGE
my-test     1           1          1        1m
```

通过 Label 查询 Replication Controller 创建的 Pod：

```
# kubectl get pod --selector app=my-test --label-columns=app
NAME            READY       STATUS         RESTARTS        AGE     APP
my-test-itaxw   1/1         Running        0               2m      my-test
```

调整 Pod 的副本数是通过修改 RC 中 Pod 的副本来实现的，示例如下：

1）扩容 Pod 的副本数目到 5：

```
# kubectl scale replicationcontroller my-test --replicas=5
replicationcontroller "my-test" scaled

# kubectl get replicationcontroller --selector app=my-test
CONTROLLER   CONTAINER(S)     IMAGE(S)    SELECTOR       REPLICAS    AGE
my-test      my-test          my-test     app=my-test    5           2m
```

2）缩容 Pod 的副本数目到 1：

```
# kubectl scale replicationcontroller my-test --replicas=1
replicationcontroller "my-test" scaled

# kubectl get replicationcontroller --selector app=my-test
CONTROLLER   CONTAINER(S)     IMAGE(S)    SELECTOR       REPLICAS    AGE
my-test      my-test          my-test     app=my-test    1           3m
```

8.3.4 滚动升级

滚动升级是一种平滑过渡的升级方式，在升级过程中，服务仍然可用，通过逐步替换的策略保证整体系统的稳定，在初始升级的过程中还可以及时发现、调整问题，以保证问题影响度不会扩大。

对于在 Kubernetes 中支持滚动升级，现在通过举例演示应用从 v1 版本滚动升级到 v2 版本。首先创建 v1 版本的 Replication Controller，v1 版本的 Replication Controller 的定义文件 my-test-v1-rc.yaml 如下：

```
apiVersion: v1
kind: ReplicationController
metadata:
        name: my-test-v1
spec:
        replicas: 1
    selector:
            app: my-test
            Version:v1
        template:
```

```
        metadata:
            labels:                //定义两个标签。
                app: my-test
                Version:v1
                spec:
                    containers:
                        - image: my-test
                          name: my-test:v1
                          ports:
                              - containerPort: 80
```

通过定义文件创建 Replication Controller：

```
# kubectl create -f my-test-v1-rc.yaml
replicationcontroller "my-test-v1" created
```

查询 Replication Controller：

```
# kubectl get rc my-test-v1
CONTROLLER   CONTAINER(S)   IMAGE(S)     SELECTOR                      REPLICAS   AGE
my-test-v1     my-test      my-test:v1   app=my-test,version=v1        1          3m
```

扩容 Pod 的副本数目到 4：

```
# kubectl scale replicationcontroller my-test-v1 --replicas=4
replicationcontroller "my-test-v1" scaled

# kubectl get pod --selector app=my-test
NAME              READY      STATUS       RESTARTS      AGE
my-test-il6ii      1/1       Running      0             8s
my-test-8893c      1/1       Running      0             50s
my-test-iatxz      1/1       Running      0             9s
my-test-r8jp5      1/1       Running      0             8s
```

现在需要应用从 v1 版本升级到 v2 版本，v2 版本的 Replication Controller 定义文件 my-test-v2-rc.yaml 如下：

```
apiVersion: v1
kind: ReplicationController
metadata:
        name: my-test-v2
spec:
        replicas: 1
    selector:
            app: my-test
            Version:v2
        template:
        metadata:
            labels:                      //定义两个标签。
                app: my-test
                Version:v2
```

```
        spec:
            containers:
                - image: my-test
                  name: my-test:v2
                  ports:
                      - containerPort: 80
```

Kubernetes中滚动升级的命令如下：

```
# kubectl rolling-update my-test-v1 -f my-test-v2-rc.yaml --update-period=10s
```

升级开始后，首先根据定义文件创建v2版本的RC，然后每隔10s(--update-period=10s)逐步增加v2版本的Pod副本数，并逐步减少v1版本Pod的副本数。升级完成之后，删除v1版本的RC，保留v2版本的RC，从而实现滚动升级。

升级过程中如发生错误而导致中途退出，可以选择继续升级。Kubernetes能够智能地判断升级中断之前的状态，然后紧接着继续执行升级。当然也可以进行回退，命令如下：

```
# kubectl rolling-update my-test-v1 -f my-test-v2-rc.yaml --update-period=10s
--rollback
```

回退的方式实际就是升级的逆操作，即逐步增加v1.0版本Pod的副本数，逐步减少v2版本Pod的副本数。

8.3.5 新一代副本控制器Replica Set

Replica Set是“升级版”的Replication Controller，用于确保与Label Selector匹配的Pod数量维持在期望值。不同于Replication Controller，Replica Set引入了基于子集的Selector查询条件，而Replication Controller仅支持基于值相等的Selector条件查询。社区引入Replica Set的初衷是：当v1版本被废弃时，Replication Controller完成其历史使命，而由Replica Set来接管其工作。虽然Replica Set可以独立使用，但它主要被Deployment用作Pod机制的创建、删除和更新。当使用Deployment时，用户不必担心创建Pod的Replica Set，因为可以通过Deployment管理Replica Set，除非需要自定义更新编排。这意味着可能永远不需要操作ReplicaSet对象，而是使用Deployment替代管理。

大多数支持Replication Controller命令的Kubectl也支持Replica Set，rolling-update命令除外。如果要使用rolling-update，请使用Deployment来实现。

定义frontend.yaml文件如下：

```
apiVersion: extensions/v1beta1
kind: ReplicaSet
metadata:
    name: frontend
        labels:
            app: guestbook
            tier: frontend
```

```
spec:
    replicas: 3
        selector:
        matchLabels:
            tier: frontend
        matchExpressions:
            - {key: tier, operator: In, values: [frontend]}
    template:
        metadata:
            labels:
                app: guestbook
                tier: frontend
        spec:
            containers:
            - name: php-redis
                image: gcr.io/google_samples/gb-frontend:v3
                resources:
                    requests:
                        cpu: 100m
                        memory: 100Mi
                env:
                - name: GET_HOSTS_FROM
                        value: dns
                    ports:
                - containerPort: 80

# Kubectl create -f frontend.yaml
Replicaset "frontend" created
```

8.4 Horizontal Pod Autoscaler

自动弹性扩展一直是一个热点问题。系统可根据应用负载的变化而自动增加或者减少计算资源，这无疑是一个非常吸引人的功能。我们知道，通过 Replication Controller 可以非常方便地实现 Pod 的弹性伸缩，如果在此基础上，获取并分析 Kubernetes 平台所监控的 Pod 各项资源监控指标，就可以实现自动伸缩的功能，即基于 Pod 的资源使用情况，根据配置的策略自动调整 Pod 的副本数。自动弹性扩展主要分为两种，其一为水平扩展，针对于实例数目的增减；其二为垂直扩展，即单个实例可以使用的资源的增减，而 Horizontal Pod Autoscaler 属于前者。在 Kubernetes 中通过 Horizontal Pod Autoscaler 来实现 Pod 的自动伸缩。

Horizontal Pod Autoscaler 的操作对象是 Replication Controller、Deployment/Replica Set 对应的 Pod，根据监测到各关联 Pod 的 CPU 实际平均使用率与用户的期望值进行比对，从而做出是否需要增减 Pod 实例数量的决策，并通过 Replication Controller 来调整 Pod 的副本数，实现自动伸缩。目前使用 heapSter 来检测 Pod 的 CPU 使用量，检测周期默认是 30s。

现举例说明通过创建 Horizontal Pod Autoscaler 来实现 Nginx Pod 的自动弹性伸缩，

Horizontal Pod Autoscaler 定义文件 nginx-autoscaler.yaml 如下：

```
apiVersion: extensions/vibeta1
kind: HorizontalPodAutoscaler
metadata:
        name:nginx
        namespace: default
Spec:
        scaleRef:
        kind:ReplicationController
        name: nginx
        subresource: scale
minReplicas: 1
maxReplicas:8
cpuUtilization:
    targetPercentage:60
```

在此 Horizontal Pod Autoscaler 中通过 .spec.scaleRef 指定对应的 Replication Controller，.spec.minReplicas 和 .spec.maxReplicas 分别设定 Pod 可伸缩的最小和最大副本数。另外，其设置了自动伸缩策略：当所有关联 Pod 的 CPU 平均使用率超过 60% 的时候进行扩容，而少于 60% 的时候进行缩容。

在 Horizontal Pod Autoscaler Controller 检测到 CPU 的实际使用量之后，会求出当前的 CPU 使用率（实际使用量与 Pod 请求量的比率）。然后，Horizontal Pod Autoscaler Controller 会通过调整副本数量使得 CPU 使用率尽量向期望值靠近。另外，由于自动扩展的决策一般需要一段时间后才会显现，而且在短期内还会引入一些新的 CPU 负荷（如创建或者删除 Pod 等）。比如，当 Pod 所需要的 CPU 负荷过大，经过分析判断需要运行一个新的 Pod 进行分流，在新建 Pod 的过程中系统的 CPU 使用量可能会有一个攀升的过程。因此，在每次决策后的一段时间内将不再进行扩展决策。对于水平扩容（ScaleUp）而言，这个时间段为 3 分钟；对于水平收缩（ScaleDown）而言，这个时间段为 5 分钟。再者，Horizontal Pod Autoscaler Controller 允许一定范围内的 CPU 使用量的不稳定，也就是说，出于维护系统稳定性的考虑，只有当 CurrentPodConsumption / Target 的比值低于 0.9 或者高于 1.1 时才进行实例调整。

现在通过定义文件创建 Horizontal Pod Autoscaler：

```
# kubectl create -f nginx-autoscaler.yaml
HorizontalPodAutoscaler "nginx" created
```

为了验证 Horizontal Pod Autoscaler 如何自动伸缩，可以通过工具增加访问量的方式，同时定期通过 # kubectl get HorizontalPodAutoscaler nginx 来查看 Pod 数量的变化。

8.5 Deployment

Kubernetes 提供了一种更加简单的更新 RC 和 Pod 的机制，叫做 Deployment。通过在

Deployment 中描述期望的集群状态，Deployment Controller 会将现在的集群状态在一个可控的速度下逐步更新成期望的集群状态。Deployment 过程如图 8-5 所示。

Deployment 的主要职责同样是为了保证 Pod 的数量和健康，而且绝大多数的功能与 Replication Controller 完全一样，因此可以被看作新一代的 Replication Controller。但是，它又具备了 Replication Controller 不具备的新特性：

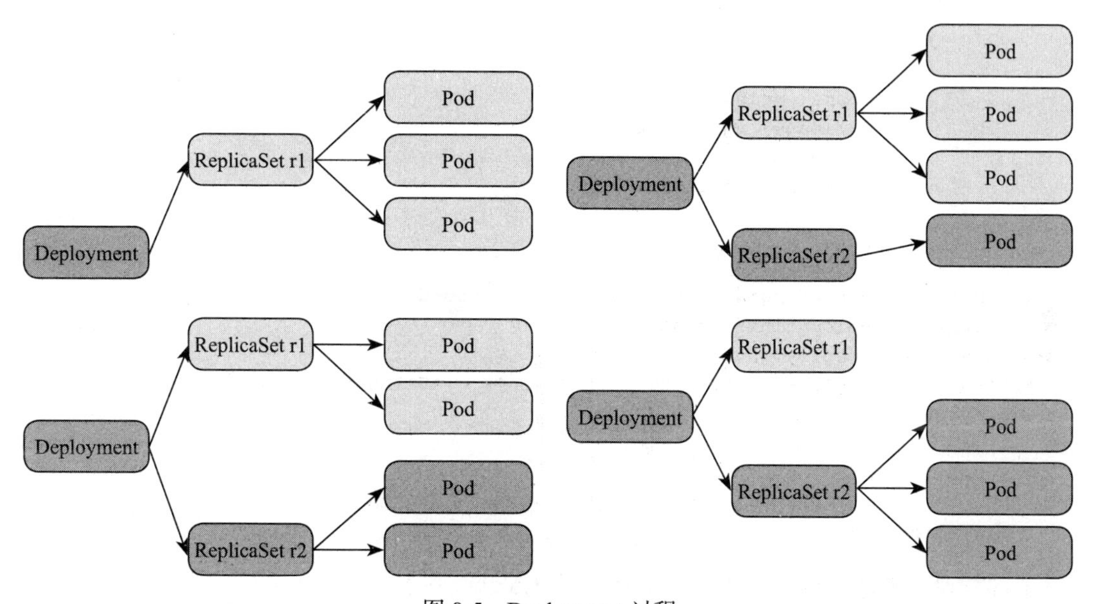

图 8-5　Deployment 过程

1）事件和状态查看：可以查看升级的详细进度和状态。

2）回滚：当升级 Pod 镜像或者相关参数的时候发现问题，可以使用回滚操作回滚到上一个稳定的版本或者指定的版本。

3）版本记录：每一次对 Deployment 的操作都能保存下来，给予后续可能的回滚使用。

4）暂停和启动：对于每一次升级，都能够随时暂停和启动。

5）多种升级方案：

- Recreate——删除所有已存在的 Pod，重新创建新的。
- RollingUpdate——滚动升级，即逐步替换的策略。滚动升级时支持更多的附加参数，例如，设置最大不可用 Pod 数量、最小升级间隔时间等。

相比于 RC，Deployment 直接使用 kubectl edit deployment/deploymentName 或者 kubectl set 方法就可以直接升级（原理是 Pod 的 template 发生变化，例如，更新 Label、更新镜像版本等操作会触发 Deployment 的滚动升级）。

首先，我们同样定义一个 nginx-deploy-v1.yaml 的文件，副本数量为 3。命令如下：

```
apiVersion:extensions/v1beta1
kind: Deployment
```

```
metadata:
    name: deploynginx
spec:
    replicas: 3
    template:
        metadata:
            labels:
                app: nginx
        spec:
            containers:
            - name: nginx
                image: nginx:1.6.5
                ports:
                - containerPort: 80
```

创建Deployment：

```
# kubectl create -f nginx-deploy-v1.yaml --record
deployment "deploynginx" created
# kubectl get deployments
NAME          DESIRED   CURRENT   UP-TO-DATE   AVAILABLE   AGE
deploynginx   3         0         0            0           2s

# kubectl get deployments
NAME          DESIRED   CURRENT   UP-TO-DATE   AVAILABLE   AGE
deploynginx   3         3         3            3           18s
```

正常之后，将Nginx的版本进行升级，从1.6升级到1.8。

第一种方法：

```
# kubectl set image deployment/deploynginx2 nginx=nginx: 1.8
deployment "deploynginx2" image updated
```

第二种方法：

```
# kubectl edit deployment/deploynginx
deployment "deploynginx2" edited
```

查看Deployment的变更信息（以下信息得以保存，是创建时加的“--record”这个选项起的作用）：

```
# kubectl rollout history deployment/deploynginx
deployments "deploynginx":
REVISION    CHANGE-CAUSE
1           kubectl create -f docs/user-guide/deploynginx.yaml --record
2           kubectl set image deployment/deploynginx nginx=nginx:1.8.1
3           kubectl set image deployment/deploynginx nginx=nginx:1.8.1

# kubectl rollout history deployment/deploynginx --revision=2
deployments "deploynginx" revision 2
    Labels:        app=nginx
```

```
        pod-template-hash=1591005644
        Annotations:  kubernetes.io/change-cause=kubectl set image deployment/
deploynginx nginx=nginx:1.8.1
        Containers:
            nginx:
                Image:      nginx:1.8.1
                Port:       80/TCP
                    QoS Tier:
                        cpu:      BestEffort
                        memory:   BestEffort
                Environment Variables:      <none>
        No volumes.
```

最后介绍 Deployment 的一些基础命令。

```
# kubectl describe deployments  #查询详细信息，获取升级进度
# kubectl rollout pause deployment/deploynginx2  #暂停升级
# kubectl rollout resume deployment/deploynginx2  #继续升级
# kubectl rollout undo deployment/deploynginx2  #升级回滚
# kubectl scale deployment deploynginx --replicas 8  #弹性伸缩 Pod 数量
```

8.6　Job

从程序的运行形态上来区分，我们可以将 Pod 分为两类：长时运行服务（jboss、mysql 等）和一次性任务（如并行数据计算、测试）。Replication Controller 创建的 Pod 都是长时运行的服务，而 Job 创建的 Pod 都是一次性任务。

我们现在使用 Job 来计算圆周率，Job 的定义文件 long-task-job.yaml 如下：

```
apiVersion:extensions/v1beta1
kind: Job
metadata:
    name: long-task
spec:
    Completions:1
    Parallellism:1
    selector:
        matchLables:
            App:long-task
    template:
        metadata:
            name:long-task
            labels:
                app: long-task
        spec:
            containers:
            - name:long-task
                image: docker/whalesay
```

```
command: ["cowsay", "Finishing that task in a jiffy"]
            restartPolicy:Never
```

Job同样是通过.spec.template配置Pod模板的，因为是一次性任务Pod，所以Pod的重启策略只能是Never或者OnFailure。

Job可以控制一次性任务Pod的完成次数（.spec.completions）和并发执行数（.spec.parallelism），当Pod成功执行指定次数后即认为Job执行完毕。

通过定义文件创建Job：

```
# kubectl create -long-task-job.yaml
# kubectl get job
JOB         CONTAINER(S)      IMAGE(S)      SELECTOR               SUCCESSFUL
long-task   long-task         whalesay      app in (long-task)     0
# kubectl get pod --selector app=long-task
NAME                 READY    STATUS     RESTART    AGE
long-task-8pn11      1/1      Running    0          8s
```

Pod是一次性任务，计算出圆周率就终止。可以使用命令来查询Pod输出的圆周率：

```
# kubectl logs long-task-8pn11
```

8.7 StatefulSet

StatefulSet旨在与有状态的应用及分布式系统一起使用。然而，在Kubernetes上管理有状态应用和分布式系统是一个宽泛而复杂的任务。

8.7.1 使用StatefulSet

StatefulSet使用起来相对复杂，当应用具有以下特点时才建议使用StatefulSet：

- 有唯一的稳定的网络标识符需求。
- 有稳定性、持久化数据存储需求。
- 有序的部署和扩展需求。
- 有序的删除和终止需求。
- 有序的自动滚动更新需求。

如果应用不需要任何稳定的标示、有序的部署、删除和扩展，则该应用应使用一组无状态副本的控制器来部署应用，如Deployment或ReplicaSet更适合无状态服务需求。

StatefulSet还处于beta属性，在Kubernetes 1.5版本之前任何版本都不可以使用StatefulSet。与所有具有alpha/beta属性的资源一样，可以通过apiserver配置-runtime-config来禁用StatefulSet。

StatefulSet Pod的存储必须基于请求存储类的PersistentVolume Provisioner或由管理员预先配置来提供。基于数据安全性设计，删除或缩放StatefulSet将不会删除与StatefulSet

关联的 Volume。

StatefulSet 需要 Headless Service 负责 Pod 的网络的一致性（必须创建此服务）。代码如下：

```
apiVersion: v1
kind: Service
metadata:
    name: nginx
    labels:
        app: nginx
spec:
    ports:
    - port: 80
        name: my-web
    clusterIP: None
    selector:
        app: nginx

apiVersion: apps/v1beta1
kind: StatefulSet
metadata:
    name: my-web
spec:
    serviceName: "nginx"
    replicas:2
    template:
        metadata:
            labels:
                app: nginx
        spec:
            terminationGracePeriodSeconds: 10
            containers:
            - name: nginx
                image: gcr.io/google_containers/nginx-slim:0.8
                ports:
                - containerPort: 80
                    name: my-web
                volumeMounts:
                - name: www
                    mountPath: /usr/share/nginx/html
    volumeClaimTemplates:
    - metadata:
            name: www
        spec:
            accessModes: [ "ReadWriteOnce" ]
            storageClassName: my-storage-class
            resources:
                requests:
                    storage: 1Gi
```

name 为 nginx 的 Headless Service 用于控制网络域。

StatefulSet（name为my-web）有一个spec，在一个Pod中启动具有两个副本的Nginx容器。

volumeClaimTemplates使用PersistentVolumes供应商的PersistentVolume来提供稳定的存储。

```
kubectl get pods -w -l app=nginx
kubectl create -f my-web.yaml
service "nginx" created
statefulset "my-web" created
```

上面的命令创建了两个Pod，每个都运行了一个Nginx服务器，通过获取Nginx Service和my-web StatefulSet来验证前面的创建是否成功。

```
kubectl get service nginx
NAME     CLUSTER-IP   EXTERNAL-IP   PORT(S)   AGE
nginx    None         <none>        80/TCP    14s
kubectl get statefulset my-web
NAME     DESIRED   CURRENT   AGE
my-web   2         1         25s
```

对于一个拥有N个副本的StatefulSet，Pod被部署时是按照$\{0..N-1\}$的序号顺序创建的。在第一个终端中使用kubectl get检查输出，输出结果如下：

```
kubectl get pods -w -l app=nginx
NAME        READY     STATUS              RESTARTS   AGE
my-web-0    0/1       Pending             0          0s
my-web-0    0/1       Pending             0          0s
my-web-0    0/1       ContainerCreating   0          0s
my-web-0    1/1       Running             0          19s
my-web-1    0/1       Pending             0          0s
my-web-1    0/1       Pending             0          0s
my-web-1    0/1       ContainerCreating   0          0s
my-web-1    1/1       Running             0          18s
```

请注意，在my-web-0 Pod处于Running和Ready状态后，my-web-1 Pod才会被启动。StatefulSet中的Pod拥有一个唯一的顺序索引和稳定的网络身份标识。

8.7.2 扩容/缩容StatefulSet

扩容/缩容StatefulSet指增加或减少它的副本数。这可以通过更新replicas字段完成，也可以使用kubectl scale或者kubectl patch来扩容/缩容一个StatefulSet。

1. 扩容

在一个终端窗口观察StatefulSet的Pod，命令如下：

```
kubectl get pods -w -l app=nginx
```

在另一个终端窗口使用kubectl scale扩展副本数为4，命令如下：

```
kubectl scale sts my-web --replicas=4
statefulset "my-web" scaled
```

在第一个终端中检查 kubectl get 命令的输出，等待增加的 2 个 Pod 的状态变为 Running 和 Ready。结果如下：

```
kubectl get pods -w -l app=nginx
NAME        READY     STATUS              RESTARTS    AGE
my-web-0    1/1       Running             0           2h
my-web-1    1/1       Running             0           2h
NAME        READY     STATUS              RESTARTS    AGE
my-web-2    0/1       Pending             0           0s
my-web-2    0/1       Pending             0           0s
my-web-2    0/1       ContainerCreating   0           0s
my-web-2    1/1       Running             0           19s
my-web-3    0/1       Pending             0           0s
my-web-3    0/1       Pending             0           0s
my-web-3    0/1       ContainerCreating   0           0s
my-web-3    1/1       Running             0           18s
```

StatefulSet 控制器扩展了副本的数量。如同创建 StatefulSet 所述，StatefulSet 按序号索引顺序创建每个 Pod，并且会等待前一个 Pod 变为 Running 和 Ready 才会启动下一个 Pod。

2. 缩容

在一个终端观察 StatefulSet 的 Pod，命令如下：

```
kubectl get pods -w -l app=nginx
```

在另一个终端使用 kubectl patch 将 StatefulSet 缩容回 3 个副本，命令如下：

```
kubectl patch sts my-web -p '{"spec":{"replicas":3}}'
"my-web" patched
```

等待 my-web-3 状态变为 Terminating。结果如下：

```
kubectl get pods -w -l app=nginx
NAME          READY       STATUS              RESTARTS      AGE
my-web-0      1/1         Running             0             3h
my-web-1      1/1         Running             0             3h
my-web-2      1/1         Running             0             55s
my-web-3      1/1         Running             0             36s
my-web-3      1/1         Terminating         0             42s
```

3. 顺序终止 Pod

控制器会按照与 Pod 序号索引相反的顺序每次删除一个 Pod。在删除下一个 Pod 前会等待上一个被完全关闭。

4. 获取 StatefulSet 的 PersistentVolumeClaims

命令如下：

```
kubectl get pvc -l app=nginx
NAME          STATUS  VOLUME                                      CAPACITY  ACCESSMODES  AGE
www-my-web-0  Bound   pvc-15c268c7-b507-11e6-932f-42010a800002  1Gi       RWO          13h
www-my-web-1  Bound   pvc-15c79307-b507-11e6-932f-42010a800002  1Gi       RWO          13h
www-my-web-2  Bound   pvc-e1125b27-b508-11e6-932f-42010a800002  1Gi       RWO          13h
www-my-web-3  Bound   pvc-e1176df6-b508-11e6-932f-42010a800002  1Gi       RWO          13h
```

由上面输出可以看出，5个PersistentVolumeClaims和5个PersistentVolumes仍然存在。此时，查看Pod的稳定存储，我们发现当删除StatefulSet的Pod时，挂载到StatefulSet的Pod的PersistentVolumes不会被删除。当这种删除行为是由StatefulSet缩容引起时也是一样的。

8.8 ConfigMap

在实际的应用部署中，经常需要为各种应用/中间件配置各种参数，如数据库地址、用户名、密码等，而且大多数生产环境中的应用程序配置较为复杂，可能是多个Config文件、命令行参数和环境变量的组合。要完成这样的任务有很多种方案，比如：

1）可以直接在打包镜像的时候写在应用配置文件里面，但这种方式的坏处显而易见，因为在应用部署中往往需要修改这些配置参数，或者说制作镜像时并不知道具体的参数配置，一旦打包到镜像中将无法更改配置。另外，部分配置信息涉及安全信息（如用户名、密码等），打包入镜像容易导致安全隐患。

2）可以在配置文件里面通过ENV环境变量传入，但是如若修改ENV就意味着要修改yaml文件，而且需要重启所有的容器才行。

3）可以在应用启动时在数据库或者某个特定的地方取配置文件。

显然，前两种方案不是最佳方案，而第三种方案实现起来又比较麻烦。为了解决这个难题，Kubernetes引入ConfigMap这个API资源来满足这一需求。

对于配置中心，Kubernetes提供了ConfigMap，可以在容器启动的时候将配置注入环境变量或者Volume里面。但是唯一的缺点是，注入环境变量中的配置不能动态改变，而在Volume里面的可以，只要容器中的进程有Reload机制，就可以实现配置的动态下发。

ConfigMap包含了一系列键值对，用于存储被Pod或者系统组件（如Controller）访问的信息。这与Secret的设计理念有异曲同工之妙，它们的主要区别在于ConfigMap通常不用于存储敏感信息，而只存储简单的文本信息。

可以按照以下步骤使用存储在ConfigMap中的数据配置Redis缓存。

1）从docs/tutorials/configuration/configmap/redis/redis-config文件创建一个ConfigMap，代码如下：

```
kubectl create configmap example-redis-config --from-file=https://kubernetes.io/
docs/tutorials/configuration/ configmap/redis/redis-config
```

```
kubectl get configmap example-redis-config -o yaml

apiVersion: v1
data:
    redis-config: |
        maxmemory 3mb
        maxmemory-policy allkeys-lru
kind: ConfigMap
metadata:
    creationTimestamp: 2018-03-30T20:14:41Z
    name: example-redis-config
    namespace: default
    resourceVersion: "24668"
    selfLink: /api/v1/namespaces/default/configmaps/example-redis-config
    uuid: 460a2b6e-f6a3-11e5-8ae5-42010af00002
```

2）创建一个使用存储在 ConfigMap 中配置数据的 Pod 规范，代码如下：

```
apiVersion: v1
kind: Pod
metadata:
    name: redis
spec:
    containers:
    - name: redis
        image: kubernetes/redis:v1
        env:
        - name: MASTER
            value: "true"
        ports:
        - containerPort: 6379
        resources:
            limits:
                cpu: "0.1"
        volumeMounts:
        - mountPath: /redis-master-data
            name: data
        - mountPath: /redis-master
            name: config
    volumes:
        - name: data
            emptyDir: {}
        - name: config
            configMap:
                name: example-redis-config
                items:
                - key: redis-config
                    path: redis.conf
```

3）创建 Pod，代码如下：

```
kubectl create -f https://kubernetes.io/tutorials/configuration/configmap/redis/
```

```
redis-pod.yaml
```

以上示例中，配置卷安装在 /redis-master，它用 path 将 redis-config 密钥添加到名为“redis.conf”的文件中。因此，redis 配置的文件路径是 /redis-master/redis.conf。

8.9 健康检查

当用户编写代码时，难免会有漏洞，与其试图编写无缺陷的代码，更好的解决方案是使用管理系统对各应用程序定期执行运行状况检查，一旦发现异常则进行修复。这样一来，应用程序之外的系统就会负责监视应用程序并采取措施来修复它。之所以使用应用程序之外的系统来监测，是因为如果应用程序本身出现故障，可能导致健康检查无法正常运行，这样就无法监测该应用是否正常。在 Kubernetes 中，健康检查监视器由 Kubelet 代理。

8.9.1 流程健康检查

最简单的健康检查形式就是过程级健康检查。如果容器进程仍在运行，Kubelet 会不断询问 Docker 后台进程，否则容器进程将重新启动。在迄今为止运行的所有 Kubernetes 示例中，此健康检查实际上已启用，它适用于在 Kubernetes 中运行的每一个容器。

8.9.2 应用健康检查

默认情况下只是检查 Pod 容器是否正常运行，但容器正常运行并不一定代表应用健康，有时候应用进程会出现阻塞而无法正常处理请求的情况，因此为了提供更加健壮的应用，往往需要定制化健康检查。

除此之外，有的应用启动后需要进行一系列初始化处理，并在初始化完成前无法正常响应外部请求，而 Kubernetes 在默认情况下认为容器一旦创建成功就准备就绪。针对这种现象，Kubernetes 提供了 Probe 机制，以更精确地判断 Pod 和容器。

Liveness Probe：用于容器的自定义健康检查。如果 Liveness Probe 检查失败，Kubernetes 将“杀死”容器，然后根据 Pod 的重启策略来决定是否重启容器。

Readiness Probe：用于容器的自定义准备状态检查。如果 Readiness Probe 检查失败，Kubernetes 会将该 Pod 从服务代理的分发后端去除，不再分发请求给该 Pod。

目前，有三种类型的应用程序运行状况检查可供用户选择：

- HTTP 健康检查：在这种情况下，Kubelet 将调用 Web 钩子。如果它返回的数值在 200 ～ 399 之间，则认为是成功的，否则失败。
- Container Exec：在这种情况下，Kubelet 将在容器中执行一个命令。如果它以状态 0 退出，则被视为成功。
- TCP 套接字：在这种情况下，Kubelet 将尝试打开容器的套接字。如果可以建立连接，则认为该容器是健康的，如果它不能建立连接，则认为发生故障。

在所有情况下，如果Kubelet发现容器重新启动，则认为失败。

容器运行状况检查是在容器配置LivenessProbe部分进行，还可以指定一个initialDelaySeconds，用于确定状态检查的宽限期（从容器启动到执行运行期间），以便容器执行必要的初始化。下面是一个带有HTTP健康检查的Pod的示例配置：

```
apiVersion: v1
kind: Pod
metadata:
    name: pod-with-http-healthcheck
spec:
    containers:
    - name: nginx
        image: nginx
        livenessProbe:
            httpGet:
                path: /_status/healthz
                port: 80
            initialDelaySeconds: 30
            timeoutSeconds: 1
        ports:
        - containerPort: 80
```

Chapter 9 第9章

Kubernetes Service

Kubernetes 网络模型设计的一个基础原则是：每个 Pod 都拥有一个独立的 IP 地址，而且假定所有 Pod 都在一个可以直接连通的、扁平的网络空间中。所以不管它们是否运行在同一个 Node（宿主机）中，都要求它们可以直接通过对方的 IP 进行访问。设计这个原则的原因是用户不需要额外考虑如何建立 Pod 之间的连接，也不需要考虑将容器端口映射到主机端端口等问题。

实际上在 Kubernetes 世界里，IP 是以 Pod 为单位进行分配的。一个 Pod 内部的所有容器共享一个网络堆栈（实际上就是一个网络命名空间，包括它们的 IP 地址、网络设备、配置等都是共享的）。按照这个网络原则抽象出来的“一个 Pod 一个 IP”的设计模型也被称作 IP-per-Pod 模型。

由于 Kubernetes 的网络模型假设 Pod 之间访问时使用的是对方 Pod 的实际地址，所以一个 Pod 内部的应用程序看到的自己的 IP 地址和端口与集群内其他 Pod 看到的一样。它们都是 Pod 实际分配的 IP 地址（从 Docker 上分配的）。将 IP 地址和端口在 Pod 内部和外部都保持一致，我们可以不使用 NAT 来进行转换。地址空间也自然是扁平的。Kubernetes 的网络之所以这么设计，主要原因就是可以兼容过去的应用，所以这种 IP-per-Pod 的方案能很好地利用现有的各种域名解析和发现机制。

另外，“一个 Pod 一个 IP”的模型还有另外一层含义，那就是同一个 Pod 内的不同容器将会共享一个网络命名空间，也就是说同一个 Linux 网络协议栈。这就意味着同一个 Pod 内的容器可以通过 localhost 来连接对方的端口。这种关系与同一个 VM 内的进程之间的关系是一样的，看起来 Pod 内的容器之间的隔离性降低了，而且 Pod 内不同容器之间的端口是共享的，没有所谓的私有端口的概念了。如果某些应用必须要使用一些特定的端口范围，那么也可以为这些应用单独创建一些 Pod。反之，对那些没有特殊需要的应用，这样做的好处是 Pod 内的容器是共享部分资源的，通过共享资源互相通信显然更加容易和高效。针对这些应用，虽然损失了可接受范围内的部分隔离性也是值得的。

IP-per-Pod 模式和 Docker 原生的通过动态端口映射方式实现的多节点访问模式有什么区别呢？主要区别是后者的动态端口映射会引入端口管理的复杂性，而且访问者看到的 IP 地址和端口与服务提供者实际绑定的不同（因为 NAT 的缘故，它们都被映射成新的地址和端口了），这也会引起应用配置的复杂化。同时，标准的 DNS 等名字解析服务也不适用了。甚至服务注册和发现机制都将受到挑战，因为在端口映射情况下，服务自身很难知道自己对外暴露的真实的服务 IP 和端口，而外部应用也无法通过服务所在容器的私有 IP 地址和端口来访问服务。

总的来说，IP-per-Pod 模型是一个简单的兼容性较好的模型。从该模型的网络的端口分配、域名解析、服务发现、负载均衡、应用配置和迁移等角度来看，Pod 都能够被看作一台独立的“虚拟机”或者“物理机”。

按照这个网络抽象原则，Kubernetes 对集群的网络有如下要求：

1）所有容器都可以在不用 NAT 的方式下同其他容器通信。

2）所有节点都可以在不用 NAT 的方式下同所有容器通信，反之亦然。

3）容器的地址和别人看到的地址是同一个地址。

这些基本要求意味着并不是只要两台机器运行 Docker，Kubernetes 就可以工作了。具体的集群网络实现必须保障上述基本要求，原生的 Docker 网络目前还不能很好地支持这些要求。实际上，这些对网络模型的要求并没有降低整个网络系统的复杂度。如果程序原来在 VM 上运行，而那些 VM 拥有独立 IP，并且它们之间可以直接透明地通信，那么 Kubernetes 的网络模型就与 VM 使用的网络模型是一样的。所以使用这种模型可以很容易地将已有应用程序从 VM 或者物理机迁移到容器上。

当然，Google 设计 Kubernetes 的一个主要运行基础就是其云环境 GCE（Google Compute Engine），在 GCE 下这些网络要求都是默认支持的。另外，常见的其他公用云服务商，如亚马逊等，在它们的公有云计算环境下也是默认支持这个模型的。

由于部署私有云的场景会更普遍，所以在私有云中运行 Kubernetes 和 Docker 集群之前，就需要自己搭建出符合 Kubernetes 要求的网络环境。现在的开源世界有很多开源组件可以帮助我们打通 Docker 容器和容器之间的网络，实现 Kubernetes 要求的网络模型。当然每种方案都有适合的场景，我们要根据自己的实际需要进行选择。

9.1 容器及 Pod 间通信

下面讲讲 Kubernetes Pod 网络设计模型：

1）基本原则：每个 Pod 都拥有一个独立的 IP 地址（IP per Pod），而且假定所有的 Pod

都在一个可以直接连通的、扁平的网络空间中。

2）设计原因：用户不需要额外考虑如何建立Pod之间的连接，也不需要考虑将容器端口映射到主机端口等问题。

3）网络要求：所有的容器都可以在不用NAT的方式下同其他容器通信；所有节点都可在不用NAT的方式下同所有容器通信；容器的地址和别人看到的地址是同一个地址。

1. 容器间通信

同一个Pod的容器共享同一个网络命名空间，它们之间的访问可以通过localhost地址和容器端口实现。图9-1所示为容器间通信。

2. 同一Node中Pod间通信

同一Node中Pod的默认路由都是Docker0的地址，由于它们关联在同一个Docker0网桥上，地址网段相同，所以它们之间能直接通信。图9-2所示为Pod间通信。

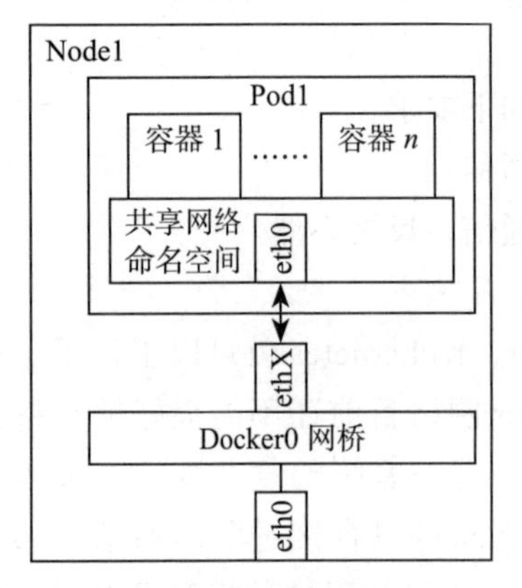

图9-1 容器间通信

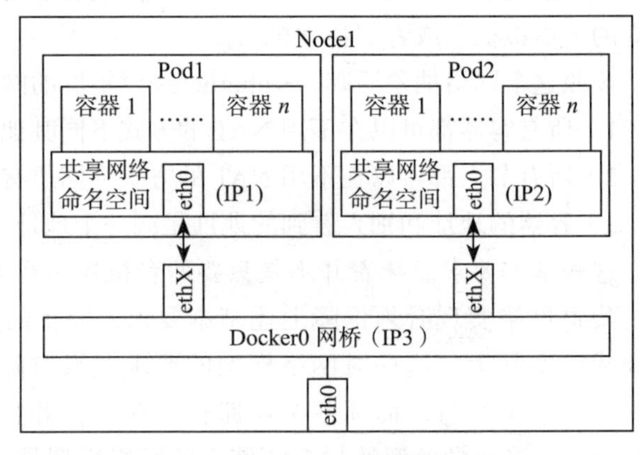

图9-2 Pod间通信

Pod1和Pod2通过Veth连接在Docker0网桥上，它们的IP地址IP1、IP2都是从Docker0的网段上动态获取的，它们与网桥本身的IP3是同一个网段。在Pod1、Pod2的Linux协议栈上，默认路由都是Docker0的地址，也就是所有非本地地址的网络数据都会默认发送到Docker0网桥，由Docker0网桥直接中转。

3. 不同Node中Pod间通信

Docker0网桥与宿主机网卡是两个完全不同的IP网段，并且Node之间的通信只能通过宿主机的物理网卡进行，因此要想实现位于不同Node上的Pod容器之间的通信，就必须想办法通过主机的IP地址进行寻址和通信。

另一方面，这些动态分配并且隐藏在Docker0之后的所谓“私有IP地址”也是可以找到的。Kubernetes会记录所有正在运行的Pod的IP分配信息，并且将这些信息保存在etcd中（作为Service的Endpoint），这些私有IP对Pod到Pod之间的通信是非常重要的。

综上，要想支持不同Node上Pod之间的通信，就要达到两个条件：

1）在整个 Kubernetes 集群中对 Pod 的 IP 进行规划，不能有冲突。

2）找到一种方法，将 Pod 的 IP 和所在 Node 关联起来，通过这个关联让 Pod 可以相互访问。

根据条件 1 在部署 Kubernetes 的时候，对 Docker0 的 IP 地址进行规划，保证每一个 Node 上的 Docker0 地址没有冲突。我们可以在规划后手工配置到每个 Node 上，或者做一个分配规则，由安装的程序自己去分配占用，Kubernetes 的网络增强软件 Flannel 就能够管理资源的分配。

根据条件 2 的要求，Pod 中的数据在发出时需要有一个机制，能够知道对方 Pod 的 IP 地址挂在哪个具体的 Node 上，也就是说先要找到 Node 对应宿主机的 IP 地址，将数据发送到这个宿主机的网卡上，然后在宿主机上将相应的数据发送到具体的 Docker0 上。一旦数据到达宿主机 Node，则该 Node 内部的 Docker0 便知道如何将数据发送到 Pod。

跨节点的 Pod 通信模型如图 9-3 所示。

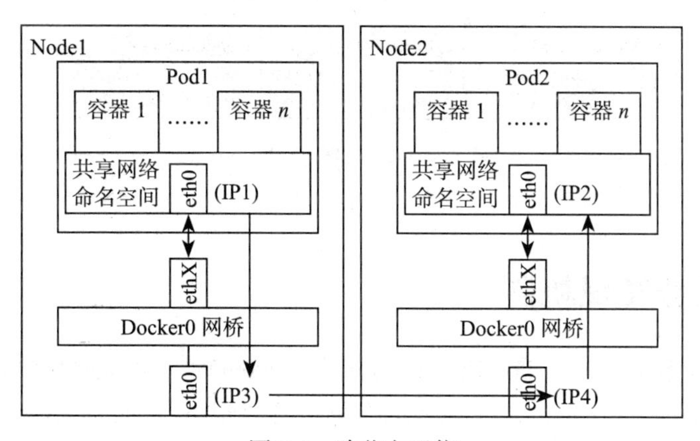

图 9-3 跨节点通信

9.2 kube-proxy

kube-proxy 是一个简单的网络代理和负载均衡器，它的作用主要是负责 Service 的实现：实现从 Pod 到 Service，以及从 NodePort 向 Service 的访问。

实现方式：

- userspace 方式。通过 kube-proxy 实现 LB 的代理服务，是 kube-proxy 的最初版本，较为稳定，但是效率不高。
- iptables 方式。采用 iptables 来实现 LB，是当前 kube-proxy 的默认方式。

下面是 iptables 模式下 kube-proxy 的实现方式（如图 9-4 所示）：

- kube-proxy 监视 Kubernetes 主服务器对服务 / 端点对象的各种增、删、改等操作。对于每个服务，它配置 iptables 规则，捕获 Service 的 ClusterIP 和端口的流量，并将流量重定向到服务的后端之一。对于每个Endpoint对象，它选择后端Pod的iptables规则。

- 默认情况下，后端的选择是随机的。可通过service.spec.sessionAffinity设置为“ClientIP”来选择基于客户端IP的会话关联。
- 与用户空间代理一样，最终结果是绑定到服务的IP：端口的任何流量被代理到适当的后端，而客户端不知道关于Kubernetes或服务或Pod的任何信息。

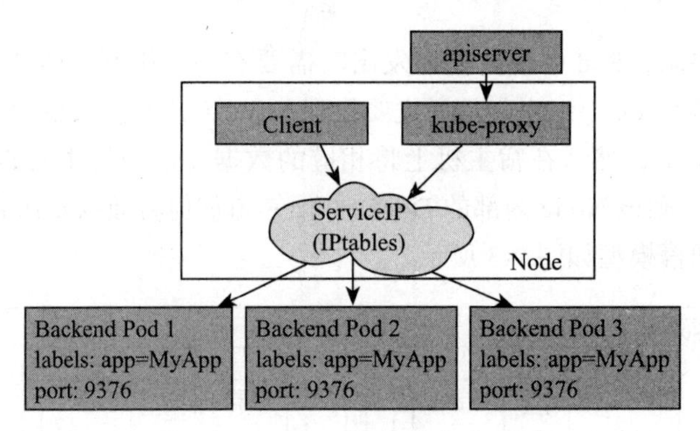

图9-4 Service实现（kube-proxy）

9.3 DNS服务发现机制

在Kubernetes系统中，当Pod需要访问其他Service时，可通过两种方式来发现服务，即环境变量和DNS方式。不过，使用环境变量是有限制条件的，如Service必须先于Pod之前创建，系统才能在新建Pod时自动设置与Service相关的环境变量。而DNS则没有这个限制，其通过提供全局的DNS服务器来完成服务的注册和发现。

kube-dns用来为Service分配子域名，以便集群中的Pod可通过DNS域名获取Service的访问地址；通常kube-dns会为Service赋予一个名为“service_name.namespace_name.svc.cluster_domain”的记录，用来解析Service的Cluster_IP。Kubernetes v1.4版本之前，其主要由Kube2sky、Etcd、Skydns、Exechealthz四个组件组成。Kubernetes v1.4版本及之后，其主要由Kubedns、Dnsmasq、Exechealthz三个组件组成（如图9-5所示）。

Kubedns通过Kubernetes API监视Service资源变化并更新DNS记录，并使用树形结构在内存中保存DNS记录，主要为Dnsmasq提供查询服务，服务端口是10053。

Dnsmasq是一款小巧的DNS配置工具，其在kube-dns插件中的作用是：通过kube-dns容器获取DNS规则，在集群中提供DNS查询服务；提供DNS缓存，提高查询性能；降低kube-dns容器的压力、提高稳定性。

Exechealthz主要提供健康检查功能。

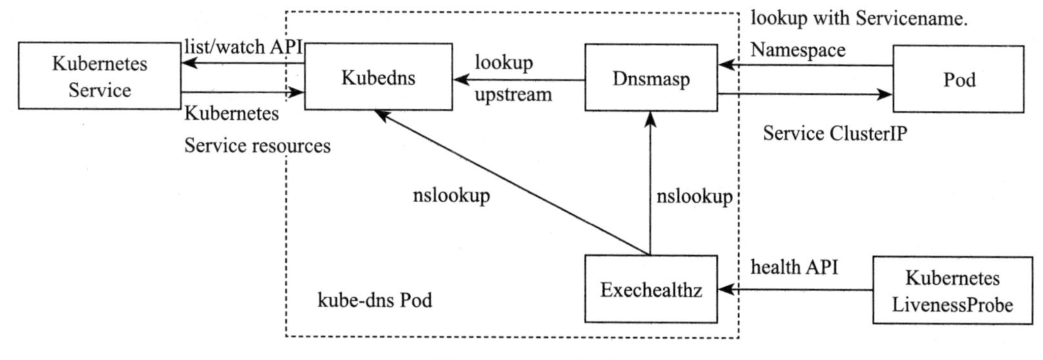

图 9-5　DNS 服务

Kubernetes 提供了一个 DNS 插件 Service，它使用 skydns 自动为其他 Service 指派 DNS 名字。如果它在集群中处于运行状态，可以通过如下命令来检查：

```
# Kubectl get services kube-dns --namespace=kube-system
NAME        CLUSTER-IP    EXTERNAL-IP    PORT(S)           AGE
kube-dns    10.0.0.10     <none>         53/UDP,53/TCP     8m
```

如果没有运行，可以启用它。下面假设已经有一个 Service，它具有一个长久存在的 IP（my-nginx），以及一个为该 IP 指派名称的 DNS 服务器（kube-dns 集群插件），所以可以通过标准做法，使得在集群中的任何 Pod 都能与该 Service 通信（如 gethostbyname）。让我们运行另一个 curl 应用来进行测试：

```
# Kubectl run curl --image=radial/busyboxplus:curl -i --tty
Waiting for pod default/curl-131556218-9fnch to be running, status is Pending, pod ready: false
Hit enter for command prompt
```

然后，按回车并执行命令 nslookup my-nginx：

```
# nslookup my-nginx
Server:     10.0.0.10
Address 1: 10.0.0.10
Name:       my-nginx
Address 1: 10.0.162.149
```

9.4　Headless 服务

对于不想做负载均衡或者不希望只有一个 Cluster IP 时，可以创建一个 Headless 类型的 Service，将 spec.clusterIP 字段设置为“None”。对于这样的 Service，系统不会为它们分配对应的 IP，也不会在 Pod 中为其创建对应的全局变量。DNS 则会为 Service 的 name 添加一系列的 A 记录（IP 地址指向），直接指向后端映射的 Pod。此外，kube-proxy 也不会处理这类 Service，没有负载均衡也没有请求映射。Endpoint Controller 则会依然创建对应的 Endpoint。

这个操作的目的是为了让用户减少对 Kubernetes 系统的依赖，如想自己实现自动发现机制等。Application 可以通过 API 轻松地结合其他自动发现系统。

StatefulSet 需要 Headless Service 负责 Pod 的网络的一致性（必须创建此服务）。

```
apiVersion: v1
kind: Service
metadata:
    name: nginx
    labels:
        app: nginx
spec:
    ports:
    - port: 80
        name: web
    clusterIP: None
    selector:
        app: nginx
```

9.5 Kubernetes 服务

Service 是 Kubernetes 最核心的概念，通过创建 Service，可以为一组具有相同功能的容器应用提供一个统一的入口地址，并且将请求进行负载分发到后端的各个容器应用上。如图 9-6 所示。

Service（服务）是一个虚拟概念，逻辑上代理后端 Pod。众所周知，Pod 生命周期短，状态不稳定，Pod 异常后新生成的 Pod IP 会发生变化，之前 Pod 的访问方式均不可达。通过 Service 对 Pod 做代理，因为 Service 有固定的 IP 和 Port，IP：Port 组合自动关联后端 Pod，所以，即使 Pod 发生改变，Kubernetes 内部会更新这组关联关系，使得 Service 能够匹配到新的 Pod。这样，通过 Service 提供的固定 IP，用户再也不用关心需要访问哪个 Pod，以及 Pod 是否发生改变，大大提高了应用的服务质量。如果 Pod 使用 RC 创建了多个副本，那么 Service 就能代理多个相同的 Pod，通过 kube-proxy 实现负载均衡。

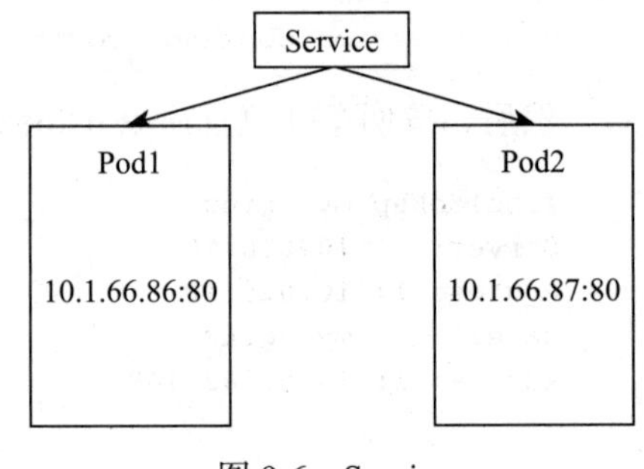

图 9-6　Service

集群中每个 Node 节点都有一个组件 kube-proxy，它实际上是为 Service 服务的。通过 kube-proxy，实现流量从 Service 到 Pod 的转发，kube-proxy 也可以实现简单的负载均衡功能。

kube-proxy 代理模式：userspace 方式。kube-proxy 在节点上为每一个服务创建一个临时端口，从 Service 的 IP：Port 过来的流量转发到这个临时端口上，kube-proxy 会用内部的负载均衡机制（轮询），选择一个后端 Pod，然后建立 iptables，通过 ip tables 把流量导入这个 Pod 里面。

yaml 格式的 Service 定义文件的完整内容如下：

```
apiVersion:v1
kind:Service
metadata:
    name:string
    namespace:string
    labels:
        - name:string
    annotations:
        - name:string
spec:
    selector:[]
    type:string
    clusterIP:string
    sessionAffinity:string
    ports:
    - name:string
        protocol:string
        port:int
        targetPort:int
        nodePort:int
      status:
        loadBalancer:
            ingress:
                ip:string
                hostname:string
```

定义文件中描述了 Service 的属性和行为，其中的主要要素如下：

1）apiVersion：声明 Kubernetes 的 API 版本，目前是 v1。

2）kind：声明 API 对象的类型，这里类型是 Service。

3）metadata：设置 Service 的元数据。

■ name：指定 Service 的名称，名称必须在 namespace 内唯一。

4）spec：配置 Service 的具体规格。

■ namespace：命名空间，不指定系统时将使用名为“default”的命名空间。

■ selector：指定 Service 的 Label Selector 来选择具有指定 Pod 的 Label。

■ type：Service 的类型，指定 Service 的访问方式，默认为 ClusterIP。ClusterIP，虚拟服务 IP 地址，该地址用于 Kubernetes 集群内部的 Pod 访问，在 Node 上 kube-proxy 通过设置的 iptables 规则进行转发。NodePort，使用宿主机的端口，使能够访问各 Node 的外部客户端通过 Node 的 IP 地址和端口号就能访问服务。LoadBalancer，使用外部负载均衡器完成到服务的负载分发，需要在 spec.status.loadBalancer 字段指定外部负载均衡器的 IP 地址，并同时定义 nodePort 和 clusterIP，用于公有云环境。

- clusterIP：虚拟服务 IP 地址，当 type=ClusterIP 时，如果不指定，则系统进行自动分配，也可以手动指定；当 type=LoadBalancer 时，则需要指定。

5）Ports：Service 需要暴露的端口列表。

- name：端口名称。
- protocol：端口协议，支持 TCP 和 UDP，默认为 TCP。
- port：服务监听的端口号。
- targetPort：需要转发到后端 Pod 的端口号。
- nodePort：当 spec.type=NodePort 时，指定映射到物理机的端口号。

6）Status：当 spec.type=LoadBalancer 时，设置外部负载均衡的地址，用于公有云环境。

- loadBalancer.ingress.ip: 外部负载均衡的 IP 地址。
- loadBalancer.ingress.hostname：外部负载均衡的主机名。

通过定义文件创建 Service：

```
Kubectl create -f my-app-service.yaml
```

9.5.1 ClusterIP

ClusterIP 服务是 Kubernetes 默认的服务类型，如图 9-7 所示。如果用户在集群内部创建一个服务，则在集群内部的其他应用程序可以对这个服务进行访问，但是不具备集群外部访问的能力。

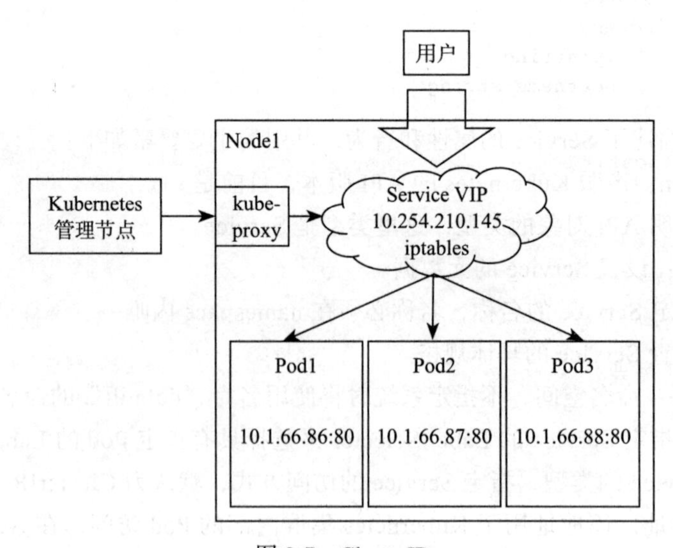

图 9-7 ClusterIP

Service 的 ClusterIP 地址是 Kubernetes 系统中虚拟的 IP 地址，由系统动态分配。

Kubernetes 集群中的每个节点都运行 kube-proxy；kube-proxy 负责为 ExternalName 以外的服务实现一个虚拟 IP 形式；从 Kubernetes v1.2 起，iptables 代理是默认的。

从 Kubernetes v1.0 起，服务由第 3 层（TCP/UDP over IP）构造。在 Kubernetes v1.1 中，添加了 Ingress API，该接口提供了第 7 层（HTTP）服务。

ClusterIP 服务的 yaml 文件内容如下：

```
apiVersion:v1
kind:Service
metadata:
    name:my-internal-service
selector:
    app:my-app
spec:
    type:ClusterIP
    ports:
    - name:http
        port:80
        targetPort:80
        protocol:TCP
```

如果要从互联网访问 ClusterIP 服务，可以通过 Kubernetes 代理进行访问。

启动 Kubernetes 代理：

```
# kubectl proxy --port=8080
```

现在，可以通过 Kubernetes API 及以下模式来访问这个服务：

```
http://localhost:8080/api/v1/proxy/namespaces/<NAMESPACE>/services/<SERVICE-NAME>: <PORT-NAME>/
```

通过这种方式可以使用以下地址来访问我们上述定义的服务：

```
http://localhost:8080/api/v1/proxy/namespaces/default/services/my-internal-service:http/
```

使用 Kubernetes 代理的方式来访问服务的场景如下：

1）调试服务或者某些情况下通过笔记本电脑直接连接服务。

2）允许内部通信，显示内部的仪表盘（dashboards）等。

因为此种方式需要作为一个授权用户运行 kubectl，因此不应该用于互联网访问或者用于生产环境。

9.5.2　NodePort

NodePort 服务是外部访问服务的最基本方式。顾名思义，NodePort 就是在所有节点或者虚拟机上开放特定的端口，该端口的流量将被转发到对应的服务，如图 9-8 所示。

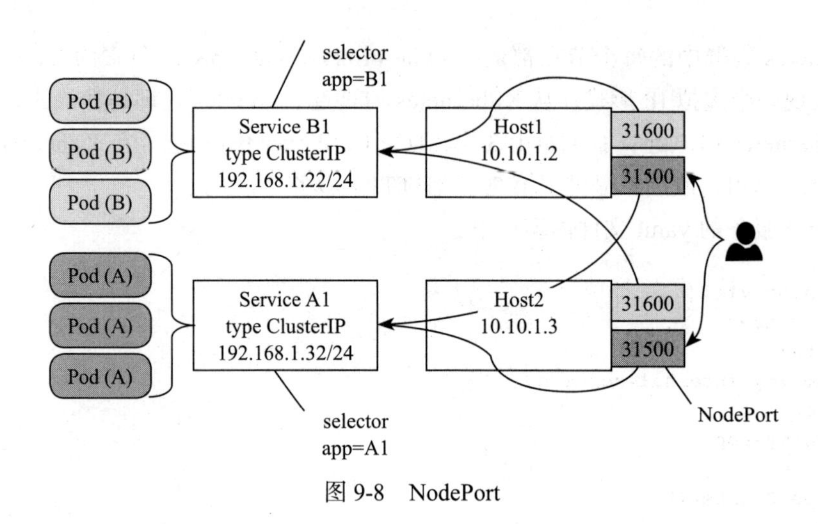

图 9-8　NodePort

NodePort 服务的 yaml 文件内容如下：

```
apiVersion:v1
kind:Service
metadata:
    name:my-nodeport-service
selector:
    app:A1
spec:
    type:NodePort
    ports:
    - name:http
        port:80
        targetPort:80
        nodePort:31500
        protocol:TCP
```

在具有集群内部 IP 的基础上，在集群的每个节点上的端口（每个节点上的相同端口）上公开服务。用户可以在任何 <NodeIP>:NodePort 地址上访问服务。

将类型字段设置为"NodePort"，Kubernetes 主机将从配置的范围中（默认值：30000 ～ 32767）分配一个端口，每个节点将代理该端口（每个节点上相同的端口号）到用户的服务。

NodePort 方式的服务类型是 NodePort，这需要指定一个称作 nodePort 的附加端口，并在所有节点上打开对应的端口。如果不具体指定端口，集群会选择一个随机的端口。在大多数情况下，可以通过 Kubernetes 选择合适的端口。

NodePort 方式的缺点主要有：

1）每个服务占用一个端口。

2）可以使用的范围端口为 30000 ～ 32767（可以通过 api-server 启动参数 service-node-port-range，指定限制范围，默认为 30000 ～ 32767）。

3）如果节点 / 虚拟机 IP 地址发生更改，需要进行相关处理。

基于上述原因，笔者不建议在生产环境中使用直接暴露服务。如果运行的服务不要求高可用或者非常关注成本，这种方法则比较适合，很好的例子就是用于演示或临时使用的程序。

9.5.3　LoadBalancer

LoadBalancer 服务是暴露服务至互联网最标准的方式。除了具有集群内部 IP 以及在 NodePort 上公开服务之外，还要求云提供商负载均衡器将请求转发到每个 Node 节点的 NodePort 端口上，如图 9-9 所示。

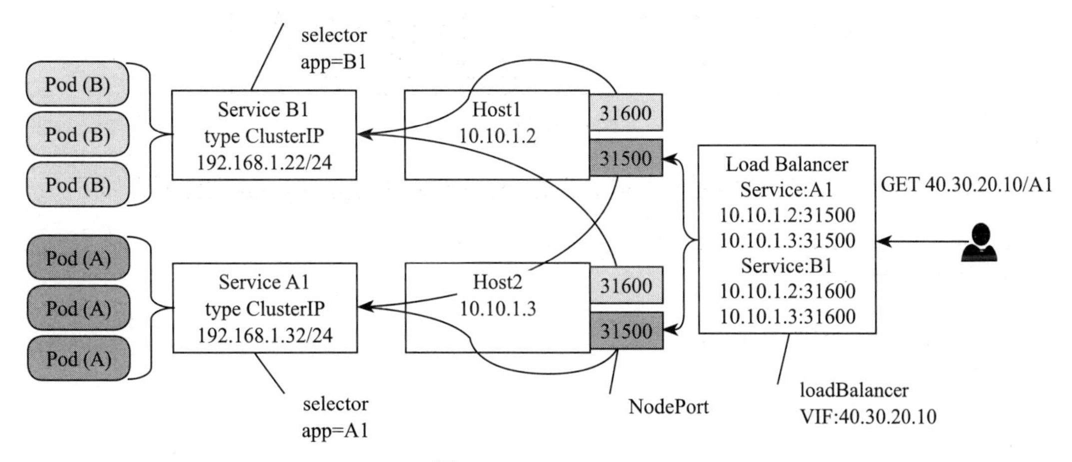

图 9-9　LoadBalancer

来自外部负载均衡器的流量将被定向到后端 Pod，尽管其工作原理取决于云提供商。一些云提供商允许指定 LoadBalancerIP。在这些情况下，将使用用户指定的 LoadBalancerIP 创建负载均衡器。如果未指定 LoadBalancerIP 字段，则会分配临时 IP 给 LoadBalancer。如果指定了 LoadBalancerIP，但云提供程序不支持该功能，则该字段将被忽略。

何时使用这种访问方式？这是公开服务的默认方法。指定的端口上流量都将被转发到对应的服务，不经过过滤和其他路由等操作。这种方式意味着转发几乎任何类型的流量，如 HTTP、TCP、UDP、Websockets、gRPC 等。

这种方式最大的缺点是，负载均衡器公开的每个服务都将获取独立 IP 地址，而我们则必须为每个暴露的服务对应的负载均衡器支付相关费用，这可能会非常昂贵。

9.5.4　Ingress

Ingress 并不是服务类型中的一种，它位于多个服务的前端，充当一个智能路由或者集群的入口点，如图 9-10 所示。

GKE 默认的 Ingress 控制器将启动一个 HTTP（S）的负载均衡器，这将使用户可以基于访问路径和子域名将流量路由到后端服务。例如，你可以将“app.sample.com”下的流量转发到App服务，将“sample.com/app1/”路径下的流量转发到App1服务。

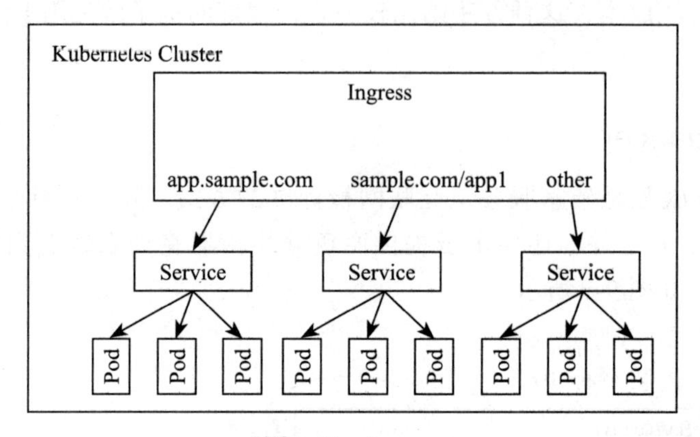

图9-10　Ingress

在GKE上定义L7层HTTP负载均衡器的Ingress对象定义的yaml文件内容如下：

```
apiVersion:extensions/v1beta1
kind:Ingress
metadata:
    name:my-ingress
spec:
    backend:
        serviceName:other
        servicePort:8080
    rules:
    - host:app.sample.com
        http:
          paths:
          - backend:
              serviceName:app
              servicePort:8080
    - host:sample.com
        http:
          paths:
          - path:/app1/*
              backend:
                  serviceName:app1
                  servicePort:8080
```

何时使用这种方式？Ingress方式可能是暴露服务的最强大方式，但也最复杂。现在有不同类型的Ingress控制器，包括Google云负载均衡器、Nginx、Contour、Istio等，它们的功能各有不同。此外，还有Ingress控制器的许多插件，如cert-manager可以用来自动为服务提供SSL证书。

如果希望在同一个IP地址下暴露多个服务，并且它们都使用相同的L7协议（通常是

HTTP)，则 Ingress 方式最有用。如果使用本地 GCP 集成，则只需支付一台负载均衡器费用，并且是“智能”性 Ingress，可以获得许多开箱即用的功能（如 SSL、Auth、路由等）。

9.6　网络策略

NetworkPolicy 说明一组 Pod 之间是否被允许互相通信，以及如何与其他网络端点进行通信。NetworkPolicy 资源使用标签来选择 Pod，通过定义规则来指明允许什么流量可以进入选中的 Pod 中。

默认情况下，Pod 是未隔离的，可以从任何的源接收请求；一旦 Pod 设置网络策略后，Pod 就变成隔离的。一旦 Namespace 中配置的网络策略选中某 Pod，该 Pod 将拒绝任何该网络策略不允许的连接，其他未被网络策略选中的 Pod 将继续接收所有流量。

下面是一个 NetworkPolicy 的例子：

```
apiVersion:networking.kubernetes.io/v1
kind:NetworkPolicy
metadata:
    name:test-network-policy
    namespace:default
spec:
    podSelector:
        matchLabels:
            role:db
    ingress:
    - from:
        - namespaceSelector:
            matchLabels:
                project:myproject
        - podSelector:
            matchLabels:
                role:frontend
        ports:
        - protocol:TCP
            port:6379
```

注意　NetworkPolicy 是通过网络插件来实现的，所以必须使用一种支持 NetworkPolicy 的网络方案才能实现。

- spec：NetworkPolicy spec 具有在给定命名空间中定义特定网络的全部信息。
- podSelector：每个 NetworkPolicy 包含一个 podSelector，它可以选择一组 Pod 实施网络策略。由于 NetworkPolicy 当前只支持定义 Ingress 规则，podSelector 实际上为该策略定义了一组“目标 Pod”。示例中的 NetworkPolicy 选择标签为“role=db”的 Pod。一个空的 podSelector 选择该命名空间中的所有 Pod。

- ingress：每个NetworkPolicy包含了一个白名单Ingress规则列表。每个规则只允许能够匹配上from和ports配置段的流量。示例中的NetworkPolicy包含单个规则，从这两个源中匹配单个端口上的流量，第一个是通过namespaceSelector指定的，第二个是通过podSelector指定的。

因此，对于上面示例的NetworkPolicy：

1）在“default”命名空间中隔离了标签“role=db”的Pod。

2）在“default”命名空间中，允许任何具有“role=frontend”的Pod连接到标签为“role=db”的Pod的TCP端口6379。

3）允许在Namespace中任何具有标签“project=myproject”的Pod连接到“default”Namespace中标签为“role=db”的Pod的TCP端口6379。

通过创建一个可以选择所有Pod但不允许任何流量的NetworkPolicy，可以为一个Namespace创建一个“默认的”隔离策略，如下所示：

```
apiVersion: networking.kubernetes.io/v1
Kind: NetworkPolicy
Metadata:
    Name: default-deny
spec:
    podSelector:
```

这确保了即使是没有被任何NetworkPolicy选中的Pod，其仍然是被隔离的。

在命名空间中，如果允许所有流量进入所有Pod，可以通过创建一个策略来显式地指定允许所有流量：

```
apiVersion:networking.kubernetes.io/v1
kind:NetworkPolicy
metadata:
    name:allow-all
spec:
    podSelector:
    ingress:
    - {}
```

9.7 完整的Kubernetes服务发布实践

本章前几节介绍了在Kubernetes标准体系架构下的服务发布方式，各种服务发布的方式有其适用的场景，比如：

1）ClusterIP：是Kubernetes默认的服务发布方式，由于ClusterIP属于Kubernetes内部的虚拟网络IP地址，外部无法寻址，因此主要适用于Kubernetes集群内部的服务调用。

2）NodePort：NodePort是Kubernetes提供给集群外部客户访问服务的一种方式，用于弥补ClusterIP只供Kubernetes集群内部调用的不足。

3）LoadBalancer：类型为 LoadBalancer 的服务，也是提供给外部客户访问服务的一种方式，LoadBalancer 服务建立在 NodePort 服务的基础上，而且需要通过第三方平台创建负载均衡实例，并将每个 Node 节点加为该负载均衡的成员，这样负载均衡实例接收到请求后，会转发请求到各 Node 节点。

4）Ingress：一种基于 HTTP 方式的路由转发机制，会将外部的 HTTP 服务请求转发给内部的服务（ClusterIP、NodePort 或者 LoadBalancer）。这种方式的主要应用场景是使用户可以基于访问路径和子域名将流量路由到后端服务，避免暴露多个 IP 地址给外部。

为了让读者更深刻地理解 Kubernetes 体系中各服务之间的关系，现举例介绍一个更为复杂的应用场景。金融类应用对连续性、可靠性要求很高，需要双活部署在同城的两个数据中心，应用对外提供统一的服务地址。

虽然 Kubernetes 借助 Replicaset(或 ReplicationController) 天然支持 Pod 级别的高可用，但我们不能假定数据中心永远不会出问题，数据中心也可能遭遇区域断电、地震等大规模灾难。自 1.2 版本开始，Kubernetes 开始引入 Federation 提供跨集群的高可用，通过将不同 AZ、不同 Region 的 Kubernetes 集群组成同一个联邦，我们可以实现使 Kubernetes 满足生产系统的要求。

要实现上述应用场景的部署需求，采用如图 9-11 所示软件架构，底层 IaaS 采用 OpenStack 的双分区（Aviailablity Zone，AZ）部署架构，每个 AZ 部署一个完整的 Kubernetes 集群，Kubernetes 集群间形成 Kubernetes 联邦集群，PaaS 集群管理平台中的 Federation API Server 作为 Kubernetes 集群联邦统一的面向用户的管理接口，接受用户对各类 Kubernetes 对象的增、删、改、查处理要求，并根据 PaaS 集群管理平台内的调度器和控制器的控制指令，将分布在全球各地的服务请求转发至 Kubernetes 集群。

1. Cluster Controller

集群要加入联邦，首先要通过 Federation API Server 创建 Kubernetes 集群对象，集群控制器负责针对 Kubernetes 集群做健康检查。

2. Federation Replicaset Controller

Federation Replicaset Controller 负责将用户定义的 Replicaset，依据特定的调度算法，转发至目标 Kubernetes 集群。当用户定义了 Replicaset，包括 Replica、Pod、Container 等信息，可以通过 Annotation 指定该 Replicaset 在每个目标 Kubernetes 集群要部署的副本数量。如果未指定，那么该 Replicaset 会被平均分配到每个 Kubernetes 集群中。

Federation Replicaset Controller 同时会监控每个集群中 Replicaset 的状态，确保所有集群中的 Pod 副本总和与用户期望吻合，并承担弹性伸缩或者故障迁移等职责。

3. Federation ServiceController

Federation Service Controller 负责将用户定义的 Service spec 转发到所有状态正常的 Kubernetes 集群中（Replicaset Controller 是依据调度算法调度，Service 和 Ingress 不涉及调度）。

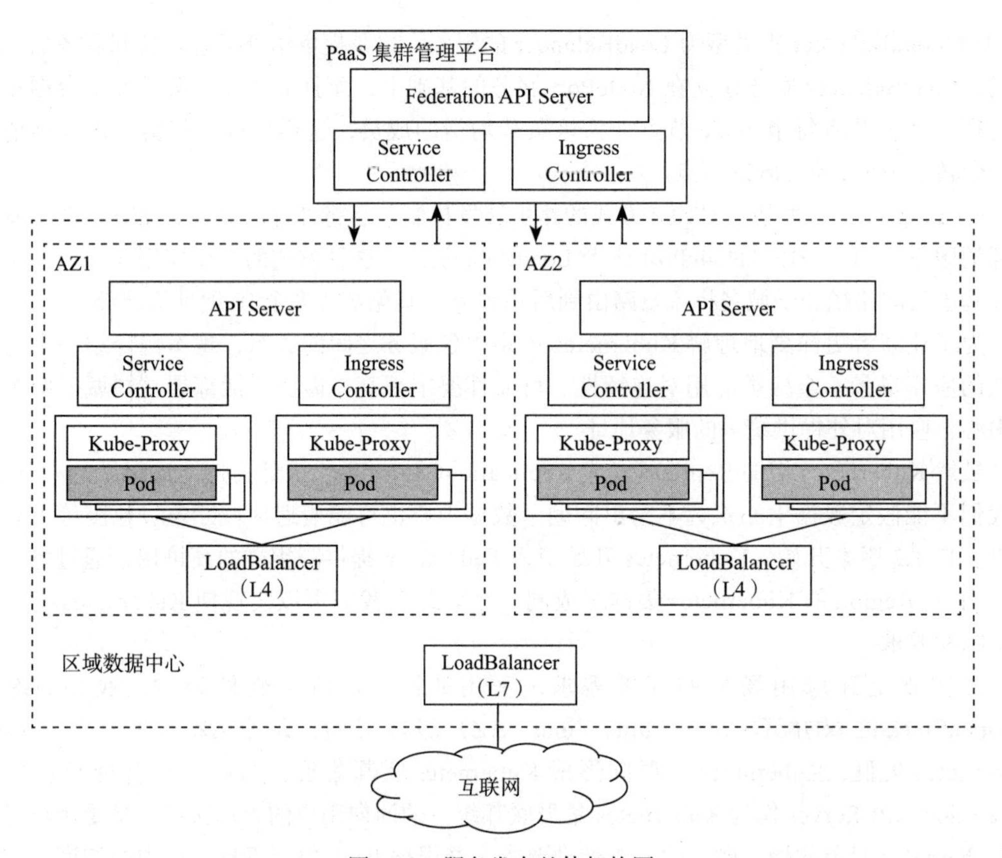

图9-11 服务发布整体架构图

每个Kubernetes集群的Service Controller接收到Service创建或更新事件后，如果该服务类型为LoadBalancer，则调用OpenStack负载均衡服务为其负载均衡外部访问IP，并将状态汇报给Kubernetes集群联邦。

Federation Service Controller承担更多的监控和协调职责，包括：

- 监控所有Kubernetes集群的Service状态，如果LoadBalancer IP发生变化，则更新Federation API Server。
- 监控所有Kubernetes集群中Service对应的Endpoint信息。

图9-12展示了集群拓扑下，服务创建的流程。

9.7.1 各Kubernetes集群LoadBalancer服务发布

每个Kubernetes的管理节点中都有Controller Manager，其内部都包含Service Controller模块，Service Controller负责监控Service的变化，如果发生变化的Service是LoadBalancer类型的，则Service Controller确保外部的LoadBalancer被成功地创建和删除。Service Controller定期检查集群的Service，确保相应的外部LoadBalancer存在。Service

Controller 定期检查集群 Node 节点的状态，确保外部 LoadBalancer 被更新。

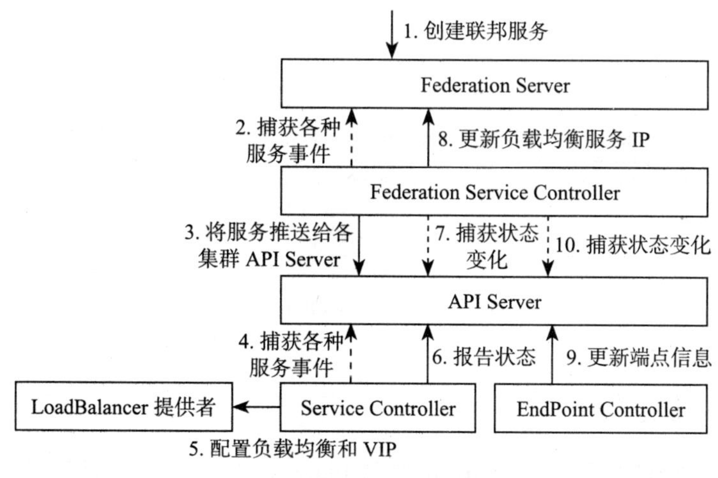

图 9-12 服务创建流程

图 9-13 展示的是当 Service Controller 模块调用 OpenStack 负载均衡服务时的业务处理流程。每个 Kubernetes 集群为每个 OpenStack 的 AZ 区域创建一个负载均衡实例，并接收 Service Controller 的配置。

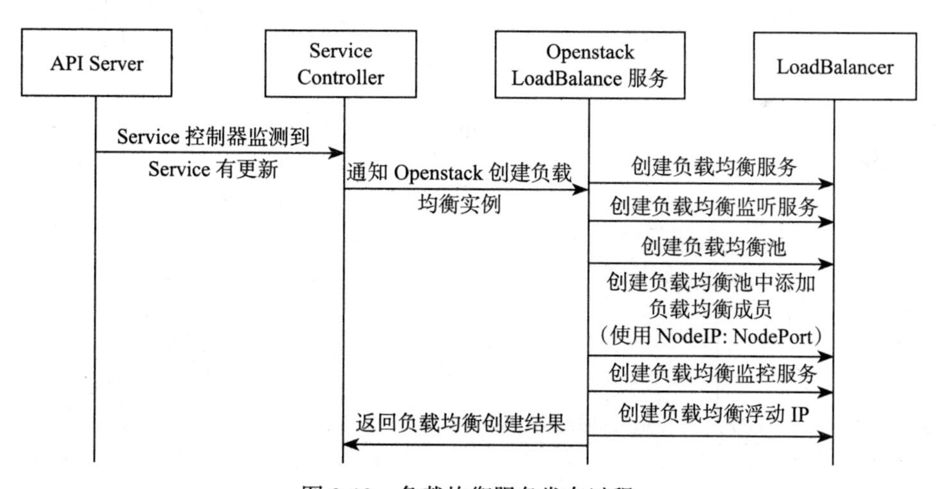

图 9-13 负载均衡服务发布过程

最终，每个 Service Controller 成功创建一个负载均衡池实例（通过 LoadBalancer 服务对象的创建接口来指定服务均衡的对外访问接口，并将 Kubernetes 集群所创建的 NodePort 服务端点（各 Node 节点的 NodeIP：NodePort）以负载均衡成员的方式加入）。

如图 9-14 所示，这种配制方式可确保业务请求能根据负载均衡实例配置规则跳转到 Kubernetes 各 Node 节点的 NodePort 端口。

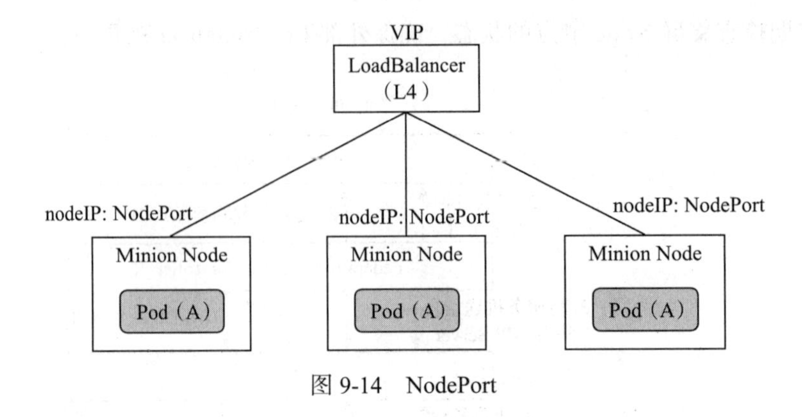

图 9-14　NodePort

9.7.2　Ingress 服务发布

用户通过向API服务器提交请求创建Ingress对象，而我们需要对应的Ingress Controller来操作Ingress对象，以实现Loadbalancer的配制。

因为流量管理的需要，我们采用两层LB设备的拓扑结构，如图9-15所示：每个集群内的本地负载均衡，在此之上还有区域负载均衡（Region load balancer）。其中本地负载均衡承担Kubenretes LoadBalancer服务的实施，区域负载均衡承担Kubernetes Ingress服务的实施，针对同一应用，所有的本地负载均衡的VIP都作为区域负载均衡池的成员（member）。

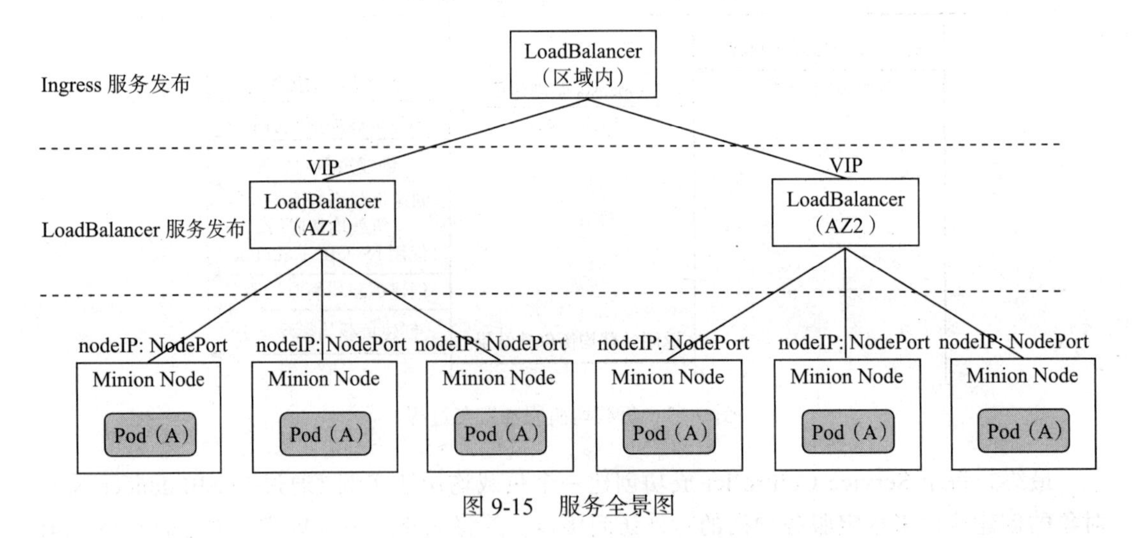

图 9-15　服务全景图

基于此拓扑，我们采用自己实现的Ingress Controller来监控Ingress对象，针对任何Ingress的创建和更新，查找对应的本地负载均衡VIP，并且将这些VIP作为区域负载均衡的成员，创建区域负载均衡服务的配制。

9.7.3 服务发现

假定我们在 Kubernetes 集群中部署了一个 Web 服务，在集群联邦的视角下，一个来自互联网的访问，经历如下转发最终到达应用本身，如图 9-16 所示。

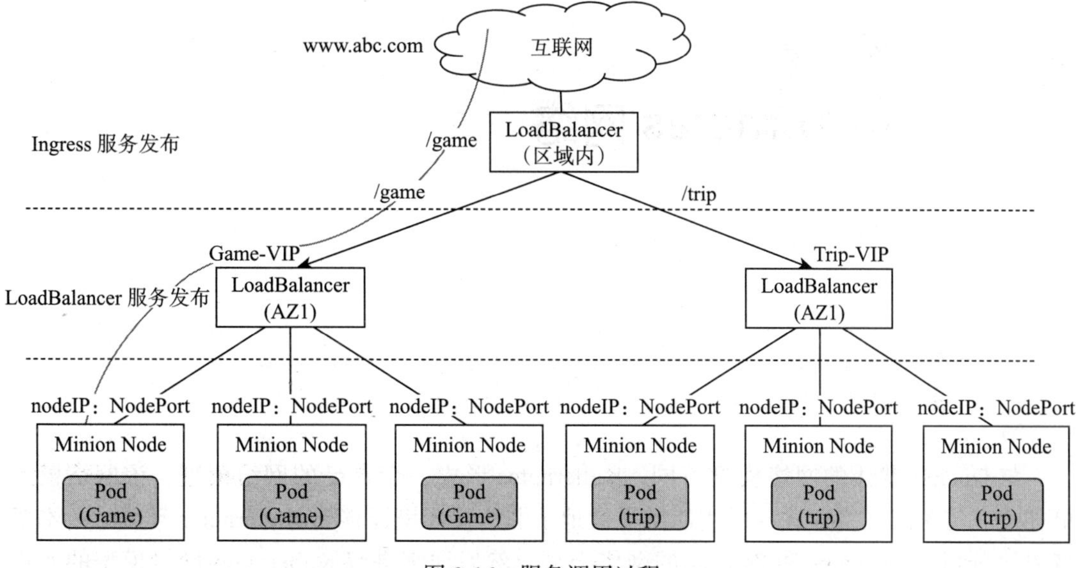

图 9-16 服务调用过程

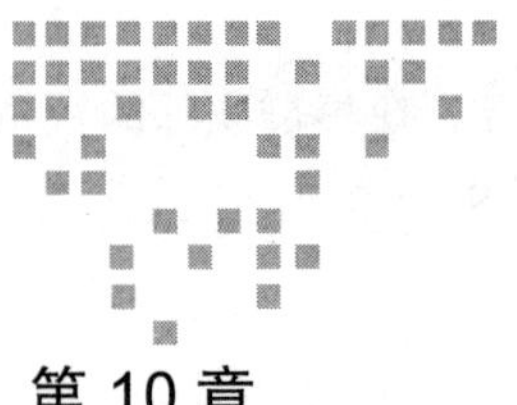

Chapter 10 第 10 章

Kubernetes 网络

与 Docker 默认的网络模型不同，Kubernetes 形成一套自己的网络模型，该网络模型更加适应传统的网络模式，应用能够平滑地从非容器环境迁移到 Kubernetes 环境中。本章将对比分析 Kubernetes 和 Docker 的网络模型，然后详细讲解 Kubernetes 网络模型的实现细节。

自从 Docker 容器出现，容器的网络通信一直是众人关注的焦点，而容器的网络方案又可以分为两大部分：1）单主机的容器间通信；2）跨主机的容器间通信。本章及后续章节分别针对这两大部分进行详细介绍，以帮助大家更好地使用 Docker。

10.1 单主机 Docker 网络通信

利用 Net Namespace 可以为 Docker 容器创建隔离的网络环境，容器具有完全独立的网络栈，与宿主机隔离。也可以使 Docker 容器共享主机或者其他容器的网络命名空间，基本可以满足开发者在各种场景下的需要。

我们在使用 docker run 创建 Docker 容器时，可以用 --net 选项指定容器的网络模式。Docker 有以下 4 种网络模式：

1）host 模式，使用 `--net=host` 指定，不支持多主机。

2）container 模式，使用 `--net=container:NAME_or_ID` 指定，不支持多主机。

3）none 模式，使用 `--net=none` 指定，不支持多主机。

4）bridge 模式，使用 `--net=bridge` 指定，默认设置，不支持多主机。

下面分别介绍 Docker 的各个网络模式。

10.1.1 Host 模式

启动容器的时候使用Host模式，那么该容器将不会获得一个独立的Network Namespace，而是与宿主机共用一个Network Namespace，因此容器将不会虚拟自己的网卡、配置自己的IP等，而是使用宿主机的IP和端口。

采用Host模式（如图10-1所示）的容器，可以直接使用宿主机的IP地址与外界进行通信，无需额外进行NAT转换。由于容器通信时，不再需要通过Linux Bridge等方式转发或者数据包的拆封，性能上有很大优势。当然，Host模式有利也有弊，主要包括以下缺点：

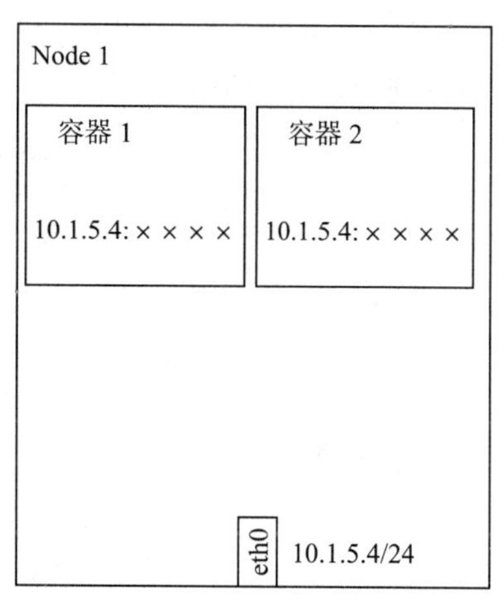

图 10-1　Host 模式

1）容器没有隔离、独立的网络栈。容器因与宿主机共用网络栈而争抢网络资源，并且容器崩溃也可能导致宿主机崩溃，这在生产环境中是不允许发生的。

2）容器不再拥有所有的端口资源，因为一些端口已经被宿主机服务、Bridge模式的容器端口绑定等其他服务占用了。

例如，在10.1.5.4/24的机器上使用Host模式启动含有Web应用的Docker容器，监听TCP80端口。在容器中执行ifconfig命令查看网络环境时，显示的都是宿主机上的信息。外界使用10.1.5.4:80将可直接访问容器中的应用，不用任何NAT转换。需要补充说明的是，Host模式下的容器仅仅是网络命名空间与主机相同，但容器的文件系统、进程列表等还是和与宿主机隔离的。

```
#docker run -tid --net=host --name dockerhost1 ubuntu-base:v3
#docker run -tid --net=host --name dockerhost2 ubuntu-base:v3

#docker exec -ti dockerhost1 /bin/bash
#docker exec -ti dockerhost2 /bin/bash

#ifconfig –a
#route –n
```

10.1.2 Container 模式

Container模式（如图10-2所示）是一种特殊的网络模式。该模式下的容器使用其他容器的网络命名空间，网络隔离性会处于Bridge模式与Host模式之间。也就是说，当容器与其他容器共享网络命名空间时，这两个容器间不存在网络隔离，但它们与宿主机及其

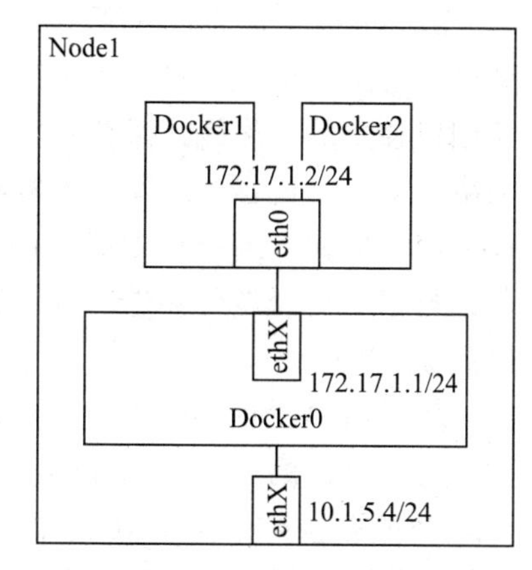

图 10-2　Container 模式

他容器又存在网络隔离。

Container模式的容器可以通过localhost来与同一网络命名空间下的其他容器通信，传输效率高。这种模式节约了一定数量的网络资源，但并没有改变容器与外界的通信方式。在Kubernetes体系架构下引入Pod概念，Kubernetes为Pod创建一个基础设施容器，同一Pod下的其他容器都以Container模式共享这个基础设施容器的网络命名空间，相互之间以localhost访问，构成一个统一的整体。

```
#docker run -tid --net=container:docker_bri1 --name docker_con1 ubuntu-base:v3
#docker exec -ti docker_con1 /bin/bash
#docker exec -ti docker_bri1 /bin/bash

#ifconfig —a
#route -n
```

10.1.3 None模式

与前两种不同，None模式（如图10-3所示）的Docker容器拥有自己的Network Namespace，但并不为Docker容器进行网络配置。也就是说，该Docker容器没有网卡、IP、路由等信息。需要用户为Docker容器添加网卡、配置IP等。

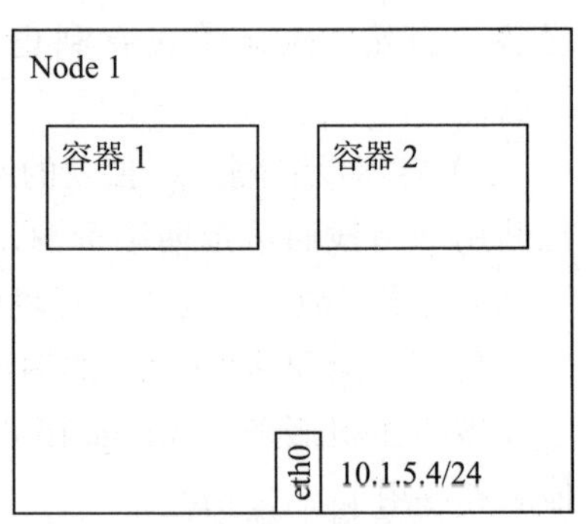

图10-3 None模式

```
#docker run -tid --net=none --name docker_non1 ubuntu-base:v3
#docker exec -ti docker_non1 /bin/bash

#ifconfig —a
#route -n
```

10.1.4 Bridge模式

Bridge模式是Docker默认的网络模式，也是开发者最常使用的网络模式。在这种模式下，Docker为容器创建独立的网络栈，保证容器内的进程使用独立的网络环境，实现容器之间、容器与宿主机之间的网络栈隔离。同时，通过宿主机上的Docker0网桥，容器可以与宿主机乃至外界进行网络通信。其网络模型可以参考图10-4。

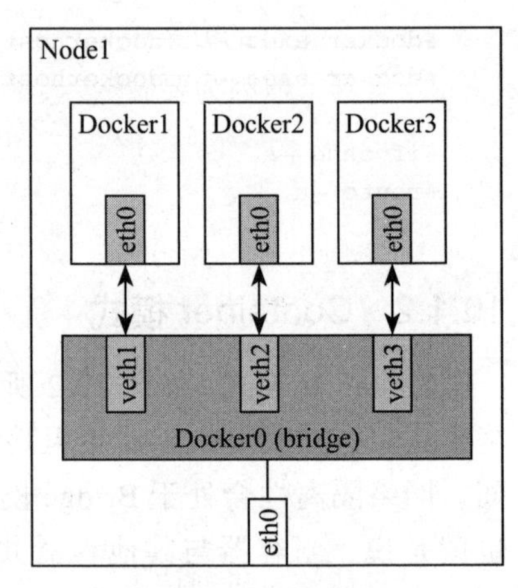

图10-4 Bridge模式

从图10-4的网络模型可以看出，容器是可以与宿主机乃至外界的其他机器通信的。同一宿主机上，容器之间都是连接在Docker0这个网桥上，Docker0作为虚拟交换机使容器间相互通信。但是，由于宿主机的

IP 地址与容器 veth pair 的 IP 地址均不在同一个网段，故仅仅依靠 veth pair 和 NameSpace 的技术并不足以使宿主机以外的网络主动发现容器的存在。Docker 采用了端口绑定的方式（通过 iptables 的 NAT），将宿主机上的端口流量转发到容器内的端口上，这样一来，外界就可以与容器中的进程进行通信。

举个简单的例子，使用如下命令创建容器，并将宿主机的 3306 端口绑定到容器的 3306 端口：

```
docker run -tid --name db -p 3306:3306 mysql
```

在宿主机上，可以通过“iptables -t nat -L –n”，查到一条 DNAT 规则：

```
DNAT tcp -- 0.0.0.0/0 0.0.0.0/0 tcp dpt:3306 to:172.17.0.5:3306
```

上面的 172.17.0.5 即为 Bridge 模式下创建的容器 IP。

显然，Bridge 模式的容器与外界通信时，必定会占用宿主机上的端口，从而与宿主机竞争端口资源，这会造成对宿主机端口管理很复杂。同时，由于容器与外界通信是基于三层上 iptables NAT，性能和效率损耗是显而易见的。

10.1.5　基础网络模型的优缺点分析

在宿主机上虚拟一个 Docker 网桥（Docker0，使用 Linux 桥接实现），Docker 启动一个容器时会根据 Docker 网桥的网段分配容器的 IP，同时每个容器的默认网关是 Docker 网桥地址。在同一宿主机内的容器都接入同一个网桥，因此容器之间可通过容器的 IP 地址直接通信，Docker 网桥是宿主机虚拟出来的内部网络设备，外部无法直接访问容器。如果希望外部网络可访问容器，就需要通过映射容器端口到宿主机端口（端口映射），即使用 docker run 创建容器时通过 -P 或 -P 参数来启用，访问容器的时候通过“[宿主机 IP] : [容器端口]”访问。

端口映射通过在 iptables 的 NAT 表中添加相应的规则，称之为 NAT 方式。在早期组建 Docker 机器集群的方案中，往往是选择 NAT 方式的网络模型。这种网络模型对使用的便利性是有意义的，但因为要做端口映射，这会限制宿主机的能力，在容器编排上也增加了复杂度。

端口是一个稀缺资源，这就需要解决端口冲突和动态分配端口问题。这不但使调度复杂化，而且应用程序的配置也将变得复杂，具体表现为端口冲突、重用和耗尽。

NAT 将地址空间分段的做法引入了额外的复杂度。比如容器中应用所见的 IP 并不是对外暴露的 IP，因为网络隔离，容器中的应用实际上只能检测到容器的 IP，但是需要对外宣称的则是宿主机的 IP，这种信息的不对称将带来诸如破坏自注册机制等问题。

10.2　跨主机 Docker 网络通信

常见的跨主机通信方案主要有以下几种：

- **Host 模式**：容器直接使用宿主机的网络，这样天生就可以支持跨主机通信。这种方式虽然可以解决跨主机通信问题，但应用场景很有限，容易出现端口冲突，也无法做到隔离网络环境，一个容器崩溃很可能引起整个宿主机的崩溃。
- **端口绑定**：通过绑定容器端口到宿主机端口，跨主机通信时使用“主机 IP+ 端口”的方式访问容器中的服务。显然，这种方式仅能支持网络栈的 4 层及以上的应用，并且容器与宿主机紧耦合，很难灵活地处理问题，可扩展性不佳。
- **定义容器网络**：使用 Open vSwitch 或 Flannel 等第三方 SDN 工具，为容器构建可以跨主机通信的网络环境。这类方案一般要求各个主机上的 Docker0 网桥的 cidr 不同，以避免出现 IP 冲突的问题，限制容器在宿主机上可获取的 IP 范围。并且在容器需要对集群外提供服务时，需要比较复杂的配置，对部署实施人员的网络技能要求比较高。

容器网络发展到现在，形成了两大阵营：1）Docker 的 CNM；2）Google、CoreOS、Kuberenetes 主导的 CNI。注意，CNM 和 CNI 是网络规范或者网络体系，并不是网络实现，因此并不关心容器网络的实现方式（Flannel 或者 Calico 等），CNM 和 CNI 关心的只是网络管理。

CNM（Container Network Model）：CNM 的优势在于原生，容器网络和 Docker 容器生命周期结合紧密；缺点是被 Docker“绑架”。支持 CNM 网络规范的容器网络实现包括：Docker Swarm overlay、Macvlan & IP networkdrivers、Calico、Contiv、Weave 等。

CNI（Container Network Interface）：CNI 的优势是兼容其他容器技术（如 rkt）及上层编排系统（Kubernetes&Mesos），而且社区活跃势头迅猛；缺点是非 Docker 原生。支持 CNI 网络规范的容器网络实现包括：Kubernetes、Weave、Macvlan、Calico、Flannel、Contiv、Mesos CNI 等。

但从网络实现角度，又可分为：

1）隧道方案：隧道方案在 IaaS 层的网络中应用也比较多，它的主要缺点是随着节点规模的增长复杂度会提升，而且出了网络问题后跟踪起来比较麻烦，大规模集群情况下这是需要考虑的一个问题。

- Weave：UDP 广播，本机建立新的 BR，通过 PCAP 互通。
- Open vSwitch（OVS）：基于 VxLan 和 GRE 协议，但是性能方面损失比较严重。
- Flannel：UDP 广播，VxLan。
- Racher：IPsec。

2）路由方案：一般是基于 3 层或者 2 层实现网络隔离和跨主机容器互通的，出了问题也很容易排查。

- Calico：基于 BGP 协议的路由方案，支持很细致的 ACL 控制，对混合云亲和度比较高。
- Macvlan：从逻辑和 Kernel 层来看，是隔离性和性能最优的方案。基于二层隔离，所以需要二层路由器支持，大多数云服务商不支持，所以混合云上比较难以实现。

由于多机网络方案众多，很难一一介绍，下面主要介绍几个主流的网络方案。

10.2.1 Flannel 网络方案

Flannel 是由 CoreOS 维护的一个虚拟网络方案，由 Golang 语言编写，是 Kubernetes 默认的网络。Flannel 之所以可以搭建 Kubernetes 依赖的底层网络，是因为：

1）它为每个 Node 上的 Docker 容器分配互不冲突的 IP 地址。

2）它能为这些 IP 地址之间建立一个叠加网络，通过叠加网络将数据包原封不动地传递到目标容器内。

Flannel 设计目的是为集群中的所有节点重新规划 IP 地址的使用规则，从而使得不同节点上的容器能够获得同属一个内网且不重复的 IP 地址，并让属于不同节点上的容器能够直接通过内网 IP 通信。

Flannel 实质上是一种叠加网络（Overlay Network），也就是将 TCP 数据包装在另一种网络包里面进行路由转发和通信，目前已经支持 UDP、vxlan、host-gw、aws-vpc、gce 和 alloc 路由等数据转发方式，默认的节点间数据通信方式是 UDP 转发。Flannel 网络模型如图 10-5 所示。

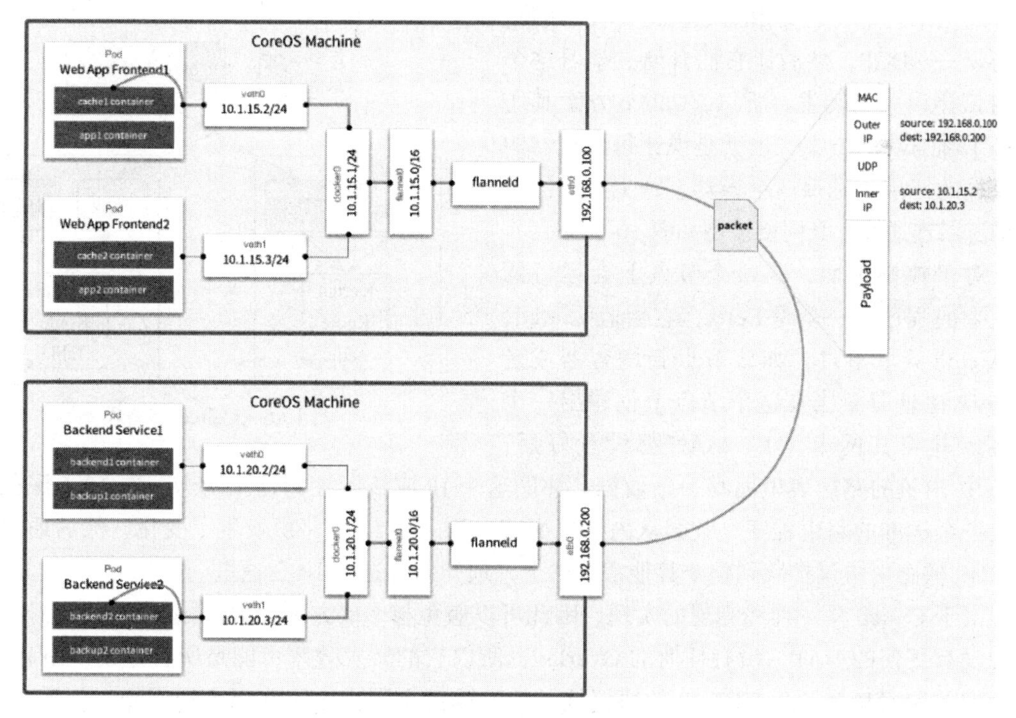

图 10-5 Flannel 网络模型

一条网络报文从一个容器发送到另外一个容器需要经过如下过程：

1）容器直接使用目标容器的 IP 访问，默认通过容器内部的 eth0 发送出去。

2）报文通过 veth pair 被发送到 vethXXX。

3）vethXXX 是直接连接到虚拟交换机 Docker0 的，报文通过虚拟 bridge Docker0 发送出去。

4）查找路由表，外部容器 IP 的报文都会转发到 flannel0 虚拟网卡，这是一个 P2P 的虚拟网卡，然后报文就被转发到监听在另一端的 flanneld。

5）flanneld 通过 etcd 维护了各个节点之间的路由表，把原来的报文 UDP 封装一层，通过配置的 iface 发送出去。

6）报文通过主机之间的网络找到目标主机。

7）报文继续往上送，到达传输层，交给监听在 8285 端口的 flanneld 程序处理。

8）数据被解包，然后发送给 flannel0 虚拟网卡。

9）查找路由表，发现对应容器的报文要交给 Docker0。

10）Docker0 找到连到自己的容器，把报文发送过去。

10.2.2 Calico 网络方案

Calico 把每个操作系统的协议栈当作一个路由器，然后认为所有的容器是连在这个路由器上的网络终端，在路由器之间运行标准的路由协议——BGP，然后让它们自己去学习这个网络拓扑该如何转发。所以，Calico 方案其实是一个纯三层的方案，也就是说让每台机器的协议栈的三层去确保两个容器、跨主机容器之间的三层连通性。其网络模型如图 10-6 所示。

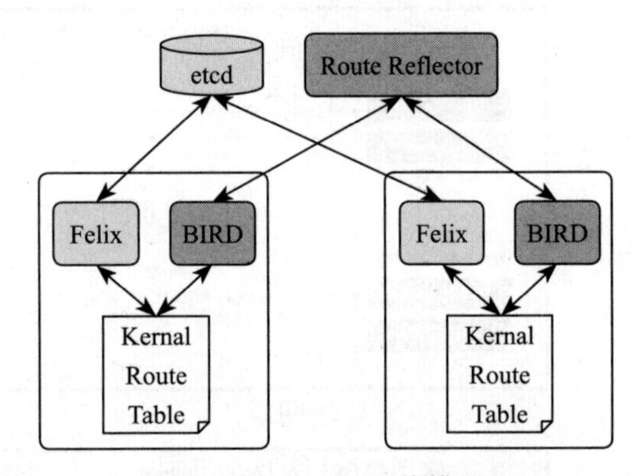

图 10-6 Calico 网络模型

对于控制平面，其每个节点上会运行两个主要的程序，一个是 Felix，它会监听 etcd，并从 etcd 获取事件，如该节点新增容器或者增加 IP 地址等。当在这个节点上创建出一个容器，并将其网卡、IP、MAC 都设置好后，Felix 在内核的路由表里面写一条数据，注明这个 IP 应该配置到这张网卡。图 10-6 深色部分是一个标准的路由程序，它会从内核里面获取哪一些 IP 的路由发生了变化，然后通过标准 BGP 的路由协议扩散到整个其他宿主机上，通知外界这个 IP 在这里。

由于 Calico 是一种纯三层的实现，因此可以避免与二层方案相关的数据包封装的操作，中间没有任何的 NAT，没有任何的 Overlay，所以它的转发效率可能是所有方案中最高的。因为它的包直接走原生 TCP/IP 的协议栈，它的隔离也因为这个栈而变得好做。因为 TCP/IP 的协议栈提供了一整套的防火墙规则，所以它可以通过 iptables 的规则达到比较复杂的隔离逻辑。

Calico 实现方案

Calico 的实现方案如图 10-7 所示。

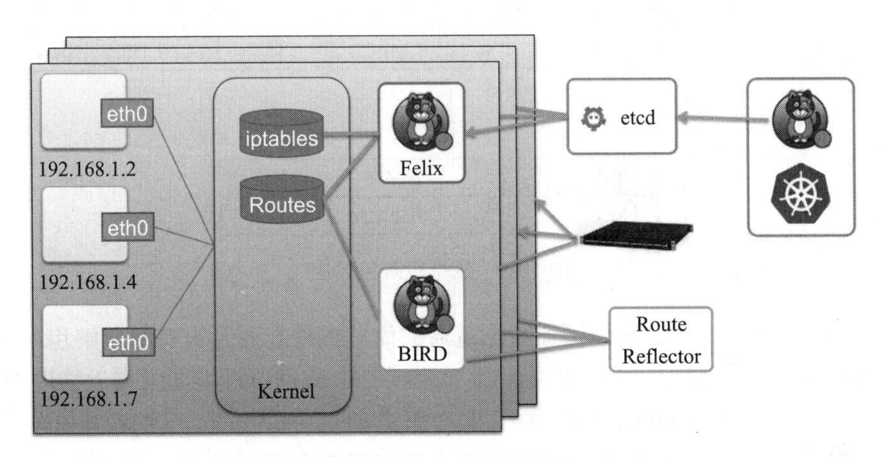

图 10-7　Calico 实现方案

如图 10-7 所示，Calico 的核心组件包括：Felix、etcd、BGP Client（BIRD）、BGP Route Reflector。

- Felix，即 Calico 代理，“跑”在 Kubernetes 的 Node 节点上，主要负责配置路由及 ACL 等信息来确保 Endpoint 的连通状态。
- etcd，分布式键值存储，主要负责网络元数据一致性，确保 Calico 网络状态的准确性，可以与 Kubernetes 共用。
- BGP Client（BIRD），主要负责把 Felix 写入 Kernel 的路由信息分发到当前 Calico 网络，确保 workload 间通信的有效性。
- BGP Route Reflector，大规模部署时使用，摒弃所有节点互联的 Mesh 模式，通过一个或者多个 BGP Route Reflector 来完成集中式路由分发。

通过将整个互联网的可扩展 IP 网络原则压缩到数据中心级别，Calico 在每一个计算节点利用 Linux Kernel 实现了一个高效的 vRouter 来负责数据转发，而每个 vRouter 通过 BGP 协议把在其上运行的容器的路由信息向整个 Calico 网络内传播，小规模部署可以直接互联，大规模下可通过指定的 BGP Route Reflector 来完成。这样保证最终所有的容器间的数据流量都是通过 IP 包的方式完成互联的。图 10-8 所示为 Calico 方案下数据流的传播。

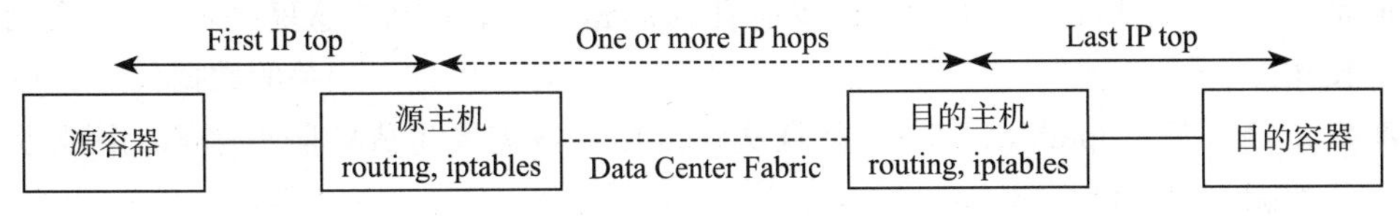

图 10-8　Calico 数据流

Calico 节点组网可以直接利用数据中心的网络结构（无论是 L2 或者 L3），不需要额外的NAT、隧道或者Overlay Network。图10-9为Calico方案下数据包的解包过程。

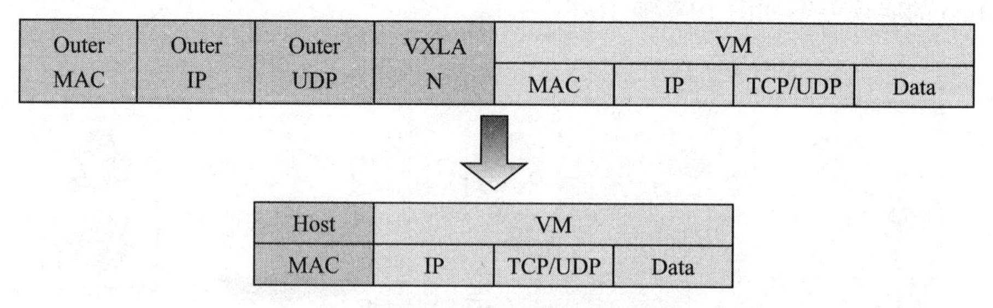

图10-9 数据包解包过程

如图10-9所示，这个方案能保证数据流通的简单可控，而且没有封包解包，节约CPU计算资源的同时提高了整个网络的性能。实验测试Calico网络性能非常接近物理机的性能。

此外，Calico基于iptables还提供了丰富而灵活的网络策略，保证通过各个节点上的ACL来提供Workload的多租户隔离、安全组以及其他可达性限制等功能，如图10-10所示。

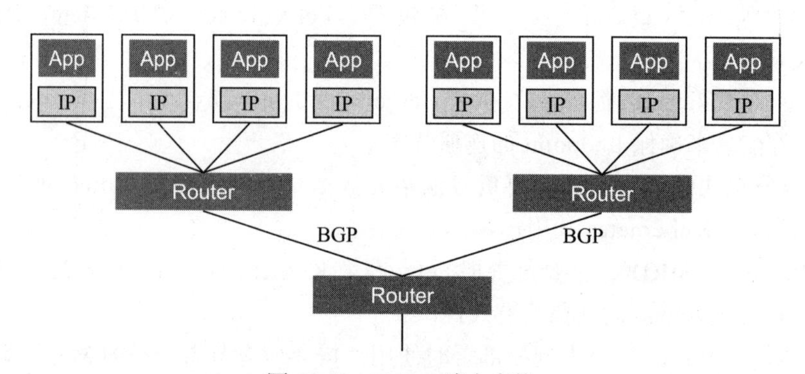

图10-10 Calico路由交换

从上面的通信过程来看，跨主机通信时整个通信路径完全没有使用NAT或者UDP封装，性能上的损耗确实比较低，如图10-11所示。但正是由于Calico的通信机制是完全基于三层的，这种机制也带来了一些缺陷，例如：

- Calico目前只支持TCP、UDP、ICMP、ICMPv6协议，如果使用其他四层协议（如NetBIOS协议），建议使用Weave、原生叠加等其他叠加网络实现。
- 基于三层实现通信，在二层上没有任何加密包装，因此只能在私有的可靠网络上使用。
- 流量隔离基于iptables实现，并且从etcd中获取需要生成的隔离规则，因此会有一些性能上的隐患。

每个主机上都部署了Calico/Node作为虚拟路由器，并且可以通过Calico将宿主机组织成任意的拓扑集群。当集群中的容器需要与外界通信时，就可以通过BGP协议将网关物理路由器加入到集群中，使外界可以直接访问容器 IP，而不需要做任何 NAT 之类的复杂操作。

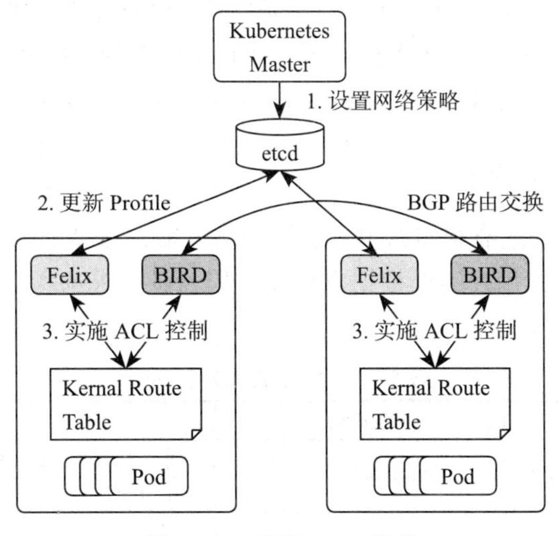

图 10-11 下发 ACL 规则

10.2.3 利用 Kuryr 整合 OpenStack 与 Kubernetes 网络

Kubernetes Kuryr 是 OpenStack Neutron 的子项目，其主要目标是通过该项目来整合 OpenStack 与 Kubernetes 的网络。该项目在 Kubernetes 中实现了原生 Neutron-based 的网络，因此使用 Kuryr 可以让 OpenStack VM 与 Kubernetes Pod 能够选择在同一个子网上运作，并且能够使用 Neutron 的 L3 与 Security Group 来对网络进行路由，以及阻挡特定来源的 Port。图 10-12 给出了 Kuryr 的架构。

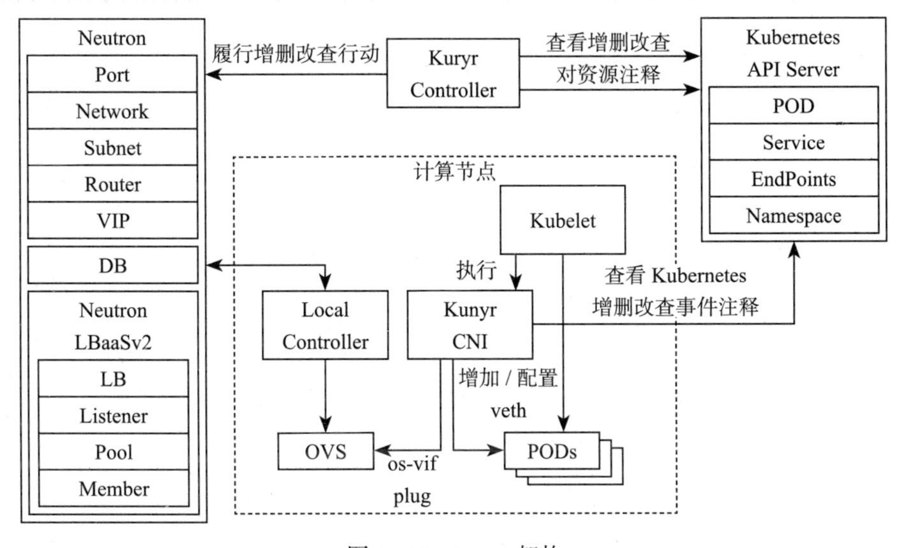

图 10-12 Kuryr 架构

Kuryr 架构有两个主要组成部分：

Kuryr Controller：Controller 的主要作用是监控 Kubernetes API 从而获取 Kubernetes 资源的变化，然后依据 Kubernetes 资源的需求来执行子资源的分配和资源管理。

Kuryr CNI：主要是依据 Kuryr Controller 分配的资源来绑定网络至 Pod 上。

10.2.4 网络方案对比分析

除了前文介绍的以外还有很多跨节点容器网络方案，如 Weave、MACVlan 等。每种网络解决方案各有优缺点，用户需要根据自身的应用场景需求选择合适的网络解决方案。网络方案对比分析如表 10-1 所示。

表 10-1 网络方案对比分析

	Flannel	Calico	Kuryr	原生叠加网络
网络模型	vxlan 或 UDP 隧道	三层路由模型	可选（vxlan、vlan、flat）	vxlan
性能	尚可	高	高	尚可
协议支持	所有	TCP、UDP、ICMP 等	所有	所有
适用场景	单租户，中低性能场景、小容量	高性能、小容量、私有网	大规模、高性能、大容量、私有云	中小型容量
多租户	或许	不支持	支持	或许
优势	部署简单，性能尚可	性能好、可控性高、隔离好	性能好、可控性高、隔离好	原生，兼容性好
劣势	性能不高；隔离性差；无法实现 IP 不变的 Pod 跨主机漂移；无法实现多子网隔离	操作难度高；对 underlay 网络有要求；很多公有云不支持	复杂度高；依赖 Openstack	内核版本要求高（>3.16）；依赖 Docker Deamon；性能有待提高；开启多租户功能，增大网络开销

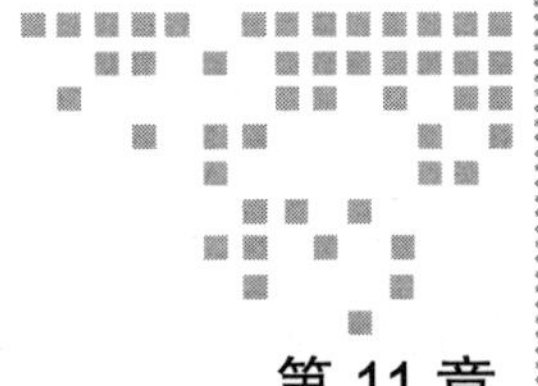

第 11 章 Chapter 11

Kubernetes 存储

在 Docker 的设计实现中，容器中的数据是临时性的，当容器销毁或重新启动时存储在容器内部的数据将会全部丢失，但实际上很多容器化应用是需要持久化保存的数据，这就需要使用 Docker 数据卷挂载宿主机上的文件或者目录到容器中以保证数据的持久化存储。在 Kubernetes 中 Pod 重建如同 Docker 销毁一样，数据就会丢失，Kubernetes 也通过挂载数据卷方式为 Pod 数据提供持久化能力，这些数据卷以 Pod 为最小单位进行存储，通过共享存储或分布式存储在各个 Pod 之间实现共享。

11.1 存储使用场景

Kubernetes 是由 Master 节点及 Node 节点组成的，在 Master 节点中通过 etcd 存储了 Kubernetes 集群的节点信息、Pod 信息、容器信息、配置信息。Node 节点主要对外提供容器服务，下面着重描述 Node 节点与存储相关的内容。

Kubernetes 以 Pod 为单位对外提供容器服务，真正的服务是通过 Service 进行访问的。Kubernetes 中的服务按类型分成三种：无状态服务（stateless）、普通有状态服务、有状态集群服务。

无状态服务：这种服务是不需要持久化存储的，即使 Pod 重建也不会受影响，只要确保服务的可靠性便可，Kubernetes 通过 ReplicationSet 来保证某个服务的实例数量。如果 Pod 由于某种原因崩溃或挂起，ReplicationSet 会用这个 Pod 的模板再重新生成一个一模一样的 Pod。

普通有状态服务：这类服务需要保留服务的状态，通常通过 Kubernetes 提供的 Volume

及 Persistent Volume、Persistent Volume Claim 来保存状态。

有状态的集群服务：这类服务除了保存服务状态的同时还需要提供集群管理的功能，集群管理过程中也涉及临时数据的保存、集群内数据共享等。

另外，Kubernetes 中 Pod 的创建、调度管理都是通过 yaml 文件实现的，因此还涉及 yaml 配置文件的保存。为了安全起见 Kubernetes 还支持 HTTPS 访问，但需要存储证书进行认证。

因此，Kubernetes 中涉及存储的主要使用场景包括：

- 容器集群相关配置信息及运行时信息保存，这类信息存储在 etcd 中。
- 服务的基本配置文件及证书文件。
- 服务的状态存储、数据存储信息。
- 集群内不同服务交换共享的数据信息。

11.2 文件存储的几种形式

除了容器集群管理相关的配置信息保存在 etcd 之外，Kubernetes Node 节点的存储形式还有多种，具体如图 11-1 所示。

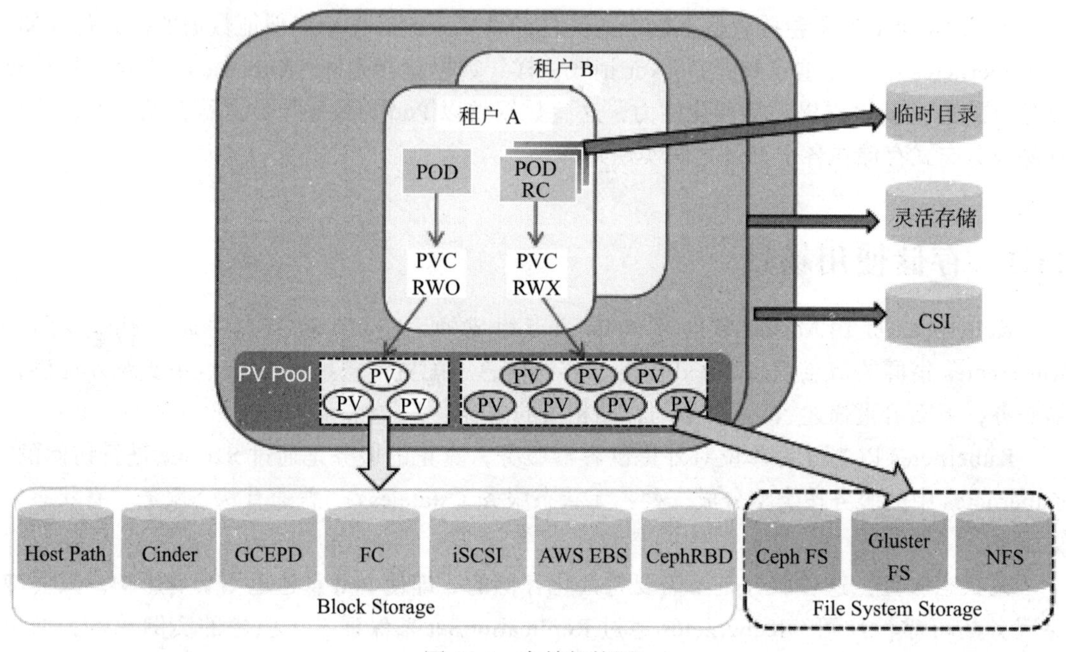

图 11-1 存储架构图

■ 临时文件形式：同一个 Pod 内不同容器间通过共享内存方式访问，会创建一个空目录，交换完信息后会删除这个空目录。

■ HostPath 方式：同一个 Node 内不同的 Pod 间进行信息共享使用 HostPath 方式。如果 Pod 配置了 EmptyDir 数据卷，则它在 Pod 的生命周期内都会存在。当 Pod 被分配到 Node 上的时候，会在 Node 上创建 EmptyDir 数据卷，并挂载到 Pod 的容器中。
■ PV 及 PVC：Kubernetes 的持久化存储机制的核心是 PV（Persistent Volume）、PVC（Persistent Volume Claim）。PV 是 Volume 插件，关联到真正的后端存储系统，PVC 是从 PV 中申请资源，而不需要关心存储的提供方。PVC 和 PV 的关系就如同 Pod 和 Node 一样，Pod 是消费 Node 提供的资源，PVC 是消费 PV 提供的存储资源。PVC 和 PV 通过匹配完成绑定关系，PVC 可以被 Pod 里的容器挂载。
■ 网络方式：不同 Node 节点之间的数据共享通过网络方式使用，通常采用分布式存储方式。开源的分布式文件系统比较流行的选择有 GlusterFS 和 Ceph，还有一些其他的分布式文件系统选择。这里对 GlusterFS 和 Ceph 做一个简单对比，如表 11-1 所示。

表 11-1 GlusterFS 和 Ceph 的简单对比

存储技术	GlusterFS	Ceph
共同特性	纵向扩展和横向扩展能力	
	高可用性	
	硬件兼容性（能运行 Linux）	
	去中心化，改善冗余性	
系统兼容性	POSIX（Linux）	对象存储（异构系统友好）
复杂度	相对简单	比较复杂
可靠性方案	镜像提供可靠性	多副本提供可靠性
适合场景	适合大文件	适合小文件

通过表 11-1 的比较，用户可以结合自己的场景选择合适的分布式存储实现方案。
■ 自定义插件方式：Kubernetes 提供了丰富的 Volume 的插件来进行存储管理，已经支持的存储管理插件如表 11-2 所示。

表 11-2 存储管理插件

临时	本地	网络持久化	其他
空目录	Host path Git repo Local Secret ConfigMap DownloadAPI	AWS Azure vSphere Ceph FS&RDB GlusterFS iSCSI Cinder	Flex Volume CSI

如果存储管理接口不够用，用户可以通过 CSI 或 Flex Volume 进行扩展。

11.3 Flex Volume 存储管理方案

11.3.1 为什么需要灵活存储组件

由于 Kubernetes 提供的 PV、PVC 创建是静态的，不够灵活，所以需要扩展。灵活存储组件有如下好处：

- 为方便用户操作，只需要 UI 或 API 中指定所需持久卷的名称和容量，然后由存储组件自动完成相应 PVC/PV/Volume 的动态创建。
- 存储组件使用唯一标识确定用户的持久卷，并和分布式存储（如 GlusterFS）真正物理 Volume 保持唯一映射，不会错乱。
- 在 Pod 进行重建或者迁移到其他节点时，Pod 可以自动挂回原来对应的持久卷，继续使用原先的数据。
- 多个 Pod 可以共享一个持久卷，从而达到容器间文件共享的目的。

11.3.2 如何实现灵活存储组件

存储管理组件（存储组件）主要是接收北向 API 收到的 Rest 请求，维护持久卷的生命周期管理。如创建、删除卷，存储组件负责与后端存储软件交互完成实际的创建、删除卷等操作；并负责调用 Kubernetes 原生接口创建对应的 PVC 和 PV。图 11-2 所示为灵活存储组件的实现原理图。

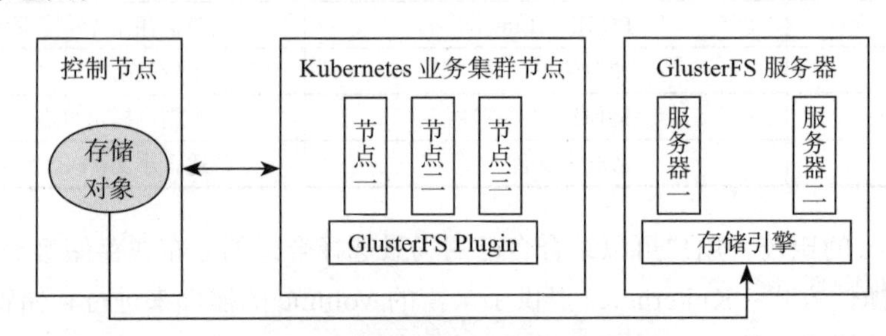

图 11-2 灵活组件实现原理

存储后端系统提供数据文件的实际持久化能力，不仅需要实现数据文件的读写、副本复制等存储操作，通常还需具备多节点高可用的能力。图 11-2 所示解决方案的存储系统使用的是 GlusterFS，厂商可以选择使用 Ceph 等其他分布式文件系统作为后端实现。

对于用户来说，当需要为自己的微服务应用挂载持久卷时，只需要通过存储组件创建持久卷，存储组件会在 Kubernetes 业务集群创建 PVC/PV，并到后端存储系统（如 GlusterFS）上创建真正的物理 Volume，同时维护好 PVC/PV/Volume 之间的一一映射对应关系。这样，用户部署容器时就可以选择挂载相应的持久卷，部署后相应的卷就可以挂载到对应的容器。应用挂载持久卷后，进行读写时就类似于本地目录的读写操作。

如图 11-3 所示，容器迁移或重生到其他节点也需要新挂载共享卷。

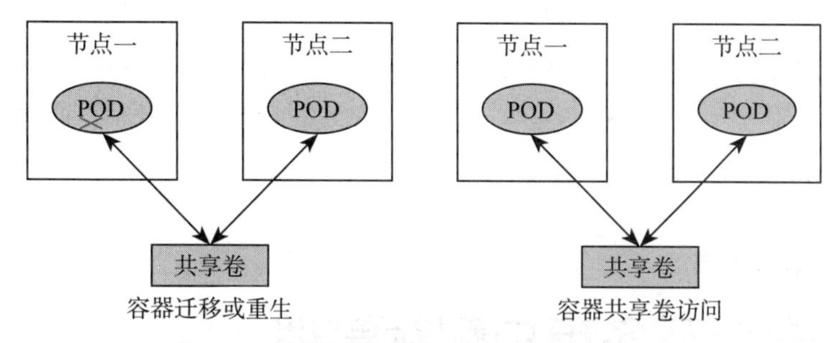

图 11-3 容器迁移或重生与容器共享卷访问

11.4 标准化容器存储接口 CSI

Kubernetes 项目中的 Volume Plugin 目前在主干代码中，新开发的存储系统的代码需要同主干代码一起编译、打包、发布，很不灵活，Flex Volume Plugin 为外部存储提供一个相关的 API 接口，允许存储开发人员及厂家在 Kubernetes 的核心代码之外开发存储驱动，但是这些驱动依旧需要访问节点及主机的根文件系统。此外，Flex Volume Plugin 也不能有效解决插件的外部依赖问题，但是 CSI 能够很好地解决 Flex Volume Plugin 不能解决的这些问题，存储 Plugin 通过标准的 Kubernetes Primitives 进行容器化部署，以便存储厂商扩展使用。

CSI 的目的是为容器编排系统（COs）建立一个标准机制，从而让 COs 为“跑”在其上的容器化应用负载可以方便灵活地使用任何存储系统，其规范是由多个厂家合作起草的。

Kubernetes 1.9 引入了容器存储接口（简称 CSI），但是是 Alpha 版本，将新分卷插件的安装流程简化，复杂度同安装 Pod 相当，并允许第三方存储供应商在无需接触核心 Kubernetes 代码库的前提下开发自己的解决方案。

在刚刚发布的 Kubernetes 1.10 版本中 CSI 迎来了 Beta 版本，本地连接存储可以作为持久分卷源使用。

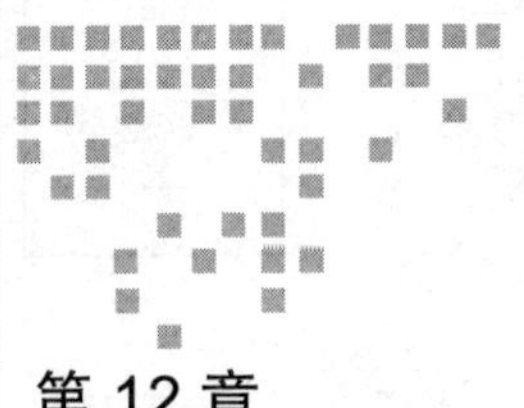

Chapter 12 第 12 章

安全及多租户配额管理

Kubernetes 通过一系列安全机制来实现集群安全，包括 API 服务器的认证、授权、准入控制机制，以及敏感信息的保护机制等，如图 12-1 所示。集群的安全性必须考虑以下几个目标：

1）保证容器与其所在宿主机的隔离。

2）限制容器给基础设施及其他容器带来的消极影响。

3）最小权限原则，合理限制所有组件权限，确保组件只执行它被授权的行为，通过限制单个组件的能力来限制它所能达到的权限范围。

4）明确组件间边界的划分。

5）划分普通用户和管理员角色。

6）在必要的时候允许将管理员权限赋给普通用户。

7）允许拥有 Secret 数据（Keys、Certs、Passwords）的应用在集群中运行。

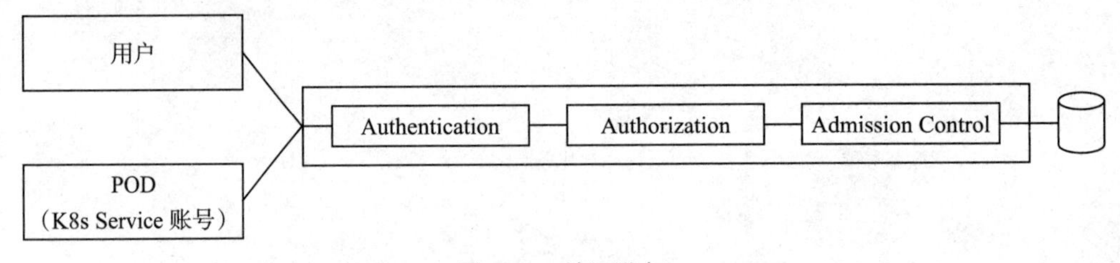

图 12-1　认证鉴权

下面分别从 Authentication、Authorization、Admission Control、Secret 和 Service Account 等方面来说明集群的安全机制。

12.1　API 服务器认证

Kubernetes 集群中所有资源的访问和变更都是通过 Kubernetes API 服务器的 Rest API 来实现的，所以集群安全的关键点在于识别认证客户端身份（Authentication）以及访问权限的授权（Authorization）。

Kubernetes 提供管理三种级别的客户端身份认证方式：

1）最严格的 HTTPS 证书认证：基于 CA 根证书签名的双向数字证书认证方式。

2）HTTP Token 认证：通过一个 Token 来识别合法用户。

3）HTTP Base 认证：通过“用户名 + 密码”的方式认证。

SSL 双向认证步骤：

1）HTTPS 通信双方的服务器端向 CA 机构申请证书。CA 机构是可信的第三方机构，它可以是一个公认的权威的企业，也可以是企业自身。企业内部系统一般都使用企业自身的认证系统。CA 机构下发根证书、服务端证书及私钥给申请者。

2）HTTPS 通信双方的客户端向 CA 机构申请证书，CA 机构下发根证书、客户端证书及私钥给申请者。

3）客户端向服务器端发起请求，服务器端下发服务器端证书给客户端。客户端接收到证书后，通过私钥解密证书，并利用服务器端证书中的公钥认证证书信息比较证书里的消息。例如域名、公钥与服务器刚刚发送的相关消息是否一致，如果一致，则客户端认为这个服务器的合法身份。

4）客户端发送客户端证书给服务器端，服务器端接收到证书后，通过私钥解密证书，获得客户端的证书公钥，并用该公钥认证证书信息，确认客户端是否合法。

5）客户端通过随机密钥加密信息，并发送加密后的信息给服务器端。服务器端和客户端协商好加密方案后，客户端会产生一个随机的密钥，客户端通过协商好的加密方案加密该随机密钥，并发送该随机密钥到服务器端。服务器端接收这个密钥后，双方通信的所有内容都通过该随机密钥加密。

图 12-2 所示为 SSL 双向认证的流程图。

双向 SSL 协议的具体通信过程要求服务器和用户双方都有证书。单向认证 SSL 协议不需要客户拥有 CA 证书，对应上面的步骤，只需将服务器端验证客户端证书的过程去掉，以及在协商对称密码方案和对称通话密钥时，服务器端发送给客户端的是没有加过密的（这并不影响 SSL 过程的安全性）密码方案。

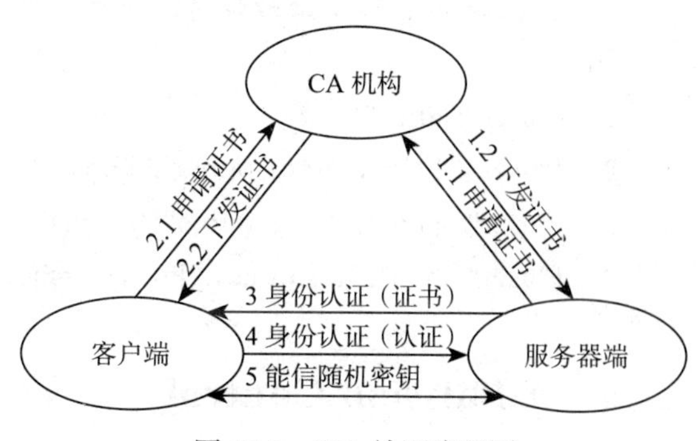

图 12-2　SSL 认证流程图

HTTP Token 原理：HTTP Token 的认证是用一种特殊编码方式编成的难以被模仿的字符串——Token 来表明客户身份的一种方式。Token 是一个复杂的字符串，比如我们用私钥签名一个字符串的数据就可以作为一个 Token，此外每个 Token 对应一个用户名，存储在 API 服务器能访问的一个文件中。当客户端发起 API 调用请求时，需要在 HTTP Header 里放入 Token，这样一来 API 服务器就能够识别合法用户和非法用户了。

HTTP Base：这是一种常见的客户端账号登录认证方式，它是把“用户名 + 冒号 + 密码”用 Base64 算法进行编码后的字符串放在 HTTP Request 中的 Header Authorization 域里发送给服务器端，服务器端收到后进行解码，获取用户名及密码，然后进行用户身份的鉴权过程。

12.2 API 服务器授权

对合法用户进行授权（Authorization）并且随后在用户访问时进行鉴权，是权限与安全系统的重要一环。授权就是授予不同用户不同访问权限，API 服务器目前支持以下集中授权策略：

1）AlwaysDeny：拒绝所有请求，通常该配置一般用于测试。

2）AlwaysAllow：所有请求都接受，如果集群不需要授权流程，可以采用该策略。这是 Kubernetes 的默认策略。

3）ABAC（Attribute-Base Access Control）：为基于属性的访问控制，表示使用用户配置的授权规则去匹配用户的请求。

当 API 服务器启用 ABAC 模式时，需要指定授权文件的路径和名字（--authorization_policy_file=SOME_FILENAME），授权策略文件里的每一行都是一个 Map 类型的 JOSN 对象，被称为访问策略对象。我们可以通过设置“访问策略对象”中的如下属性来确定具体的授权行为：

1）user：字符串类型，来源于 Token 文件或基本认证文件中的用户名字段的值。

2）readonly：true 时表示该策略允许 GET 请求通过。

3）resource：来自于 URL 的资源，例如“Pod”。

4）namespace：表明该策略允许访问某个 namespace 的资源。

例如：

1）{"user":"alice"}

2）{"user":"kubelet", "resource":"Pods", "readonly":true}

3）{"user":"kubelet", "resource":"events"}

4）{"user":"bob", "resource":"Pods", "readonly":true, "ns":"myNamespace"}

12.3 Admission Control

通过认证和鉴权之后，客户端并不能得到 API 服务器的正确响应，这个请求还需通过

Admission Control 所控制的“准入控制器”的层层检查。Admission Control 配备有一个“准入控制器”的列表，发送给 API 服务器的每个请求都需要通过列表中的每个准入控制器的检查，如果检查不通过，API 服务器将拒绝该调用请求。此外，准入控制器还能够修改请求参数以完成一些自动化任务。如 Service Account 控制器当前可配置的准入控制如下：

1）AlwaysDeny：禁止所有请求，一般用于测试。

2）AlwaysAdmit：允许所有请求。

3）AlwaysPullmages：在启动容器之前，首先下载镜像，相当于在每个容器的配置项 imagePullPolicy=Always。

4）DenyExecOnPrivileged：它会拦截所有想在 Privileged Container 上执行命令的请求，如果集群支持 Privileged Container，又希望限制用户在这些 Privileged Container 上执行命令，强烈推荐使用它。

5）Service Account：这个插件将 Service Account 实现了自动化，默认启用。如果想使用 Service Account 对象，那么强烈推荐使用它。

6）SecurityContextDeny：这个插件将使 SecurityContext 的 Pod 中的定义全部失效。SecurityContext 在 Container 中定义了操作系统级别的安全设定（UID、GID、capabilityes、SELinux 等）。

7）ResourceQuota：作用于 Namespace 上，用于配额管理，它会检查所有请求，确保在 Namespace 上的配额不会超标。推荐在 Admission Control 参数列表中将这个插件放最后一个。

8）LimitRanger：作用于 Pod 与 Container，用于配额管理，确保 Pod 与 Container 上的配额不超标。

9）NamespaceLifecycle：如果尝试在一个不存在的 Namespace 中创建资源对象，则该创建请求将被拒绝。当删除一个 Namespace 时，系统将会删除该 Namespace 中所有对象，包括 Pod、Service 等。

10）在 API 服务器上设置 --admission-control 参数，即可定制我们需要的准入控制链。如果要启用多种准入控制选项，则建议的设置如下：

```
--admission-control=NamespaceLifecycle, LimitRanger, SecurityContextDeny,
ServiceAccount, ResourceQuota
```

下面着重介绍三个准入控制器：

1）ResourceQuota：ResourceQuota 不仅能够限制某个 Namespace 中创建资源的数量，而且能够限制某个 Namespace 中被 Pod 所请求的资源总量。该准入控制器和资源对象 ResourceQuota 一起实现了资源的配额管理。

2）LimitRanger：准入控制器 LimitRanger 的作用类似于上面的 ResourceQuota 控制器，针对 Namespace 资源的每个个体的资源配额。该插件和资源对象 LimitRange 一起实现资源限制管理。

3）SecurityContextDeny：Security Context 运用于容器的操作系统安全设置（UID、GID、capabilities、SELinux role 等），Admission Control 的 SecurityContextDeny 插件的作用是“禁止创建设置了 Security Context 的 Pod”，例如包含以下配置项的 Pod：

```
spec.containers.securityContext.seLinuxOptions
spec.containers.securityContext.runAsUser
```

12.4 Service Account

Service Account 是一种账号，但它并不是为 Kubernetes 集群的系统管理员、运维人员、租户用户等使用，而是给运行在 Pod 里的应用使用的，它为 Pod 里的应用提供必要的身份证明。

Kubernetes 之所以要创建两套独立的账号系统，原因如下：

- User 账号是给人用的，Service Account 是给 Pod 里的进程使用的，面向对象不同。
- User 账号是全局性的，Service Account 则属于某个具体的 Namespace。

通常来说，User 账号是与后端的用户数据库同步的，创建一个新用户通常要经过一套复杂的业务流程才能实现，Service Account 的创建则需要极轻量级实现方式，集群管理员可以很容易为某些特定任务组创建一个 Service Account。对于这两种不同的账户，其审计要求通常也不同。

对于一个复杂的系统来说，多个组件通常拥有各种账号的配置信息，Service Account 是 Namespace 隔离的，可以针对组件进行一对一的定义，同时具备很好的“便携性”。

当我们在 API 服务器的鉴权过程中启用了 Service Account 类型的准入控制器，即在 kube-apiserver 的启动参数中包括下面的内容时：

```
--admission_control=ServiceAccount
```

则针对 Pod 新增或修改的请求，Service Account 准入控制器会验证 Pod 里 Service Account 是否合法。

- 如果 spec.serviceAccount 域没有被设置，则 Kubernetes 默认为其制定名字为 default 的 Serviceaccount。
- 如果 Pod 的 spec.serviceAccount 域指定了 default 以外的 Service Account，而该 Service Account 没有事先被创建，则该 Pod 操作失败。
- 如果在 Pod 中没有指定“ImagePullSecrets”，那么该 sec.serviceAccount 域指定的 Service Account 的“ImagePullSecrets”会被加入该 Pod。
- 给 Pod 添加一个新的 Volume，在该 Volume 中包含 Service Account Secret 中的 Token，并将 Volume 挂载到 Pod 中所有容器的指定目录下（/var/run/secrets/kubernetes.io/serviceaccount）。

综上所述，Service Account 正常运行需要以下几个控制器：Admission Controller、Token Controller、Service Account Controller。

12.5　配额管理

虚拟化技术是云计算平台的基础，其目标是对计算资源进行整合或划分，这是云计算管理平台中的关键技术。虚拟化技术为云计算管理平台的资源管理提供了资源调配上的灵活性，从而使得云计算管理平台可以通过虚拟化层整合或划分计算资源。

相比于虚拟机，新出现的容器技术使用了一系列系统级别的机制，诸如利用 Linux Namespace 进行空间隔离，通过文件系统的挂载点决定容器可以访问哪些文件，通过 CGroup 确定每个容器可以利用多少资源。此外，容器之间共享同一个系统内核，这样当同一个内核被多个容器使用时，内存的使用效率会得到提升。

对于容器和虚拟机这两大虚拟化技术，虽然实现方式完全不同，但是它们的资源需求和模型其实是类似的。容器像虚拟机一样需要内存、CPU、硬盘空间和网络带宽，宿主机系统可以将虚拟机和容器都视作一个整体，为这个整体分配其所需的资源并进行管理。当然，虚拟机提供了专用操作系统的安全性和更牢固的逻辑边界，而容器在资源边界上比较松散，这带来了灵活性以及不确定性。

Kubernetes 是一个容器集群管理平台，它会统计整体的资源使用情况，合理地将资源分配给容器使用，并且要保证容器生命周期内有足够的资源来保证其运行。更进一步，如果资源发放是独占的，即资源若已发放给了某个容器，同样的资源不会发放给另外一个容器，对于空闲的容器来说占用没有使用的资源比如 CPU 是非常浪费的，Kubernetes 需要考虑如何在优先度和公平性的前提下提高资源的利用率。

12.5.1　资源请求与限制

创建 Pod 的时候，可以指定计算资源（目前支持的资源类型有 CPU 和内存），即指定每个容器的资源请求（Request）和资源限制（Limit），资源请求是容器所需的最小资源需求，资源限制则是容器不能超过的资源上限。它们的大小关系是：

0 ≤ request ≤ limit ≤ infinity

Pod 的资源请求就是 Pod 中容器资源请求之和。Kubernetes 在调度 Pod 时会根据 Node 中的资源总量（通过 cAdvisor 接口获得），以及该 Node 上已使用的计算资源，来判断该 Node 是否满足需求。

资源请求能够保证 Pod 有足够的资源来运行，而资源限制则是防止某个 Pod 无限制地使用资源，导致其他 Pod 崩溃。特别是在公有云场景，往往会有恶意软件通过抢占内存来攻击平台。

基本原理：Docker 通过使用 Linux CGroup 来实现对容器资源的控制，具体到启动参数

上是 --memory 和 --cpu-shares。Kubernetes 中是通过控制这两个参数来实现对容器资源的控制。

以下给出某个 Pod 申请内存及 CPU 的示例：

```
# cat test-limit.yaml
apiVersion:v1
kind:Pod
metadata:
    labels:
        name:test-limit
        role:master
    name:test-limit
spec:
    containers:
        - name:test-limit
            image:registry:5000/back_demon:1.0
            resources:
                requests:
                    memory:"256Mi"
                    cpu:"500m"
                limits:
                    memory:"512Mi"
                    cpu:"1000m"
            command:
            - /run.sh
```

12.5.2 全局默认配额

除了可以直接在容器（或 RC）的定义文件中指定容器增加资源配额参数，还可以通过创建 LimitRange 对象来定义一个全局默认配额模板。这个默认配额模板会加载到集群中的每个 Pod 及容器上，这样就不用手工为每个 Pod 和容器重复设置了。

LimitRange 设计的初衷是为了满足以下场景：

- 能够约束租户的资源需求。
- 能够约束容器的资源请求范围。
- 能够约束 Pod 的资源请求范围。
- 能够指定容器的默认资源限制。
- 能够指定 Pod 的默认资源限制。
- 能够约束资源请求和限制之间的比例。

LimitRange 对象可以同时在 Pod 和 Container 两个级别上进行对资源配额的设置。当 LimitRange 创建生效后，之后创建的 Pod 都将使用 LimitRange 设置的资源配额进行约束。

下面为创建 pod-container-limitRnage.yaml 文件的代码：

```
apiVersion:v1
```

```
kind:LimitRange
metadata:
    name:limit-range-test
spec:
    limits:
    - type:Pod
        max:
            cpu:1
            memory:1Gi
        min:
            cpu:0.5
            memory:216Mi
    - type:Container
        max:
            cpu:1
            memory:1Gi
        min:
            cpu:0.5
            memory:216Mi
        default:
            cpu:0.5
            memory:512Mi
```

上述设置表明：

1）任意 Pod 内的所有容器的 CPU 使用都限制在 0.5 ～ 1，内存使用限制在 216Mi ～ 1Gi。

2）任意容器的 CPU 使用都限制在 0.5 ～ 1，默认 0.5，内存使用限制在 216Mi ～ 1Gi，默认 512Mi。

此外，如果在 Pod 或 RC 定义文件中指定配额参数，则可遵循局部覆盖全局的原则。当然，如果配额超过了全局设定的最大值，那执行 kubectl ceate 的时候就会拒绝。

LimitRange 也是与 Namespace 捆绑的，如果定义文件中未指定，则默认是 default，执行 kubectl describe limitrange limit-range-test 的时候，也会看到 Namespace：default 信息。

12.5.3　多租户资源配额管理

多租户在 Kubernetes 中是以 Namespace 来体现的，这里的多租户可以是多个用户、多个业务系统或者相互隔离的多种作业环境。一个集群中的资源总是有限的，当这个集群被多个租户的应用同时使用时，为了更好地使用这种有限的共有资源并防止租户的资源抢占，我们需要将资源配额的管理单元提升到租户级别，这只需要在不同组合对应的 Namespace 上加载对应的 Resource Quota 配置即可达到目的。如 Kubernetes 系统共有 20 核 CPU 和 32GB 内存，分配给 A 租户 5 核 CPU 和 16GB，分配给 B 租户 5 核 CPU 和 8GB，预留 10 核 CPU 和 8GB 内存。这样，租户中所使用的 CPU 和内存的总和不能超过指定的资源配额，促使其更合理地使用资源。

Kubernetes提供API对象Resource Quota（资源配额）来实现资源配额，Resource Quota不仅可以作用于CPU和内存，另外还可以限制创建Pod的总数目、Service总数目、RC总数目等。

创建Development Namespace的代码如下：

```
# cat namespace-dev.yaml
apiVersion:v1
kind:Namespace
metadata:
    name:development
    labels:
        name:development
```

上面创建了Development Namespace，再用describe查看，会发现它对资源配额没有任何限制。

```
# kubectl describe namespace development
Name: development
Labels: name=development
Status: Active
    No resource quota.
    No resource limits.
```

现有两台Node服务器，总共2个CPU，2Gi内存，给Development Namespace配额1个CPU，1Gi内存。

创建dev-resourcequota.yaml，不但可以对CPU、内存做限制，还可以对pods/services/replicationcontrollers/resourcequotas/secrets/configmaps/persistentvolumeclaims/services.nodeports/services.loadbalancers/requests.cpu/requests.memory/limits.cpu/limits.memory/cpu/memory/storage等资源做出限制。注意定义文件中Namespace不能漏掉，否则默认是default（文件中如果未指明Namespace，则通过kubectl create -f xxFile --namespace=development设置也行）。

```
apiVersion:v1
kind:ResourceQuota
metadata:
        name:quota-development
        namespace:development
spec:
    hard:
            cpu:1
            memory:1Gi
            persistentvolumeclaims:10
            pods:50
            replicationcontrollers:20
            resourcequotas:1
            secrets:20
```

```
        services:20

# kubectl create -f dev-resourcequota.yaml
resourcequota "quota-development" created

# kubectl get resourcequotas --namespace=development
NAME                 AGE
quota-development    1m
```

查看使用情况：

```
# kubectl describe resourcequota quota-development --namespace=development
Name:                      quota-development
Namespace:                 development
Resource                   Used     Hard
--------                   ----     ----
cpu                          0        1
memory                       0        1Gi
persistentvolumeclaims       0        10
pods                         0        50
replicationcontrollers       0        20
resourcequotas               1        1
secrets                      0        20
services                     0        20
```

还可查看这时 Namespace 的信息：

```
# kubectl describe namespace development
Name:development
Labels:name=development
Status:Active
Resource Quotas
    Name:                      quota-development
    Resource                    Used     Hard
    --------                    ---      ---
    cpu                          0        1
    memory                       0        1Gi
    persistentvolumeclaims       0        10
    pods                         0        50
    replicationcontrollers       0        20
    resourcequotas               1        1
    secrets                      0        20
    services                     0        20
    No resource limits.
```

看到 Resource Quoata 已经做出了限制，至于 Resource Limit，只要按照上面的全局默认配额操作就行了（定义文件中要指明 Namespace，文件中如果未指明 Namespace，则通过 kubectl create -f xxFile --namespace=development 设置也行）。

Resource Limit 限制的是 Pod 和 Container 的 CPU/ 内存，而 Resource Quota 是对 Namespace 的限制，也就是说所有的 Pod/Container 的总额不能超过 Quota 的限制。

创建完 Resource Quota 之后，对于所有需要创建的 Pod 都必须指定具体的资源配额设置，否则创建 Pod 会失败。

```
apiVersion:v1
kind:Pod
metadata:
        name:php-test
        labels:
            name:php-test
        namespace:development
spec:
    containers:
    - name:php-test
        image:192.168.174.131: 5000/php-base:1.0
        env:
        - name:ENV_TEST_1
            value:env_test_1
        - name:ENV_TEST_2
            value:env_test_2
        ports:
        - containerPort:80
            hostPort:80
```

```
# kubectl create -f php-pod.yaml
Error from server:error when creating "php-pod.yaml":pods "php-test" is forbidden:Failed quota:quota-development:must specify cpu,limits.cpu,limits.memory,memory
```

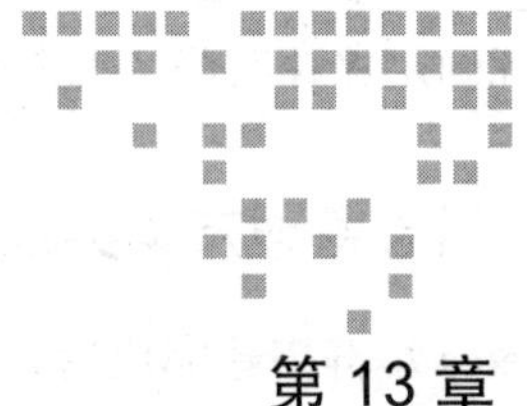

第 13 章 Chapter 13

Kubernetes 运维管理

当搭建好 Kubernetes 平台并在此平台上部署相关的应用后，如何掌握此平台及应用的运行状态是系统运维人员十分关注的问题，目前了解系统运行状态的主要手段是通过系统监控采集日志及相关性能数据并传输到服务器端进行分析后集中展现。下面就日志及监控等日常运维手段进行描述。

13.1 Kubernetes 日志管理

用户部署完 Kubernetes 平台后，会在此平台上安装运行大量的应用，Kubernetes 平台及各种应用系统运行过程中会产生大量的各种各样的系统日志和应用日志，通过对这些日志的采集、传输、存储、分析，掌握系统运行状况，对故障处理、安全审计、行为统计等有非常重要的作用。下面主要介绍日志采集、传输、存储及分析的具体方案及实践。

13.1.1 日志概述

Kubernetes 平台上的日志按照运维领域分为应用日志和平台日志。平台日志主要是指容器云平台执行过程中产生的系统日志，应用日志是指租户部署的容器应用所产生的日志。一般容器内的应用日志会通过标准输出设备输出到宿主机，容器引擎可以通过 Docker Deamon 来接收和重定向这些日志数据。对于应用日志这种数据量比较大的数据可以考虑通过网络直接重定向到收集器，不必通过文件中转，这样可以一定程度地加快数据流转的速度。

对于容器应用数据的收集，由于容器的动态申请和释放的特性，因此日志中能够包含日志来源的拓扑信息和IP地址等身份信息就显得尤为重要。应用日志由于数据量巨大，一般应当根据系统确定保存时间，并对存储空间溢出的异常进行保护。

13.1.2 ELK日志管理方案实践

在Kubernetes集群搭建完成后，通过使用一些监控组件（如cAdvisor、logs等）也能完成一些基本的日志采集及管理功能，但是在分布式架构中这些组件采集的日志分布在各个节点上，应用及平台记录的日志路径及名字都是一样的，因此无法分清是哪个节点、哪个Pod，无法直接聚合这些日志进行分析。另外，本节点无法访问其他节点的日志信息，因此日志信息是离散的不成体系的，不能简单地将这些日志放到一起进行分析，ELK方案应运而生，正好解决了这些问题。

1. ELK简要介绍

ELK是ElasticSearch、Logstash、Kibana的简称，是容器日志管理的核心套件。

ElasticSearch是基于Apache Lucene引擎开发的实时全文搜索和分析引擎，提供结构化数据的搜集、分析、存储数据三大功能。它提供Rest和Java API两种接口方式。

Logstash是一个日志搜集处理框架，也是日志透传和过滤的工具，它支持多种类型的日志，包括系统日志、错误日志和自定义应用程序日志。它可以从许多来源接收日志，这些来源包括syslog、消息传递（例如RabbitMQ）和JMX，它能够以多种方式输出数据，包括电子邮件、Websockets和ElasticSearch。

Kibana是一个图形化的Web应用，它通过调用ElasticSearch提供的Rest或Java API接口搜索存储在ElasticSearch中的日志，并围绕分析主题进行分析得出结果，并将这些结果数据按照需要进行界面可视化展示；另外，Kibana可以定制仪表盘视图，展示不同的信息以便满足不同的需求。

2. ELK实践

使用ELK核心组件的部署有多种方式，但除了ELK外还需要其他组件的配合，本实践采用其中最通用的方式进行，具体架构如图13-1所示。

在各个计算节点上部署采集相关的软件，如cAdvisor、Fluentd、Logstash等；在管理节点上部署ElasticSearch和Kibana。计算节点采集平台及应用相关的日志并且附加上Pod及容器信息后传输到ElasticSearch进行存储；用户通过Kibana对日志进行搜索、查询及可视化分析。

（1）准备工作

版本要求：操作系统CentOS Linux release 7.2；JDK版本1.8。

镜像准备：将ElasticSearch、Logstash、Kibana、Fluentd的镜像文件上传到本地私有镜像仓库，确保能从本地私有镜像仓库中下载镜像。

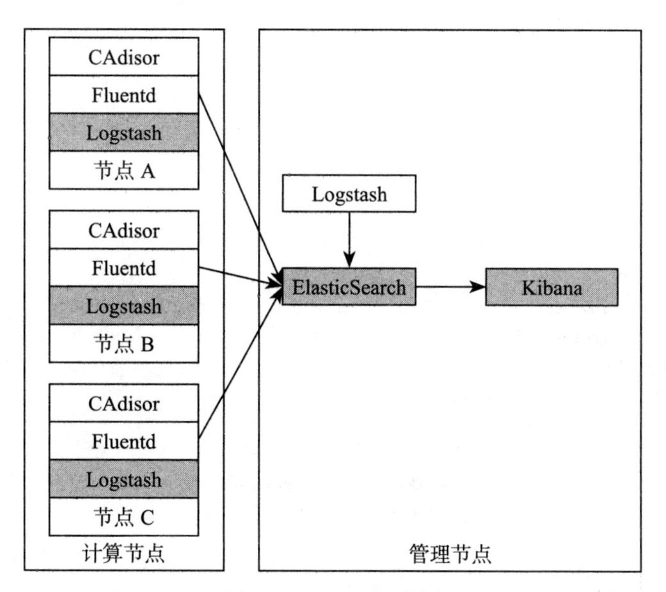

图 13-1　ELK 架构图

（2）yaml 文件编写

■ ElasticSearch

elasticsearch-master.yaml 文件内容：

```
apiVersion:  extensions/v1beta1
kind: Deployment
metadata:
    name: elasticsearch-master
    labels:
        component: elasticsearch
        role: master
spec:
    template:
        metadata:
            labels:
                component: elasticsearch
                role: master
            annotations:
                pod.beta.kubernetes.io/init-containers: '[
                    {
                    "name": "sysctl",
                        "image": "busybox",
                        "imagePullPolicy": "IfNotPresent",
                        "command":["sysctl","-w","vm.max_map_count=262144"],
                        "securityContext": {
                            "privileged": true
                        }
                    }
```

```
            ]'
        spec:
          containers:
          - name: es-master
            securityContext:
              privileged: true
              capabilities:
                add:
                  - IPC_LOCK
            image:  10.47.202.23/elasticsearch:2.3.0
            imagePullPolicy: Always
            env:
            - name: NAMESPACE
              valueFrom:
                fieldRef:
                  fieldPath: metadata.namespace
            - name: "CLUSTER_NAME"
              value: "mycluster"
            - name: NODE_MASTER
              value: "true"
            - name: NODE_INGEST
              value: "false"
            - name: NODE_DATA
              value: "false"
            - name: HTTP_ENABLE
              value: "false"
            - name: "ES_JAVA_OPTS"
              value: "-Xms256m -Xmx256m"
            ports:
            - containerPort: 9300
              name: transport
              protocol: TCP
            volumeMounts:
            - name: storage
              mountPath: /data
          volumes:
            - emptyDir:
                medium: ""
              name: "storage"
```

elasticsearch-client.yaml 文件内容：

```
apiVersion:  extensions/v1beta1
kind: Deployment
metadata:
  name: elasticsearch-client
  labels:
    component: elasticsearch
    role: client
spec:
  template:
```

```
metadata:
    labels:
        component: elasticsearch
        role: client
    annotations:
        pod.beta.kubernetes.io/init-containers: '[
            {
            "name": "sysctl",
                "image": "busybox",
                "imagePullPolicy": "IfNotPresent",
                "command": ["sysctl", "-w", "vm.max_map_count=262144"],
                "securityContext": {
                    "privileged": true
                }
            }
        ]'
spec:
    containers:
    - name: es-client
        securityContext:
            privileged: true
            capabilities:
                add:
                - IPC_LOCK
    image: 10.47.202.23/elasticsearch:2.3.0
    imagePullPolicy: Always
    env:
    - name: NAMESPACE
        valueFrom:
            fieldRef:
                fieldPath: metadata.namespace
    - name: "CLUSTER_NAME"
        value: "mycluster"
    - name: NODE_MASTER
        value: "false"
    - name: NODE_DATA
        value: "false"
    - name: HTTP_ENABLE
        value: "true"
    - name: "ES_JAVA_OPTS"
        value: "-Xms256m -Xmx256m"
    ports:
    - containerPort: 9200
        name: http
        protocol: TCP
    - containerPort: 9300
        name: transport
        protocol: TCP
    volumeMounts:
        - name: storage
            mountPath: /data
```

```
        volumes:
                - emptyDir:
                      medium: ""
                  name: "storage"
```

elasticsearch-data.yaml文件内容:

```
apiVersion:  extensions/v1beta1
kind: Deployment
metadata:
    name: es-data
    labels:
        component: elasticsearch
        role: data
spec:
    template:
        metadata:
            labels:
                component: elasticsearch
                role: data
            annotations:
                pod.beta.kubernetes.io/init-containers: '[
                    {
                    "name": "sysctl",
                        "image": "busybox",
                        "imagePullPolicy": "IfNotPresent",
                        "command": ["sysctl", "-w", "vm.max_map_count=262144"],
                        "securityContext": {
                            "privileged": true
                        }
                    }
                ]'
        spec:
            containers:
            - name: es-data
                securityContext:
                    privileged: true
                    capabilities:
                        add:
                            - IPC_LOCK
                image: 10.47.202.23/elasticsearch:2.3.0
                imagePullPolicy: Always
                env:
                - name: NAMESPACE
                    valueFrom:
                        fieldRef:
                            fieldPath: metadata.namespace
                - name: "CLUSTER_NAME"
                    value: "mycluster"
                - name: NODE_MASTER
                    value: "false"
```

```
        - name: NODE_INGEST
          value: "false"
        - name: HTTP_ENABLE
          value: "false"
        - name: "ES_JAVA_OPTS"
          value: "-Xms256m -Xmx256m"
        ports:
        - containerPort: 9300
          name: transport
          protocol: TCP
        volumeMounts:
        - name: storage
          mountPath: /data
        volumes:
          - emptyDir:
                medium: ""
            name: "storage"
```

elasticsearch-discovery-svc.yaml 文件内容：

```
apiVersion: v1
kind: Service
metadata:
    name: elasticsearch-discovery
    labels:
        component: elasticsearch
        role: master
spec:
    selector:
        component: elasticsearch
        role: master
    ports:
    - name: transport
        port: 9300
        protocol: TCP
```

elasticsearch-svc.yaml 文件内容：

```
apiVersion: v1
kind: Service
metadata:
    name: elasticsearch
    labels:
        component: elasticsearch
        role: client
spec:
    type: LoadBalancer
    selector:
        component: elasticsearch
        role: client
    ports:
```

```
    - name: http
      port: 9200
      protocol: TCP
```

elasticsearch-svc-log.yaml文件内容：

```
apiVersion: v1
kind: Service
metadata:
  name: elasticsearch-logging
  namespace: kube-system
  labels:
    kubernetes-app: elasticsearch
    kubernetes.io/name: "elasticsearch"
spec:
  type: ExternalName
  externalName: elasticsearch.default.svc.cluster.local
  ports:
    - port: 9200
      targetPort: 9200
```

■ Logstash

logstash-controller.yaml文件内容：

```
apiVersion: v1
kind: ReplicationController
metadata:
  name: logstash
  namespace: default
  labels:
    component: elk
    role: logstash
spec:
  replicas: 1
  selector:
    component: elk
    role: logstash
  template:
    metadata:
      labels:
        component: elk
        role: logstash
    spec:
      serviceAccount: elk
      containers:
      - name: logstash
        image: 10.47.202.23/logstash
        env:
        - name: KUBERNETES_TRUST_CERT
            value: "true"
        ports:
```

```
            - containerPort: 5043
                  name: lumberjack
                  protocol: TCP
            volumeMounts:
            - mountPath: /certs
                  name: certs
            volumes:
            - emptyDir:
                  medium: ""
              name: "storage"
            - hostPath:
                  path: "/tmp"
              name: "certs"
```

logstash-service.yaml 文件内容：

```
apiVersion: v1
kind: Service
metadata:
    name: logstash
    namespace: default
    labels:
        component: elk
        role: logstash
spec:
    selector:
        component: elk
        role: logstash
    ports:
    - name: lumberjack
        port: 5043
        protocol: TCP
```

■ Kibana

kibana-controller.yaml 文件内容：

```
apiVersion: v1
kind: ReplicationController
metadata:
    name: kibana
    namespace: default
    labels:
        component: elk
        role: kibana
spec:
    replicas: 1
    selector:
        component: elk
        role: kibana
    template:
        metadata:
```

```
        labels:
            component: elk
            role: kibana
    spec:
        serviceAccount: elk
        containers:
        - name: kibana
            image: 10.47.202.23/kibana:latest
            env:
            - name: KIBANA_ES_URL
              value: "http://elasticsearch.default.svc.cluster.local:9200"
            - name: KUBERNETES_TRUST_CERT
              value: "true"
            ports:
            - containerPort: 5601
              name: http
              protocol: TCP
```

kibana-service.yaml 文件内容：

```
apiVersion: v1
kind: Service
metadata:
    name: kibana
    namespace: default
    labels:
        component: elk
        role: kibana
spec:
    selector:
        component: elk
        role: kibana
    type: NodePort
    ports:
    - name: http
      port: 80
      nodePort: 30080
      targetPort: 5601
      protocol: TCP
```

■ Service

service-elk.yaml 文件内容：

```
apiVersion: v1
kind: ServiceAccount
metadata:
    name: elk
```

■ Fluentd

fluentd.yaml 文件内容：

```
apiVersion: v1
kind: DaemonSet
metadata:
    name: fluentd-elasticsearch
    namespace: kube-system
    labels:
        kubernetes-app: fluentd-logging
spec:
    template:
        metadata:
            labels:
                name: fluentd-elasticsearch
        spec:
            containers:
            - name: fluentd-elasticsearch
                image: 10.47.202.23/fluentd-elasticsearch:1.20
                resources:
                    limits:
                        memory: 200Mi
                    requests:
                        cpu: 100m
                        memory: 200Mi
                volumeMounts:
                - name: varlog
                    mountPath: /var/log
                - name: varlibdockercontainers
                    mountPath: /var/lib/docker/containers
                    readOnly: true
            terminationGracePeriodSeconds: 30
            volumes:
            - name: varlog
            hostPath:
                    path: /var/log
            - name: varlibdockercontainers
                hostPath:
                    path: /var/lib/docker/containers
```

（3）安装

修改各个节点 Rsyslog 服务配置文件 vim /etc/rsyslog.conf，开启三个参数：

```
$ModLoad imtcp
$InputTCPServierRun 514
*.* @@localhost:4560
```

让 Rsyslog 加载 imtcp 模块并监听 514 端口，然后将 Rsyslog 中收集的数据转发到本地端口 4560。

重新启动 Rsyslog 服务：systemctl restart rsyslog。

执行如下脚本安装 ELK：

```
kubectl create -f  elasticsearch-client.yaml
```

```
kubectl create -f elasticsearch-data.yaml
kubectl create -f elasticsearch-discovery-svc.yaml
kubectl create -f elasticsearch-master.yaml
kubectl create -f elasticsearch-svc.yaml
kubectl create -f elasticsearch-svc-log.yaml
kubectl create -f service-elk.yaml
kubectl create -f logstash-service.yaml
kubectl create -f logstash-controller.yaml
kubectl create -f kibana-service.yaml
kubectl create -f kibana-controller.yaml
kubectl create -f fluentd.yaml
```

13.2 Kubernetes 监控管理

Kubernetes 平台搭建好后，了解 Kubernetes 平台及在此平台上部署的应用的运行状况，以及处理系统主要告警及性能瓶颈，这些都依赖监控管理系统。下文将主要讲解监控系统的架构及具体实践。

13.2.1 监控概述

监控是任何商用系统不能缺少的，容器同虚拟机 / 物理机一样，运行时也需要监控。Kubernetes 监控分为平台监控和应用监控，一般采用 NodeExporter、Prometheus、Grafana 相结合的方式来实现监控。

Prometheus 是一款开源的监控解决方案，能在监控 Kubernetes 平台的同时监控部署在此平台中的应用，它提供了一系列工具集及多维度监控指标。Prometheus 依赖 Grafana 实现数据可视化。

Grafana 是一个 Dashboard 工具，用 Go 和 JS 开发，界面十分美观，也可以认为它是一个时间序列数据库的界面展示层，通过 SQL 命令查询出 Metrics 并将结果展示出来。它能自定义多种仪表盘，可以轻松实现覆盖多个 Docker 的宿主机监控信息的展现。

NodeExporter 主要用来采集服务器 CPU、内存、磁盘、I/O 等信息，是机器数据的通用采集方案。只要在宿主机上安装 NodeExporter 和 cAdisor 容器，通过 Prometheus 进行抓取即可。它同 Zabbix 的功能相似，虽然 Zabbix 功能比较完善，但架构复杂且十分厚重，还不能完美地同 Prometheus 结合，因此还是采用 NodeExporter。

13.2.2 监控方案实践

使用 NodeExporter、Prometheus、Grafana 进行监控是容器监控的主要方案，其部署架构如图 13-2 所示。

在各个计算节点上部署 NodeExporter 采集 CPU、内存、磁盘及 I/O 信息，并将这些信息传输给监控节点上的 Prometheus 服务器进行存储分析，通过 Grafana 进行可视化监控，展示相关的仪表盘及监控信息。

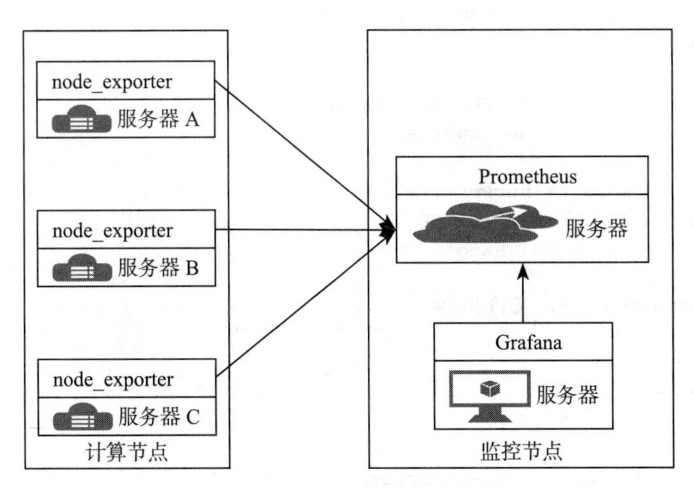

图 13-2　监控架构图

1. 环境介绍

操作系统环境：CentOS linux 7.4 64bit。

Kubernetes 软件版本：1.9.0。

Master 节点 IP：10.40.47.5/24。

Node 节点 IP：10.40.47.6/24。

2. 下载安装文件

在 Kubernetes 集群的所有节点上下载所需要的 Image。

```
# docker pull  node-exporter
# docker pull  prometheus
# docker pull  grafana
```

3. yaml 文件准备

（1）Node Exporter

■ node-exporter.yaml 文件内容：

```
apiVersion:v1
kind: DaemonSet
metadata:
    name: node-exporter
    namespace: kube-system
    labels:
        kubernetes-app: node-exporter
spec:
    template:
        metadata:
```

```
            labels:
                kubernetes-app: node-exporter
        spec:
            containers:
            - image: 10.47.202.23/node-exporter
                name: node-exporter
                ports:
                - containerPort: 9100
                    protocol: TCP
                    name: http
```

■ node-exporter-svc.yaml 文件内容：

```
apiVersion: v1
kind: Service
metadata:
    labels:
        kubernetes-app: node-exporter
    name: node-exporter
    namespace: kube-system
spec:
    ports:
    - name: http
        port: 9100
        nodePort: 31672
        protocol: TCP
    type: NodePort
    selector:
        kubernetes-app: node-exporter
```

（2）Prometheus

■ prometheus-rbac.yaml 文件内容：

```
apiVersion: v1
kind: ClusterRole
metadata:
    name: prometheus
rules:
- apiGroups: [""]
    resources:
    - nodes
    - nodes/proxy
    - services
    - endpoints
    - pods
    verbs: ["get", "list", "watch"]
- apiGroups:
    - extensions
    resources:
    - ingresses
    verbs: ["get", "list", "watch"]
```

```
- nonResourceURLs: ["/metrics"]
  verbs: ["get"]
```

■ prometheus-configmap.yaml 文件内容：

```
apiVersion: v1
kind: ConfigMap
metadata:
    name: prometheus-config
    namespace: kube-system
data:
    prometheus.yml: |
        global:
            scrape_interval:    15s
            evaluation_interval: 15s
        scrape_configs:
        - job_name: 'kubernetes-apiservers'
            kubernetes_sd_configs:
            - role: endpoints
            scheme: https
            tls_config:
                ca_file: /var/run/secrets/kubernetes.io/serviceaccount/ca.crt
            bearer_token_file: /var/run/secrets/kubernetes.io/serviceaccount/token
            relabel_configs:
            - source_labels:[myelk_namespace, myelk_service_name, myelk_endpoint_
              port_name]
                action: keep
                regex: default;kubernetes;https
        - job_name: 'kubernetes-nodes'
            kubernetes_sd_configs:
            - role: node
            scheme: https
            tls_config:
                ca_file: /var/run/secrets/kubernetes.io/serviceaccount/ca.crt
            bearer_token_file:/var/run/secrets/kubernetes.io/serviceaccount/token
            relabel_configs:
            - action: labelmap
                regex: myelk_node_label_(.+)
            - target_label: myaddress_
                replacement: kubernetes.default.svc:443
            - source_labels: [myelk_node_name]
                regex: (.+)
                target_label: __metrics_path__
                replacement: /api/v1/nodes/${1}/proxy/metrics
        - job_name: 'kubernetes-cadvisor'
            kubernetes_sd_configs:
            - role: node
            scheme: https
            tls_config:
                ca_file: /var/run/secrets/kubernetes.io/serviceaccount/ca.crt
            bearer_token_file: /var/run/secrets/kubernetes.io/serviceaccount/token
```

```
      relabel_configs:
      - action: labelmap
        regex: myelk_node_label_(.+)
      - target_label: myaddress_
        replacement: kubernetes.default.svc:443
      - source_labels: [myelk_node_name]
        regex: (.+)
        target_label: __metrics_path__
        replacement: /api/v1/nodes/${1}/proxy/metrics/cadvisor
    - job_name: 'kubernetes-service-endpoints'
      kubernetes_sd_configs:
      - role: endpoints
      relabel_configs:
      - source_labels:[myelk_service_annotatiootation_prometheus_io_scrape]
        action: keep
        regex: true
      - source_labels:[myelk_service_annotatiootation_prometheus_io_scheme]
        action: replace
        target_label: __scheme__
        regex: (https?)
      - source_labels: [myelk_service_annotatiootation_prometheus_io_path]
        action: replace
        target_label: __metrics_path__
        regex: (.+)
      - source_labels: [myaddress_,myelk_service_annotation_prometheus_io_port]
        action: replace
        target_label: myaddress_
        regex: ([^:]+)(?::\d+)?;(\d+)
        replacement: $1:$2
      - action: labelmap
        regex: myelk_service_label_(.+)
      - source_labels: [myelk_namespace]
        action: replace
        target_label: kubernetes_namespace
      - source_labels: [myelk_service_name]
        action: replace
        target_label: kubernetes_name
    - job_name: 'kubernetes-services'
      kubernetes_sd_configs:
      - role: service
      metrics_path: /probe
      params:
        module: [http_2xx]
      relabel_configs:
      - source_labels: [myelk_service_annotatiootation_prometheus_io_probe]
        action: keep
        regex: true
      - source_labels: [myaddress_]
        target_label: __param_target
      - target_label: myaddress_
```

```
        replacement: blackbox-exporter.example.com:9115
      - source_labels: [__param_target]
        target_label: instance
      - action: labelmap
        regex: myelk_service_label_(.+)
      - source_labels: [myelk_namespace]
        target_label: kubernetes_namespace
      - source_labels: [myelk_service_name]
        target_label: kubernetes_name
  - job_name: 'kubernetes-ingresses'
      kubernetes_sd_configs:
      - role: ingress
      relabel_configs:
      - source_labels: [myelk_ingress_annotation_prometheus_io_probe]
        action: keep
        regex: true
      - source_labels: [myelk_ingress_scheme,myaddress_,myelk_ingress_path]
        regex: (.+);(.+);(.+)
        replacement: ${1}://${2}${3}
        target_label: __param_target
      - target_label: myaddress_
        replacement: blackbox-exporter.example.com:9115
      - source_labels: [__param_target]
        target_label: instance
      - action: labelmap
        regex: myelk_ingress_label_(.+)
      - source_labels: [myelk_namespace]
        target_label: kubernetes_namespace
      - source_labels: [myelk_ingress_name]
        target_label: kubernetes_name
  - job_name: 'kubernetes-pods'
      kubernetes_sd_configs:
      - role: pod
      relabel_configs:
      - source_labels: [myelk_pod_annotation_prometheus_io_scrape]
        action: keep
        regex: true
      - source_labels: [myelk_pod_annotation_prometheus_io_path]
        action: replace
        target_label: __metrics_path__
        regex: (.+)
      - source_labels:[myaddress_,myelk_pod_annotation_prometheus_io_port]
        action: replace
        regex: ([^:]+)(?::\d+)?;(\d+)
        replacement: $1:$2
        target_label: myaddress_
      - action: labelmap
        regex: myelk_pod_label_(.+)
      - source_labels: [myelk_namespace]
        action: replace
```

```
          target_label: kubernetes_namespace
        - source_labels: [myelk_pod_name]
          action: replace
          target_label: kubernetes_pod_name
```

■ prometheus-deploy.yaml 文件内容：

```
apiVersion: v1
kind: Deployment
metadata:
    labels:
        name: prometheus-deployment
    name: prometheus
    namespace: kube-system
spec:
    replicas: 1
    selector:
        matchLabels:
            app: prometheus
    template:
        metadata:
            labels:
                app: prometheus
        spec:
            containers:
            - image: 10.47.202.23/prometheus
                name: prometheus
                command:
                - "/bin/prometheus"
                args:
                - "--config.file=/etc/prometheus/prometheus.yml"
                - "--storage.tsdb.path=/prometheus"
                - "--storage.tsdb.retention=24h"
                ports:
                - containerPort: 9090
                    protocol: TCP
                volumeMounts:
                - mountPath: "/prometheus"
                    name: data
                - mountPath: "/etc/prometheus"
                    name: config-volume
                resources:
                    requests:
                        cpu: 100m
                        memory: 100Mi
                    limits:
                        cpu: 500m
                        memory: 2500Mi
            serviceAccountName: prometheus
            volumes:
            - name: data
```

```
            emptyDir: {}
        - name: config-volume
            configMap:
                name: prometheus-config
```

■ Prometheus-svc.yaml 文件内容：

```
apiVersion: v1
metadata:
    labels:
        app: prometheus
    name: prometheus
    namespace: kube-system
spec:
    type: NodePort
    ports:
    - port: 9090
        targetPort: 9090
        nodePort: 30003
    selector:
app: prometheus
```

（3）Grafana

■ grafana-deploy.yaml 文件内容：

```
apiVersion: v1
kind: Deployment
metadata:
    name: grafana-core
    namespace: kube-system
    labels:
        app: grafana
        component: core
spec:
    replicas: 1
    template:
        metadata:
            labels:
                app: grafana
                component: core
        spec:
            containers:
            - image: 10.47.202.23/grafana
                name: grafana-core
                imagePullPolicy: IfNotPresent
                # env:
                resources:
                    # keep request = limit to keep this container in guaranteed class
                    limits:
                        cpu: 100m
                        memory: 100Mi
```

```
                    requests:
                        cpu: 100m
                        memory: 100Mi
                env:
                      # The following env variables set up basic auth twith the
default admin user and admin password.
                    - name: GF_AUTH_BASIC_ENABLED
                        value: "true"
                    - name: GF_AUTH_ANONYMOUS_ENABLED
                        value: "false"
                    # - name: GF_AUTH_ANONYMOUS_ORG_ROLE
                    #   value: Admin
                        # does not really work, because of template variables in
exported dashboards:
                    # - name: GF_DASHBOARDS_JSON_ENABLED
                    #   value: "true"
                readinessProbe:
                    httpGet:
                        path: /login
                        port: 3000
                    # initialDelaySeconds: 30
                    # timeoutSeconds: 1
                volumeMounts:
                - name: grafana-persistent-storage
                    mountPath: /var
            volumes:
            - name: grafana-persistent-storage
                emptyDir: {}
```

■ grafana-svc.yaml文件内容:

```
apiVersion: v1
kind: Service
metadata:
    name: grafana
    namespace: kube-system
    labels:
        app: grafana
        component: core
spec:
    type: NodePort
    ports:
        - port: 3000
    selector:
        app: grafana
component: core
```

■ grafana-ingress.xml文件内容:

```
`apiVersion: v1
kind: Ingress
```

```
metadata:
    name: grafana
    namespace: kube-system
spec:
    rules:
    - host: kubernetes.grafana
        http:
            paths:
            - path: /
                backend:
                    serviceName: grafana
                    servicePort: 3000
```

4. 执行下面的命令安装

```
kubectl create -f  node-exporter.yaml
kubectl create -f  node-exporter-svc.yaml
kubectl create -f  prometheus-rbacyaml
kubectl create -f  prometheus-configmap.yaml
kubectl create -f  prometheus-deploy.yml
kubectl create -f  grafana-deploy.yaml
kubectl create -f  grafana-svc.yaml
kubectl create -f  grafana-ingress.xml
```

Node Exporter 对应的 Nodeport 端口为 31672，通过访问 http://10.47.43.115:31672/metrics 可以看到对应的 metrics；Prometheus 对应的 Nodeport 端口为 30003，通过访问 http://10.47.43.115:30003/target 可以看到 Prometheus 已经成功连接上了 Kubernetes 的 API 服务器。通过以上方式可以检查环境是否安装好。

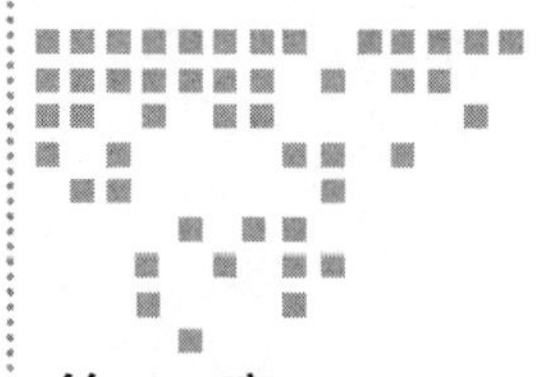

Chapter 14 第 14 章

TensorFlow on Kubernetes

TensorFlow 是 Google 2015 年 11 月开源的采用数据流图用于数值计算的软件，主要用来进行模型的训练与学习，是人工智能训练平台的重要组成部分。由于 TensorFlow 本身没有调度功能，一般都要借助于 Kubernete 或 Yarn 进行调度。同时 TensorFlow 也可以以服务的方式提供，在租户申请时进行部署，本章主要介绍 TensorFlow on Kubernetes 相关的内容。

14.1 TensorFlow 简介

TensorFlow 是 Google 研发的第二代人工智能学习系统。从 TensorFlow 的名称可以看出，它是由 Tensor 及 Flow 组成的，Tensor（张量）代表 N 维数组，Flow（流）代表数据流图，TensorFlow 意思为张量从流图的一端流动到另一端计算过程。TensorFlow 可被用于语音识别或图像识别等多项机器学习和深度学习领域。

TensorFlow 作为分布式机器学习平台，系统架构如图 14-1 所示。

训练库 | 推导库

Python 客户端 | C++ 客户端 | …

C API

Master 集群 | 数据流执行器

内核 kernel

网络层 RPC RDMA 设备层 CPU GPU

图 14-1　TensorFlow 架构图

从架构图中可以看出 TensorFlow 由网络层、设备层、内核层、调度执行层、API 层组成。RPC 和 RDMA 位于网络层，提供网络层服务，主要负责传递神经网络算法参数。CPU 和 GPU 位于设备层，提供设备层服务，主要负责神经网络算法中具体的运算操作。调度执行层包括内核 Kernel 及数据流执行器两部分。内核 Kernel 为 TensorFlow 中算法操作的具体实现，包括卷积操作、激活操作等。Master 集群用于构建子图，把子图切割为多个分片，并将不同的子图分片调度到不同的设备上运行，Master 集群还负责分发子图分片到 Executor/Work 执行器上。Executor/Work 执行器在设备（CPU、GPU 等）上调度执行子图操作；并负责向其他 Worker 发送和接收图操作的运行结果。API 层目前主要提供 C 语言的 API，通过 C API 层将 TensorFlow 分割为前端和后端，前端（Python/C++/Java Client）基于 C API 触发 TensorFlow 后端程序运行。训练库和推导库是模型训练和推导的库函数，为用户开发应用模型使用。

TensorFlow 涉及两种类型的服务器：参数服务器和计算服务器。具体如图 14-2 所示。

客户端 → Master 节点 → 参数服务器 / 计算服务器

图 14-2　TensorFlow 节点调用图

参数服务器负责存储并管理神经网络的参数取值，计算服务器负责参数的梯度。由于训练的数据多，计算复杂，因此在单机环境下无法训练大型的神经网络，这时可以将 TensorFlow 部署在 Kubernetes 上进行分布式训练。

TensorFlow 分布式训练也有两种方式：同步模式及异步模式。同步模式是所有服务器先读取参数的取值后再计算参数的灰度，最后统一进行参数的更新，存在快的服务器等待慢的服务器的情况，造成资源浪费。异步模式是各个不同服务器自己读取参数取值后计算梯度并更新参数，而不需要与其他服务器同步，效率相对较高。

TensorFlow 训练平台能在 CPU、GPU 上执行训练任务，由于 CPU 的并行处理能力弱，通常情况下会选择 GPU 作为执行逻辑单元。对于在 Docker 下如何支持 GPU，之前的章节已经介绍了，下文简要介绍 Kubernetes 如何支持 GPU 以及 TensorFlow 如何运行在 Kubernetes 上的相关实践。

14.2　在 Kubernetes 上部署 TensorFlow 的价值

TensorFlow 仅仅是一个训练框架，但是它不具备在分布式训练环境下需要的框架部署、训练任务调度、监控、失败重启、监控检查、服务启停、进程关闭等生命周期管理功能，而将它部署到 Kubernetes 平台上就具备了这些功能，具体优势如下：

■ 解决启动配置复杂问题

通过基于 Kubernetes 的容器云配置中心存储启动参数和环境配置，集群部署时不需要登录每台服务器做配置，直接进行配置下发，简化启动过程减少出错。

■ 缩短训练时间

在大规模数据集训练时受硬件配置的限制，模型训练时间非常长，有时候会长达几个星期，企业业务无法快速上线；在线服务时性能差、能耗高、运行成本昂贵。通过基于 Kubernetes 的容器云，可以快速弹性按需分配计算资源，提高算力，从而缩短训练时间。

■ 统一资源管理

进行资源统一管理与调度，不需要用户人工维护、分配和回收资源，便于实现多用户、多任务场景下的资源管理；原生 TensorFlow 深度学习框架无法实现集群监控，需要人工监控每台服务器的状态。

■ 提供容错功能

在做分布式模型训练时没有容错机制，当某个节点宕机时会导致整个任务失败或者因为业务需要进行暂停时，需要重新提交任务，这对于一些动辄需要一个星期才能训练完成的模型来说是不可接受的。

14.3 Kubernetes 如何支持 GPU

Kubernetes 支持容器请求 GPU 资源（目前仅支持 Nvidia GPU），在深度学习等场景中有大量应用。在使用 Kubernetes 支持 GPU 前，需要 Docker 支持 GPU，Docker 如何支持 GPU 的内容参见前面的章节。

在 Kubernetes1.3 中开始支持 Nvidia GPU，但是 Alpha 版本，且只能支持单块 GPU 卡。Kubernetes 1.6 版本更全面地支持 GPU，支持单机多卡功能，但每个 Docker 之间是无法共享 GPU 的，并且每个容器集群必须是同型号的 GPU，如果型号不同就需要配置不同的节点标签及选择器。

Kubernetes 1.8 版本提供了 Device Plugin Framework，不改变 Kubernetes 核心代码，发布资源到 Kubelet。Vendors 实现一个 Device Plugin，通过手动部署或者使用 Daemonset。目标设备包括 GPU、高性能 NIC、InfiniBand，以及可能需要 Vendor 特定初始化和建立的计算资源。

Kubernetes 1.10 版本中 Device Plugin 默认状态是打开的，在 1.8 版本中是关闭的。

在 Kubernetes 中使用 GPU 需要预先配置：

■ 在所有的 Node 上需要安装 Nvidia 驱动，包括 Nvidia CUDA Toolkit 和 cuDNN 等。

■ 在 API 服务器和 Kubelet 上开启“--feature-gates="Accelerators=true"”。

■ Kubelet 配置使用 Docker 容器引擎（默认就是 Docker），其他容器引擎暂不支持该特性。

14.3.1 使用方法

使用资源名 http://alpha.kubernetes.io/nvidia-gpu 指定请求 GPU 的个数，具体文件内容如下：

Pod.xml 文件内容：

```
apiVersion: v1
kind: Pod
metadata:
    name: mytensorflow
spec:
    restartPolicy: Never
    containers:
    - image: gcr.io/tensorflow/tensorflow:latest-gpu
        name: mygpucontainer
        command: ["python"]
        env:
        - name: LD_LIBRARY_PATH
                value: /usr/lib/nvidia
        args:
        - -u
        - -c
           - from tensorflow.python.client import device_lib; print device_lib.
list_local_devices()
        resources:
            limits:
                alpha.kubernetes.io/nvidia-gpu: 1 # requests one GPU
        volumeMounts:
        - mountPath: /usr/local/nvidia/bin
            name: bin
        - mountPath: /usr/lib/nvidia
            name: lib
        - mountPath: /usr/lib/x86_64-linux-gnu/libcuda.so
            name: libcuda-so
        - mountPath: /usr/lib/x86_64-linux-gnu/libcuda.so.1
            name: libcuda-so-1
        - mountPath: /usr/lib/x86_64-linux-gnu/libcuda.so.375.66
            name: libcuda-so-375-66
    volumes:
        - name: bin
            hostPath:
                path: /usr/lib/nvidia-375/bin
        - name: lib
            hostPath:
                path: /usr/lib/nvidia-375
        - name: libcuda-so
            hostPath:
                path: /usr/lib/x86_64-linux-gnu/libcuda.so
        - name: libcuda-so-1
            hostPath:
                path: /usr/lib/x86_64-linux-gnu/libcuda.so.1
        - name: libcuda-so-375-66
            hostPath:
                path: /usr/lib/x86_64-linux-gnu/libcuda.so.375.66
```

执行 kubectl create -f pod.xml 生成 Pod。

执行 kubectl logs tensorflow 查看日志，显示的日志内容如下：

```
...
[name: "/cpu:0"
device_type: "CPU"
memory_limit: 536870912
locality {
}
incarnation: 9675741273569321173
, name: "/gpu:0"
device_type: "GPU"
memory_limit: 22665337242
locality {
    bus_id: 1
}
incarnation: 7807115828340118187
physical_device_desc: "device: 0, name: Tesla K80, pci bus id: 0000:00:04.0"
```

注意

- GPU 资源必须在 resources.limits 中设置，而不是在 resources.requests 中设置。
- 容器可以请求 1 个或多个 GPU，不能只请求一个 GPU 的一部分。
- 多个容器之间不能共享 GPU。
- 默认假设所有 Node 安装了相同型号的 GPU。

14.3.2 多种型号的 GPU

如果集群 Node 节点中安装了多种型号的 GPU，则可以使用 Node Affinity 来调度 Pod 到指定 GPU 型号的 Node 节点上。

首先，在集群初始化时，需要给 Node 打上 GPU 型号的标签，代码如下：

```
NVIDIA_GPU_NAME=$(nvidia-smi  --query-gpu=<gpu_name>   --format=csv,noheader
--id=0)
source /etc/default/kubelet
KUBELET_OPTS="$KUBELET_OPTS  --node-labels='alpha.kubernetes.io/nvidia-gpu-
name=$NVIDIA_GPU_NAME'"
echo "KUBELET_OPTS=$KUBELET_OPTS" > /etc/default/kubelet
```

然后，在创建 Pod 时设置 Node Affinity，代码如下：

```
kind: pod
apiVersion: v1
metadata:
    annotations:
        scheduler.alpha.kubernetes.io/affinity: >
            {
                "nodeAffinity": {
```

```
                "requiredDuringSchedulingIgnoredDuringExecution": {
                    "nodeSelectorTerms": [
                        {
                            "matchExpressions": [
                                {
                                    "key": "alpha.kubernetes.io/nvidia-gpu-name",
                                    "operator": "In",
                                    "values": ["Tesla K80", "Tesla P100"]
                                }
                            ]
                        }
                    ]
                }
            }
        }
spec:
    containers:
        - image: gcr.io/tensorflow/tensorflow:latest-gpu
          name: gpu-container-1
          command: ["python"]
          args: ["-u", "-c", "import tensorflow"]
          resources:
              limits:
                  alpha.kubernetes.io/nvidia-gpu: 2
```

14.3.3 使用 CUDA 库

Nvidia Cuda Toolkit 和 cuDNN 等需要预先安装在所有 Node 上，为了访问 /usr/lib/nvidia-375，需要将 CUDA 库以 hostPath Volume 的形式传给容器器，创建 Pod.xml 文件，代码如下：

```
apiVersion: batch/v1
kind: Job
metadata:
    name: my-nvidia-smi
    labels:
        name: nvidia-smi
spec:
    template:
        metadata:
            labels:
                name: nvidia-smi
        spec:
            containers:
            - name: nvidia-smi
              image: nvidia/cuda
              command: [ "nvidia-smi"]
              imagePullPolicy: IfNotPresent
              resources:
```

```
            limits:
                alpha.kubernetes.io/nvidia-gpu: 1
        volumeMounts:
        - mountPath: /usr/local/nvidia/bin
            name: bin
        - mountPath: /usr/lib/nvidia
            name: lib
    volumes:
        - name: bin
            hostPath:
                path: /usr/lib/nvidia-375/bin
        - name: lib
            hostPath:
                path: /usr/lib/nvidia-375
    restartPolicy: Never
```

执行 kubectl create -f pod.yaml，生成 Pod。

执行 kubectl logs nvidia-smi-kwdm 查看日志。

14.4 TensorFlow on Kubernetes 架构

TensorFlow on Kubernetes 架构如图 14-3 所示。

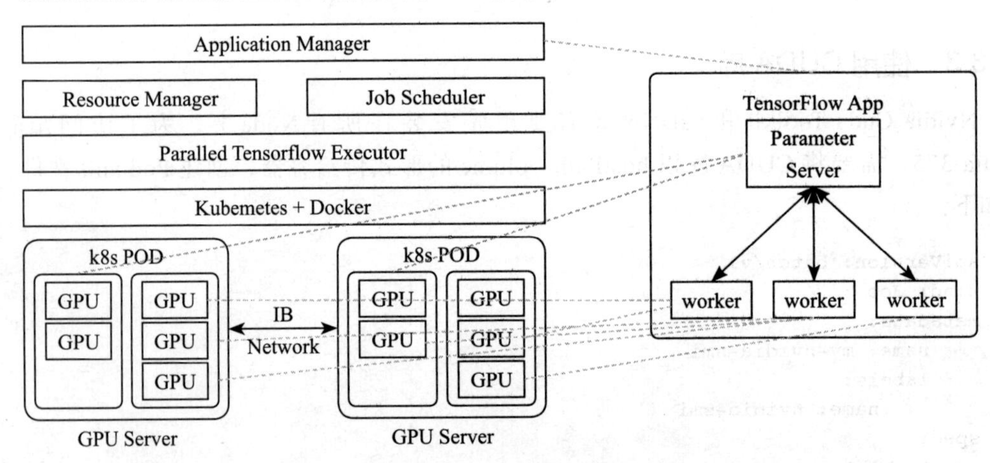

图 14-3 TensorFlow on Kubernetes 架构图

1）使用英伟达 GPU 搭建高性能的容器云计算环境。

2）Docker 容器使用 GPU 资源，在一个容器中绑定多个 GPU 核，Kubernetes 通过 Docker 使用英伟达 GPU 资源池。

3）将 TensorFlow 作为一个应用部署到 Kubernetes 的环境中，TensorFlow 使用 Kubernetes 管理集群，创建训练用的 Pod，部署 PS 参数服务器及 Work 进程服务器进行训练使用。

14.5 TensorFlow 部署实践

经过前面的实践后，Kubernetes 集群环境支持了 GPU，下面介绍如何部署 TensorFlow 到 Kubernetes 集群环境中。

14.5.1 下载镜像

在 TensorFlow 的官网下载镜像文件，gcr.io/tensorflow/tensorflow:latest 镜像是 TensorFlow 提供的官网镜像。

14.5.2 yaml 文件准备

TensorFlow 包括参数服务器和计算服务器，因此 yaml 文件也要分开。具体内容如下：

- 参数服务器 parametes.yaml

```
apiVersion: v1
kind: ReplicationController
metadata:
    name: tensorflow-ps-rc
spec:
    replicas: 3
    selector:
        name: tensorflow-ps
    template:
        metadata:
            labels:
                name: tensorflow-ps
                role: ps
        spec:
            containers:
                - name: ps
                  image: gcr.io/tensorflow/tensorflow:latest
                  ports:
                  - containerPort: 5555
```

- 计算服务器 work.yaml

```
apiVersion: v1
kind: ReplicationController
metadata:
    name: tensorflow-worker-rc
spec:
    replicas: 3
    selector:
        name: tensorflow-worker
    template:
        metadata:
            labels:
```

```
                name: tensorflow-worker
                role: worker
        spec:
            containers:
                - name: worker
                    image: gcr.io/tensorflow/tensorflow:latest
                    ports:
                    - containerPort: 5555
```

■ 创建参数服务器服务 ps-service.yaml

```
apiVersion: v1
kind: Service
metadata:
    labels:
        name: tensorflow-ps
        role: service
    name: tensorflow-ps-service
spec:
    ports:
        - port: 5555
            targetPort: 5555
    selector:
        name: tensorflow-ps
    selector:
        name: tensorflow-worker
```

■ 创建参数服务器服务 worker-service.yaml

```
apiVersion: v1
kind: Service
metadata:
    labels:
        name: tensorflow-worker
        role: service
    name: tensorflow-wk-service
spec:
    ports:
        - port: 5555
            targetPort: 5555
    selector:
        name: tensorflow-worker
```

14.5.3 执行命令安装 TensorFlow

执行如下命令以完成 TensorFlow 安装工作。

```
kubectl create -f  parametes.yaml
kubectl create -f  worker.yaml
kubectl create -f  parametes-service.yaml
kubectl create -f  worker-service.yaml
```

第 15 章 Chapter 15

Spark on Kubernetes

15.1 Spark 系统概述

15.1.1 Spark 简介

Spark 是一个通用的并行计算框架，由加州伯克利大学（UC Berkeley）的 AMP 实验室开发于 2009 年，并于 2010 年开源。2013 年，Spark 成长为 Apache 旗下大数据领域最活跃的开源项目之一。Spark 也是基于 Map Reduce 算法模式实现的分布式计算框架，拥有 Hadoop MapReduce 所具有的优点，并且解决了 Hadoop MapReduce 中的诸多缺陷。

15.1.2 Spark 与 Hadoop 差异

Spark 是在借鉴了 MapReduce 之上发展而来的，继承了其分布式并行计算的优点并改进了 MapReduce 的明显缺陷。

首先，Spark 把中间数据放到内存中，迭代运算效率高。MapReduce 中计算结果需要落地，即保存到磁盘上，这样势必会影响整体速度，而 Spark 支持 DAG 图的分布式并行计算的编程框架，减少了迭代过程中数据的落地，提高了处理效率。

其次，Spark 容错性高。Spark 引进了弹性分布式数据集（Resilient Distributed Dataset，RDD）的抽象，它是分布在一组节点中的只读对象集合，这些集合是弹性的，如果数据集一部分丢失，则可以根据“血统”（即充许基于数据衍生过程）对它们进行重建。另外，在 RDD 计算时可以通过 CheckPoint 来实现容错，而 CheckPoint 有两种方式：CheckPoint Data 和 Logging The Updates，用户可以控制采用哪种方式来实现容错。

最后，Spark 更加通用。不像 Hadoop 只提供了 Map 和 Reduce 两种操作，Spark 提供的数据集操作类型有很多种，大致分为 Transformations 和 Actions 两大类。Transformations 包括 Map、Filter、FlatMap、Sample、GroupByKey、ReduceByKey、Union、Join、Cogroup、MapValues、Sort 和 PartionBy 等多种操作类型，同时还提供 Count, Actions 包括 Collect、Rcducc、Lookup 和 Save 等操作。另外，各个处理节点之间的通信模型不像 Hadoop 只有 Shuffle 一种模式，用户可以命名、物化，以及控制中间结果的存储、分区等。可以说，Spark 的编程模型比 Hadoop 更灵活。

15.1.3 功能模块

Spark 包含的各模块及其功能见表 15-1。

表 15-1 Spark 中的模块及其功能

子系统名称	模块名称	功能
Spark 核心	Driver	维护参数配置
		连接集群
		产生 RDD
		文件上传、下载至服务器
	Executor	线程池
		执行作业
		反馈作业执行结果
		度量作业
	部署	节点资源管理器（Worker）
		所有节点管理器（Master）
		Rest 服务接收应用
	调度	Job 切分 Stage
		调度 Stage
		Stage 转为 Tasks
		调度 TaskSet

子系统名称	模块名称	功能
Spark 核心	Shuffle	Shuffle 读
		Shuffle 写
		Shuffle 管理器
	存储	存储架构
		存储写
		存储读
	界面	SparkUI 界面
	RDD	RDD 核心要素
		RDD 依赖
		Cache
		CheckPoint
Spark SQL	Catalyst 优化器	Catalyst 优化器
	结构化数据处理入口	SQL 入口
		HiveQL 入口
	DataFrame	DataFrame
Thirft Server	Thirft Server	Thirft Server

15.1.4 功能关系

1. Spark 核心

Spark 核心架构如图 15-1 所示。

- Driver：持有配置集合，能够初始化各种调度器、监听器、清理工具、心跳、守护进程，提供各种接口提交作业。
- Executor：负责执行具体的作业，并向 Driver 汇报执行状态。
- 部署：即 Spark Standalone 的资源框架，主从结构，Master 管理 Worker，Worker 分配资源并创建执行器后提供给 Driver 执行作业。
- 调度：有 DAGScheduler 和 TaskScheduler，DAGScheduler 负责将作业拆分为多个

stage，然后对 stage 进行调度；TaskScheduler 负责将 stage 转化为任务集合，进行调度并分配到不同执行器上执行。

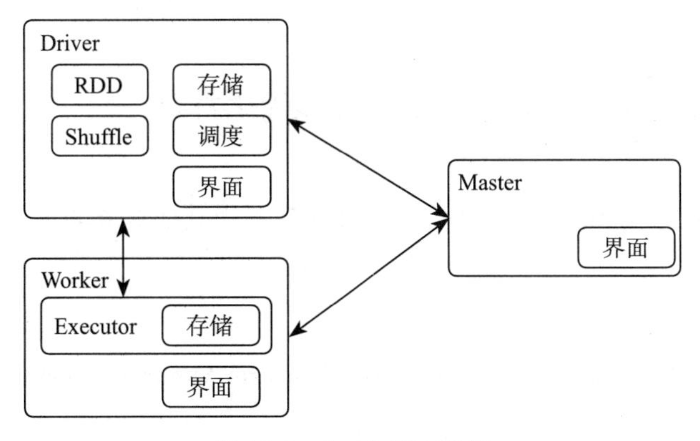

图 15-1　Spark 核心架构

■ Shuffle：负责将父 stage 的中间执行结果存放到本地。
■ 存储：支持内存存储、本地存储和分布式系统存储，支持将 RDD 数据存储在内存中、将 Shuffle 结果存储到本地、将 RDD 数据存储到 HDFS。
■ 界面：应用执行的实时界面，能反映作业的执行情况、执行器的作业状态等。
■ RDD：能够知道 RDD 之间的依赖关系，有多个分片，能够对某个分片进行计算。

2. Spark SQL

图 15-2 所示为 Spark SQL 的架构图。

Spark SQL 具有以下特点：

■ 支持类似 Hive 操作的接口（JDBC Service / CLI）。
■ 支持 DataFrame API。
■ 支持 SQL 语法解析和 HiveSQL 语法解析器。
■ 数据定义语言（DDL）兼容 Hive，并支持扩展（如 Cache Table）。
■ 数据操作语言（DML）兼容 Hive。

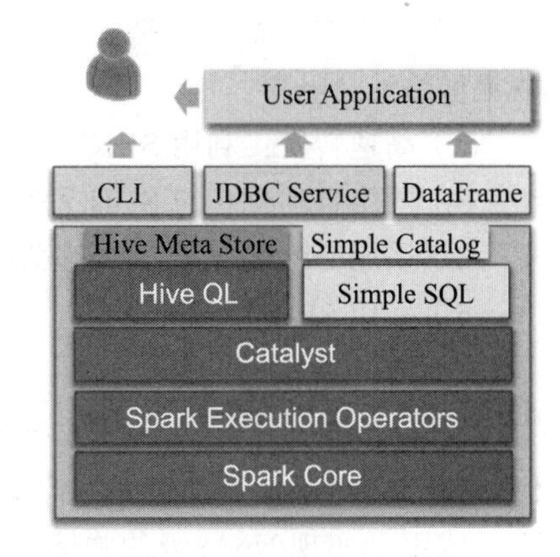

图 15-2　Spark SQL 架构

15.2　基于容器技术的 Spark 部署

15.2.1　基于容器技术部署 Spark 的优势

1）更轻量：容器是进程级的资源隔离，传统虚拟机是操作系统级的资源隔离，容器比虚拟机节省更多的资源开销，更加接近物理机性能。

2）更快速：容器实例创建和启动无需启动Guest OS，实现秒级/毫秒级的启动。

3）更好的可移植性：容器技术（Docker）将应用程序及其所依赖的运行环境打包成标准的容器镜像，进而发布到不同的平台上运行，实现应用在不同平台上的移植。

15.2.2 针对大数据应用：容器的计算性能优化方向

1. CPU绑核

支持容器绑定物理CPU核，保证一些关键业务不受其他业务的干扰，提高这些业务的性能和实时性。

2. NUMA亲和性

支持vCPU调度时考虑内存的NUMA(Non Uniform Memory Access Architecture）架构，使容器内存访问性能达到最优，提升系统性能。

3. 巨页

支持Host分配巨页，从而减少用户程序缺页次数，提高性能。

4. OS实时性增强

支持线程优先级调度和抢占功能，具有灵活的任务调度策略和优先级。

15.2.3 针对大数据应用：容器的网络性能优化方向

1）多网络平面：支持multi-vETH多网卡，每个Pod按需连接到不同网络平面上，实现流量的安全隔离。

2）高速转发：利用SRIOV和DVS提升NFV性能。

3）网络自动化：与SDN紧密结合。

4）采用DPDK优化实现容器间数据转发，基于DPDK优化的DVS实现外部转发。

5）采用SR-IOV增强方案。

15.2.4 针对大数据应用：容器的弹性 & 扩容

1）支持Node节点级弹性伸缩（in/out）：实时监控集群资源的使用情况（CPU/内存），自动或手动实现Node级的弹缩（需要资源层配合）、节点级弹性，实现基础设施资源的动态调整，满足应用的需求。

2）支持服务级弹性伸缩（in/out）：基于容器粒度的资源监控（CPU、内存），根据设定的阈值及策略实现Service级别的弹缩。以Service为粒度将互相关联的一组微服务进行周期弹性伸缩，适应真实业务需求。

3）分布式资源调度：根据调度策略自动实现集群内Pod负载相对均衡，调度算法合理，兼顾Pod负载变化趋势。

15.3　Spark 集群安装

Spark 部署前置条件：部署 Docker 管理环境，在所分配容器环境中安装完成基础 Linux 系统。（对于 Spark 而言，Linux 操作系统层以下完全透明。）

Spark 集群安装需使用 3 台测试服务器，下面是各服务器的角色：

- node1：Worker
- node2：Worker
- node3：Master，Worker

15.3.1　制作 Spark 镜像

首先在虚拟机上打包，包括 jdk、Spark 安装目录、环境变量。

```
#tar -zcvf 192.168.216.29_backup.tar.gz /usr/java  /home  /etc
```

注：虚拟机上已经解压了 Spark 的安装包 spark-2.0.1-bin-hadoop2.4.tgz：

```
#tar -zxvf spark-2.0.1-bin-hadoop2.4.tgz  -C /home/
#mv spark-2.0.1-bin-hadoop2.4
```

Spark 将安装包放到 Docker 宿主机上，创建一个临时目录：

```
[root@paas-controller-172-21-0-2:/tmp/xiaohang]$ ll
total 4188712
-rw-r--r-- 1 root root  630035708 May 25 03:38 192.168.216.29_backup.tar.gz
-rw-r--r-- 1 root root        140 May 25 18:29 Dockerfile
```

编辑 Dockerfile，目的是继承基础镜像，然后载入安装包生成新的镜像：

```
[root@paas-controller-172-21-0-2:/tmp/xiaohang]$ vi Dockerfile
FROM 172.21.0.2:6666/admin/python-27-centos-7.3:2.7.df719c5.1
RUN mkdir -p /tmp/xiaohang
ADD 192.168.216.29_backup.tar.gz /tmp/xiaohang
```

执行命令，生成镜像：

```
#docker build -t="172.21.0.2:6666/admin/python-27-centos-7.3:xiaohang".
```

在将此镜像文件上传到镜像仓库中。

15.3.2　yaml 文件准备

- 创建 spark-rc.yaml

```
apiVersion: v1
kind: ReplicationController
metadata:
    name: spark-pd
spec:
    replicas: 3
    selector:
```

```
        name: spark-pd
    template:
        metadata:
            labels:
                name: spark-pd
        spec:
            containers:
                - name: spark-pd
                    image: 172.21.0.2:6666/admin/python-27-centos-7.3:xiaohang
                    ports:
                    - containerPort: 5555
```

■ 创建 spark-svc.yaml

```
apiVersion: v1
kind: Service
metadata:
    name: spark-svr
    labels:
        name: spark-svr
spec:
    selector:
        name: spark-pd
    clusterIP: None
    ports:
        - port: 5555
            targetPort: 5555
            name: rmport
            protocol: TCP
```

15.3.3 执行命令安装 Spark

执行如下命令，完成 Spark 的安装：

```
kubectl create -f  spark-rc.yaml
kubectl create -f  spark-svc.yaml
```

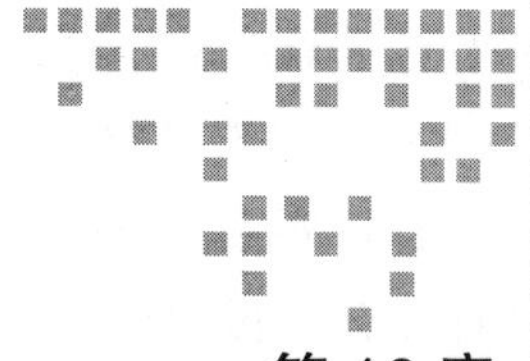

第 16 章 Chapter 16

金融容器云平台总体设计方案

16.1 金融行业为什么需要容器云平台

随着互联网金融行业的发展，对商业银行、保险公司等的 IT 能力及需求快速交付能力提出了更高的要求。按照金融十三五规划，需要在已建设的生产云、开发测试云的基础上进一步建设容器云平台，需要采用业内主流的容器技术，通过新的技术和方案来更好地实现互联网金融的转型，解决金融行业现状面临的一些问题。

1. 业务快速发展需要应用快速上线并且能适应突发性的交易访问需求

随着互联网金融行业的发展，大批创新业务涌现，为了赢得市场先机往往需要应用快速上线，需求快速迭代研发，版本快速持续部署，上线周期从原来的几个月变成现在需要 1 ～ 2 周甚至几天；另外，互联网金融业务是面向个人的业务，用户数据量巨大，访问时间不固定，且波动比较大，如“双 11”、“秒杀”、“抢红包”等业务具有突发性。业务需要快速上线和突发交易量给 IT 基础架构和应用架构提出了新的要求。

2. 环境不一致影响研发效率导致应用快速交付

在应用研发过程中，开发、测试、准生产、生产环境都是独立部署的，各个环境之间是没有关联的，环境的不一致导致研发过程中一些不必要的工作量，对研发质量也有较大的影响。目前，为了保证开发、测试、准生产、生产环境的一致性，通常采用文档及人工方式来实现，效率较低，需要开发、测试、准生产、生产过程中有一个标准化的交付物快速传递。

3. 缺乏 DevOps 有效落地手段，促进开发和运维合作

容器作为轻量级 PaaS 解决方案得到越来越广泛的应用，解决了传统 PaaS 平台复杂、

学习周期长、对开发侵入性强等问题，实现持续集成和持续发布的载体，容器镜像成为交付的标准，因此为 DevOps 落地提供了有效的手段。

通过 Docker 搭建轻量级的容器平台（Container as a Service），可以很好地结合 IaaS 和 PaaS 两者的优势。Docker 作为平台的切入点，不同于其他云计算平台，容器平台将以容器化应用的镜像文件作为交付的标准，为金融企业提供了一个快速构建、集成、部署、运行容器化应用的容器平台，从而提高应用开发的迭代效率，简化运维环节，降低运维成本。

4. 运维割裂，自动化水平不高，运维人力成本高

金融行业 IT 设备多，应用数量也很多，虽然建立了运维体系，部署了一些自动化工具，但是运维中还有大量的手工操作，工作量很大，运维投入也很大。Docker 的出现使得构造一个对开发和运维人员更加开放的容器平台成为可能。Docker 是一个开源的应用容器引擎，本质是操作系统层的虚拟化，开发者可以打包他们的应用以及依赖包到一个可移植的容器中，然后发布到任何流行的 Linux 机器上。

16.2 容器及编排技术选型

16.2.1 容器选型

容器虚拟化技术是近几年最热的、发展最快的技术之一。目前在其技术选型上有 Docker 技术（Docker 公司）、Warden 技术（Cloud Foundry）、Rocket 技术（CoreOS）等多种方案可选。从目前的市场占有率情况来看，Docker 技术基本处于压倒性优势地位被广泛地应用，因此选择 Docker 作为容器承载技术。

Docker 也存在企业版（Docker EE 版）及社区版（Docker CE 版）两个版本，企业版基于社区版增加了面向企业的管理和安全能力，Docker 企业版在国内由阿里云和 Docker 联合提供技术支持。

如果采用企业版 Docker，存在如下问题：

1）Docker EE 版不开源，无法做到技术的自主掌控。

2）Docker EE 版包括底层的 Containered 和完整的 Datacenter，Datacenter 与很多企业要建设的云平台功能重复。而企业要支付整体费用，随着项目的推广，License 费用问题将会变得突出。

3）Docker EE 版捆绑 Swarm 等模块，目前技术上还不成熟，且开源社区有更强大的工具支持。

4）Docker EE 版的更新频率较慢，依赖阿里云技术支持，出现问题无法得到及时的修复。

Docker CE 版与 Docker EE 版的比较如表 16-1 所示。

表 16-1　Docker CE 版与 Docker EE 版的比较

	Docker CE	Docker EE
技术支持	开源社区	企业支持
操作系统	Ubuntu、Debian、CentOS、Windows 10 等	Ubuntu、CentOS、SLES、RHEL、Windows Server2016 等
安全认证	开源实现	提供安全认证的基础架构和插件等
平台管理	开源实现	提供 Datacenter 简化应用管理
多租户	开源实现	可集成 RBAC 和 LDAP/AD 进行多租户管理
镜像安全	开源实现	镜像安全扫描、镜像数字证书签名、镜像加密

综上所述，推荐使用 Docker CE 版，保持开源技术路线，同时通过合作开发容器云平台补足 Docker 的企业特性。

对于 Docker 具体版本的选择，建议遵循满足需求及稳定的原则，推荐使用 12.6 版本。

16.2.2　编排引擎选型

目前主流的编排引擎有 Docker Swarm、Google 主导的 Kubernetes，还有能对虚拟机、容器都有编排能力的系统，如 Mesos 等。

从目前业界的潮流趋势和社区活跃度来看 Mesos 发展放缓，Kubernetes 居于明显的领先地位。Kubernetes 是 Google 开源的容器集群管理系统，它构建在 Docker 技术之上，为容器化的应用提供资源调度、部署运行、服务发现、扩容缩容等整一套功能，本质上可看作是基于容器技术的 mini-PaaS 平台。所以，Kubernetes 相对来说已经有比较完善的应用托管能力，而在具体实施中，我们则需要在租户管理、网络管理方面做出增强，并在应用的编排服务方面做进一步的支撑。Docker Swarm 目前还不是很成熟，Kubernetes 同 Docker Swarm 的对比如表 16-2 所示。

表 16-2　Kubernetes 与 Docker Swarm 的对比

	Kubernetes	Docker Swarm
1	功能强大，部署较 Swarm 复杂	功能简单，容易安装与配置
2	开源，50000 Commit，社区活跃	捆绑 Docker 引擎，3000 Commit
3	Flannel/Calico/Weave	Host/Bridge/Overlay
4	功能强大，Google 15 年容器管理经验	目前功能比较简单
优点	功能强大丰富，支持场景丰富，开源社区活跃	简单易上手，原生支持 Docker
缺点	学习成本高	功能较少，发展路线存在不确定性

通过对上述编排引擎的对比，Kubernetes 在功能、社区活跃度、性能等方面有较大优势，可支持企业容器云平台的持续方法，因为推荐使用 Kubernetes。

16.3　架构设计

16.3.1　系统架构

系统架构如图 16-1 所示，容器平台构建在 IaaS 平台上，同 IaaS、DevOps、应用支撑系统、PaaS 平台、业务系统同时存在关联。

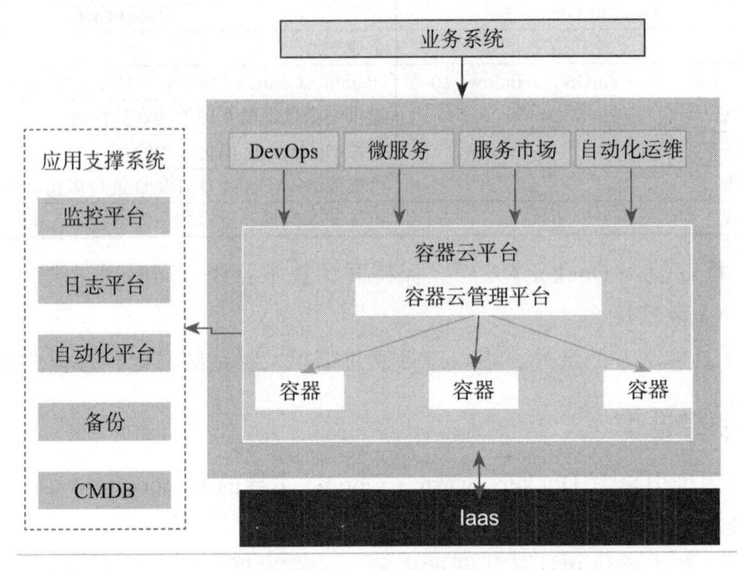

图 16-1　系统架构图

IaaS 为容器云提供基础设施的支撑，提供高可用的环境；容器云同日志平台、自动化平台、备份、CMDB 等对接，建立包括容器云的统一运维体系；开发测试人员通过 DevOps 中的持续集成、持续发布机制将应用版本部署到容器平台，用户在使用过程将相关的日志、告警、事件等信息汇总到应用支撑系统中进行日常的运维。通过容器云可以提供微服务应用运行支撑环境，包括部署、资源调度、状态监控等。在此容器云上同样可以部署多个容器化的中间件以对外提供各种各样的组件服务。

16.3.2　逻辑架构

逻辑架构如图 16-2 所示，最上层是 SaaS，最底层是基础架构资源，容器云平台位于中间区域，包括统一门户、容器云核心平台、DevOps 三个部分。

统一门户包括管理门户及用户门户。管理门户主要包括账户管理、权限控制、单点登录等功能；用户门户包括应用中心、应用拓扑、应用视图、资源视图等。容器云核心层包括容器引擎层、编排调度层、管理层。引擎层主要提供容器引擎、镜像、调度、网络、存储、监控、资源隔离等方面的基础能力；编排调度层主要提供镜像仓库、任务调度、编排工具、负载均衡、网络管理、日志引擎、监控引擎、安全扫描、权限控制等核心模块；管理层主要提供镜像、配置、发布策略、存储卷管理、日志检索、监控视图、用户管理、管理门户、统计报表等功能。

DevOps 包括镜像构建、持续集成、持续部署、Jenkins、GitHub、配置管理、开发环境、测试环境。

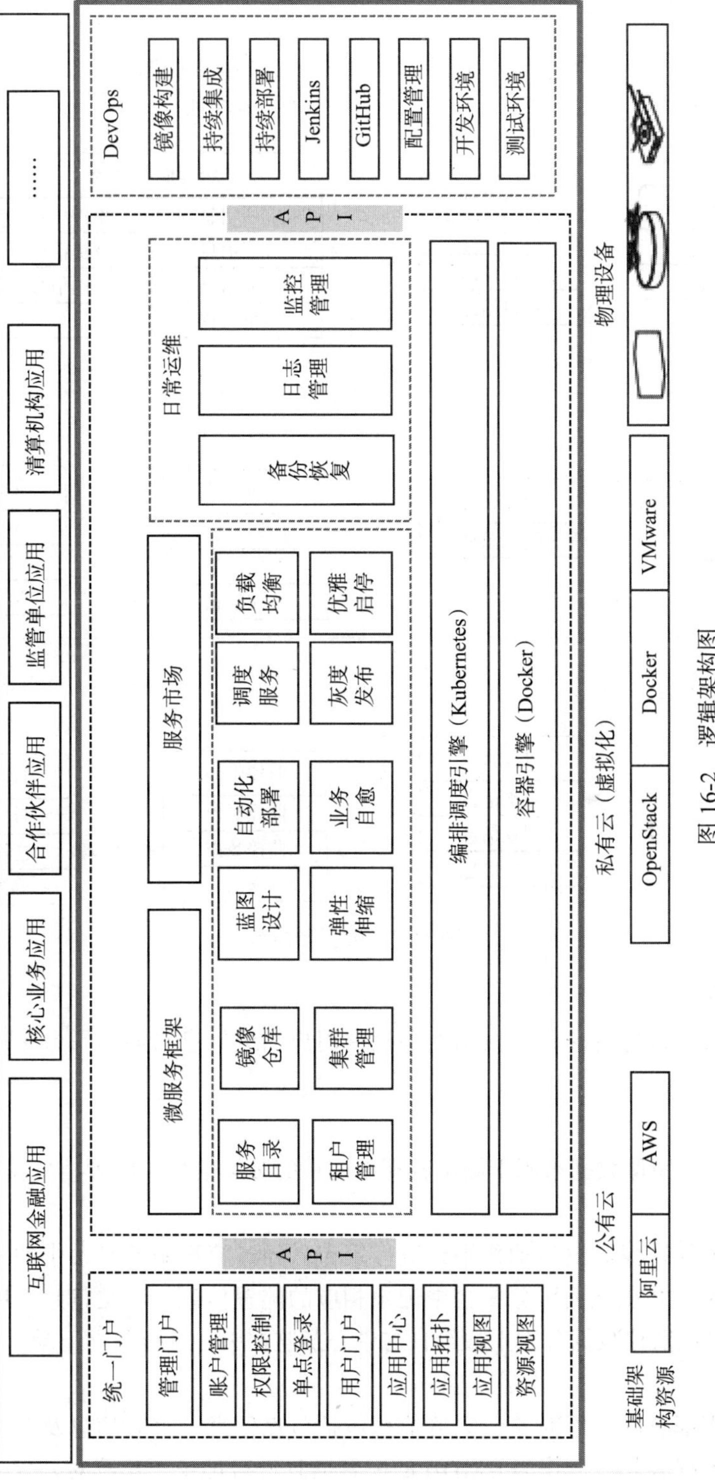
互联网金融应用
核心业务应用
合作伙伴应用
监管单位应用
清算机构应用
……
统一门户
管理门户
账户管理
权限控制
单点登录
用户门户
应用中心
应用拓扑
应用视图
资源视图
API
微服务框架
服务市场
服务目录
镜像仓库
蓝图设计
自动化部署
调度服务
负载均衡
租户管理
集群管理
弹性伸缩
业务自愈
灰度发布
优雅启停
日常运维
备份恢复
日志管理
监控管理
API
编排调度引擎（Kubernetes）
容器引擎（Docker）
DevOps
镜像构建
持续集成
持续部署
Jenkins
GitHub
配置管理
开发环境
测试环境
基础架构资源
公有云
阿里云
AWS
私有云（虚拟化）
OpenStack
Docker
VMware
物理设备

图 16-2　逻辑架构图

16.3.3 数据架构

容器平台同堡垒机系统、版本管理、流程服务平台、自动化平台、监控中心、日志中心相关数据之间存在数据关联关系。其数据架构如图 16-3 所示。

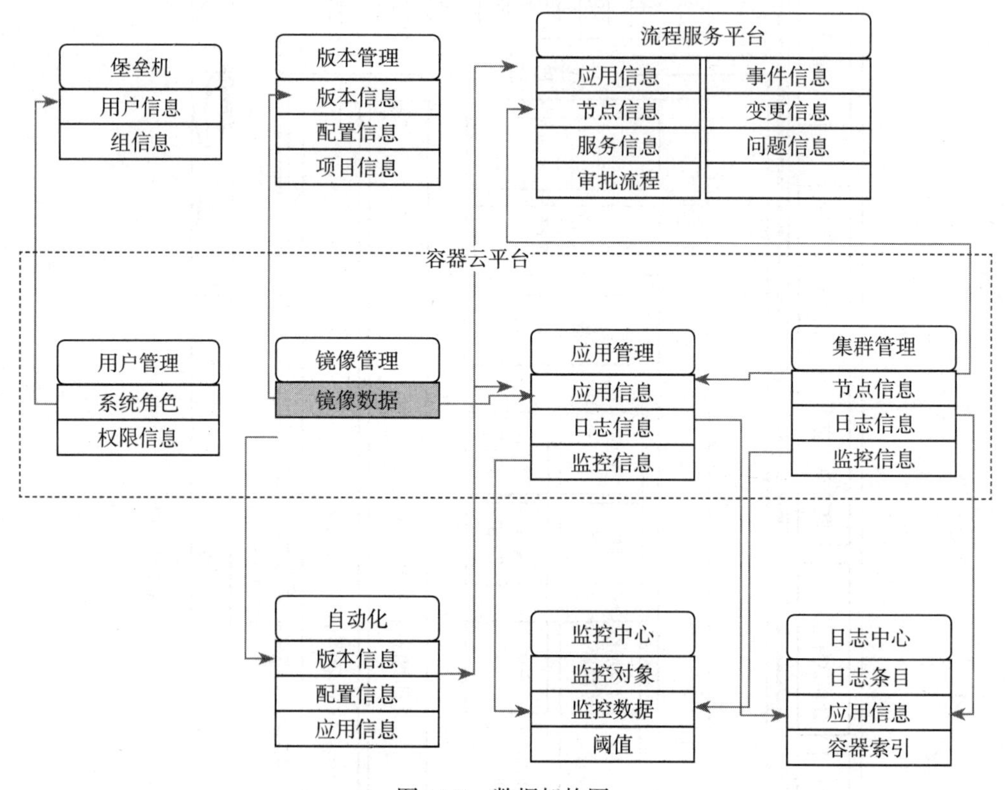

图 16-3 数据架构图

■ 用户数据

用户通过堡垒机进行登录，根据堡垒机中用户的组信息与容器平台中用户的系统角色进行对应建立对应关系。

■ 镜像数据

容器平台中的镜像数据来源于版本管理中记录的版本信息、配置信息及项目信息。

■ 应用信息

镜像仓库中的镜像通过自动化平台进行发布，经过流程服务平台中的流程审批形成容器云平中的应用，并在流程服务平台中记录相应的配置信息及变更信息；应用运行过程中产生的日志信息和监控数据分别上报给日志中心及监控中心进行数据记录。

■ 集群信息

集群是应用部署的目标对象，集群信息包括节点信息、日志信息及监控信息；节点信息需要上报给流程服务平台作为 CMDB 的配置信息进行记录；集群对外提供服务过程中产生的日志信息和监控数据分别上报给日志中心及监控中心进行数据记录。

■ 外部系统数据模型变更

容器平台上线后需要在原来的版本管理、自动化平台、流程服务平台、日志中心、监控中心等外部系统中记录容器相关信息，如节点增加容器类型、日志中心增加容器索引等。

1. 平台内部数据分类

如图 16-4 所示，容器平台中数据按照层次分成三个大类，即管理层数据、编排工具层数据（以下以 Kubernetes 为例）、Docker 容器层数据；Docker 层的数据主要是容器镜像数据、容器静态及动态数据、容器要挂载的持久化卷数据、容器层的日志及监控数据；编排工具层的数据主要是网络数据、配置数据、调度信息、服务信息以及日志监控数据；管理层的数据主要是用户信息、权限信息、镜像仓库信息、系统参数信息、节点信息、集群信息、持久化卷信息、应用参数信息、编排信息、应用信息以及日志及监控数据。

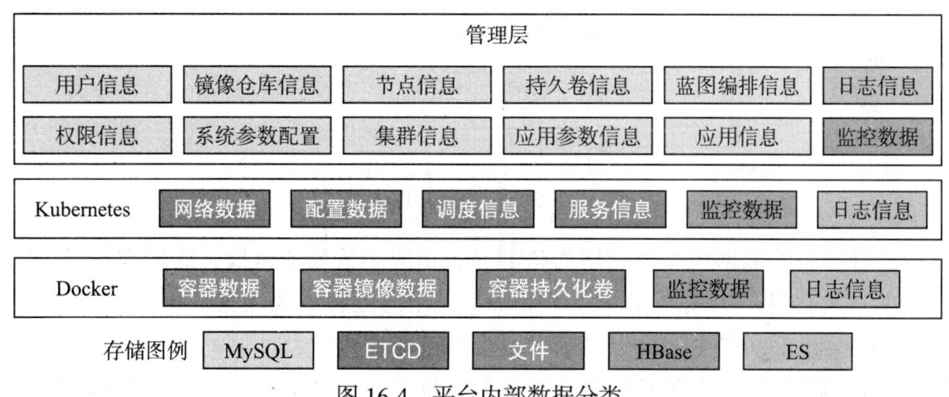

图 16-4　平台内部数据分类

■ 数据存储方面

日志信息最终存储在 ES 中，监控数据存储在 HBase 中；容器镜像存储在 Registry 中，容器数据及持久卷的信息存储在文件中；Kubernetes 层的网络数据、配置数据、调度信息及服务信息存储在 ETCD 中；管理层的数据除了日志及监控外都存储在 MySQL 数据库中。

■ 数据信息的维护方面

用户信息、权限信息、系统参数信息都是通过界面进行数据维护的。

镜像是通过界面上传、修改、删除镜像信息在管理层中增加相关管理数据；在容器层维护具体的镜像文件。

节点、集群管理通过管理界面维护管理数据，通过调用 Kubernetes 提供的 API 维护网络、配置相关的信息并创建容器层容器信息。

通过管理层的编排自动化部署生产应用，通过界面对应用进行维护，如启动、停止等方式来管理 Kubernetes 及 Docker 中的容器信息。

日志及监控信息是在系统运行过程中产生的，并经过采集、传输、存储后供分析展现使用的。

2. 数据模型

金融容器平台主要数据模型分成三大部分：容器云管理模型、容器云集群模型以及用户模型。

■ 容器云管理模型

容器云管理模型主要是对容器云的数据进行抽象形成实体对象，对应的实体关系如图 16-5 所示。

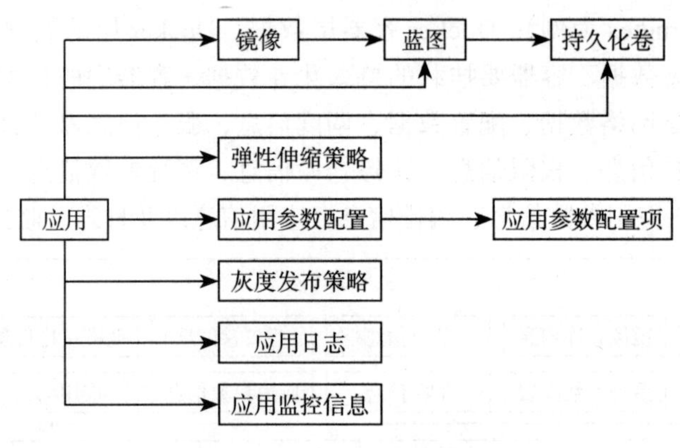

图 16-5　容器云管理模型

容器云管理层的数据模型以应用为核心，包括应用依赖的镜像、应用编排部署的蓝图、应用依赖的持久化卷、应用的弹性伸缩策略、应用的配置集及配置项信息、应用的灰度发布策略、应用运行期间产生的日志以及应用监控应用。

应用相关的数据模型贯穿应用及服务整个生命周期，为业务运行运维提供数据保障。

■ 容器云集群模型

容器云集群是容器应用部署的载体，是容器云基础设施，具体的数据模型如图 16-6 所示。

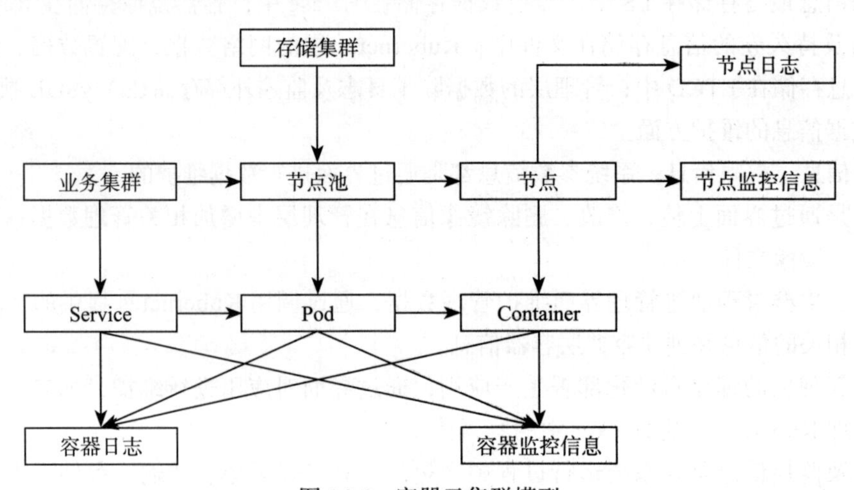

图 16-6　容器云集群模型

容器云集群是数据模型的核心，集群分为业务集群和存储集群。存储集群同持久化卷相关联；业务集群包括节点池、节点等静态信息。应用部署运行时业务集群又包括 Service、Pod、容器等动态模型。集群运行过程中会产生节点日志、容器 / Pod 及 Service 日志、节点监控信息、容器 / Pod 及 Service 的监控信息。

■ 用户模型

用户是任何系统使用的基础，用户模型如图 16-7 所示。

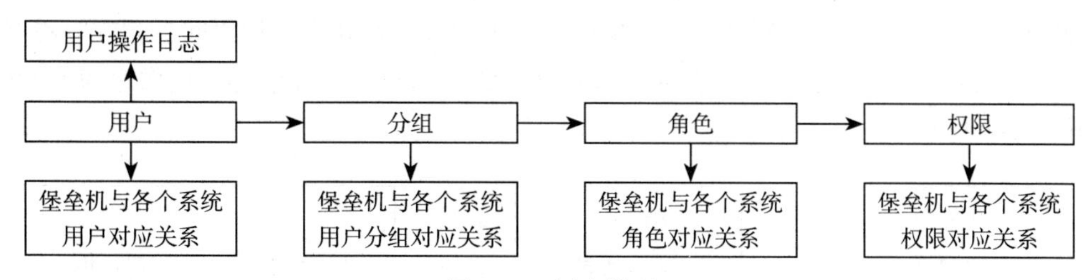

图 16-7　用户模型

用户相关的模型主要包括分组、角色、权限以及用户的操作日志等常规模型；由于容器平台需要同其他系统对接，因此存在与其他系统中的用户、群组、角色、权限的对应关系模型。

16.3.4　技术架构

系统采用 B/S 架构，前端采用 AngularJS 后端采用微服务架构，按照业务功能分为不同的微服务，如租户服务、用户服务、系统注册服务等。如图 16-8 所示。

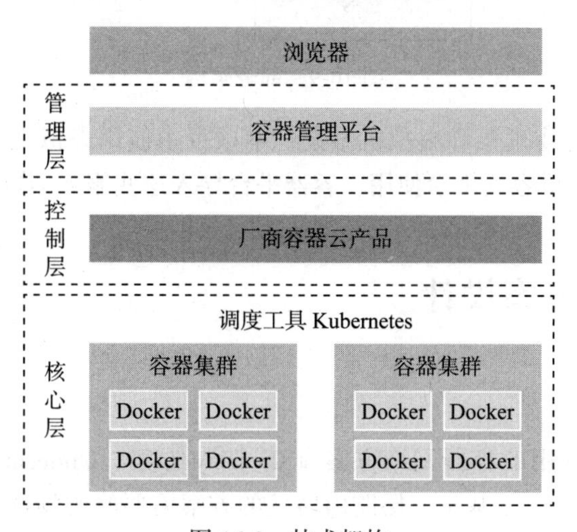

图 16-8　技术架构

开发语言使用 Java、Go、Python、JavaScript。

应用层：容器管理平台采用业界通用的主流技术，前后端分离架构，开发框架后端采用 springboot，前端使用 angulare.js、vue.js。

核心层：与厂家联合研发，使用金融行业内允许使用的通用基础软件和允许使用的开源软件。

基础层：使用 Docker 开源的稳定版本，调度工具使用 Kubernetes。

16.3.5 部署架构

部署时按区域分成开发测试区、准生产区、生产区，这几个区域之间是相互隔离开的，各部署一套容器平台，之间的交互主要同通过镜像仓库同步镜像信息，镜像之间的同步方向如图 16-9 所示。

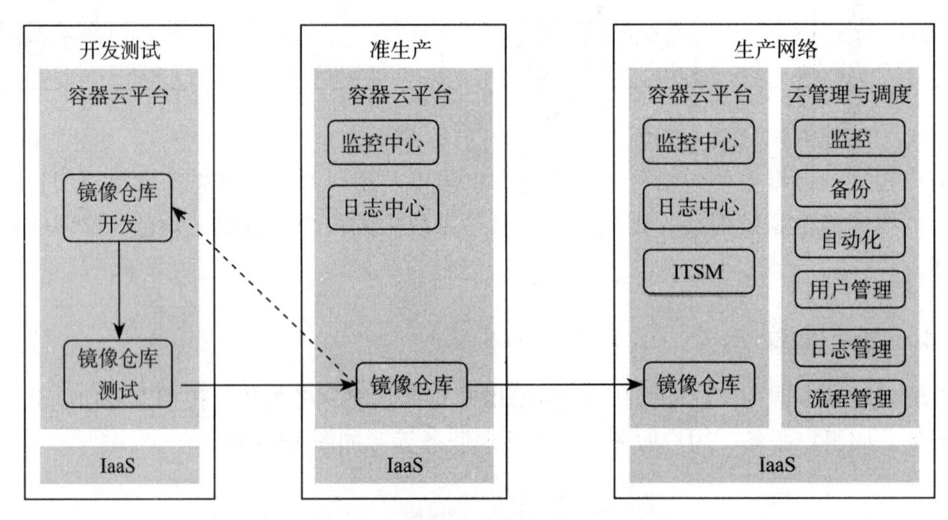

图 16-9 部署架构

容器平台同时支持物理机和虚拟机方案，本项目中使用虚拟机进行试验。IaaS 层预先创建好服务器资源后交付容器平台使用，容器平台导入这些服务器资源建立容器集群。

16.4 关键模块方案设计

16.4.1 网络

对于容器平台，常用的容器网络方案有 Overlay 方案、Underlay 方案和基于三层交换类 BGP 路由转发方案。由于基于三层路由转发的方案需要修改物理主机和物理路由器的路由表项，会对已有的基础设施产生较大稳定性风险，所以不推荐此方案。对于 Overlay 和 Underlay 两种网络方案，各有优劣，因此可以采用两种方案并存的方式，根据具体的使用环境需求选择不同的网络方案。

由于金融企业原有系统非常复杂，网络架构也非常复杂，因此建议不改变现有网络类型，如使用现有的基于 IP VLAN 或 MacVLAN。如果要进行网络技术方案如 SDN 的应用创新，建议从开发测试区开始试点。当然如果要进行多个数据中心的重新规划，采用全新的网络方案虽然很有风险但是也是令人十分振奋的尝试。

16.4.2　存储

Kubernetes 的持久化存储机制的核心是 PV、PVC。PV 是 Volume 插件，关联到真正的后端存储系统，PVC 是从 PV 中申请资源，而无需关心存储的提供方。PVC 和 PV 的关系就如同 Pod 和 Node 一样，Pod 是消费 Node 提供的资源，PVC 是消费 PV 提供的存储资源。PVC 和 PV 通过匹配完成绑定关系，PVC 可以被 Pod 里的容器挂载。

对于用户来说，当用户需要为自己的应用微服务挂载持久卷时，只需要通过自己定义容器通用存储对象组件（后续成为 CCSO）创建持久卷，CCSO 会在 Kubernetes 业务集群创建 PVC/PV，然后到后端存储系统（如 GlusterFS）上创建真正的物理 Volume，并维护好 PVC/PV/Volume 之间的一一映射对应关系。这样用户部署容器时，就可以选择挂载相应的持久卷，部署后相应的卷可以挂载到对应的容器。应用挂载持久卷后，进行读写时就类似于进行本地目录的读写操作。

CCSO 能实现的优势：

- 用户需要操作简便，只需要 UI 或 API 中指定所需持久卷的名称和容量，然后由 CCSO 自动完成相应 PVC/PV/Volume 的动态创建。
- 使用唯一标识确定用户的持久卷并和分布式存储（如 GlusterFS）真正物理 Volume 保持唯一映射，不会错乱。
- 在 Pod 进行重建或者迁移到其他节点时，Pod 可以自动挂回原来对应的持久卷，继续使用原先的数据。
- 多个 Pod 可以共享一个持久卷，从而达到容器间文件共享的目的。

16.4.3　日志

在真正大规模商用系统中每天产生 TB 级的日志，通过之前章节给出的实现方案在性能方面还存在瓶颈，无法满足大规模范围商用的需求，需要进行方案优化以提升性能，下面的描述就是提升性能的一种实现方案。

1. 统一日志收集系统

日志的输出有标准输出和文件输出两种形式。对于标准输出的日志信息，系统通过部署收集代理通过网络直接收集转发；文件日志则通过部署日志文件收集代理（如 FluentD、FileBit 或自制代理工具等）操作。这些数据的收集通道大部分可以复用，只是在最初的收集端会有一些差异。

图 16-10、图 16-11、图 16-12 分别是事件收集模型图、应用日志实时采集方案及平台日志实时采集方案。

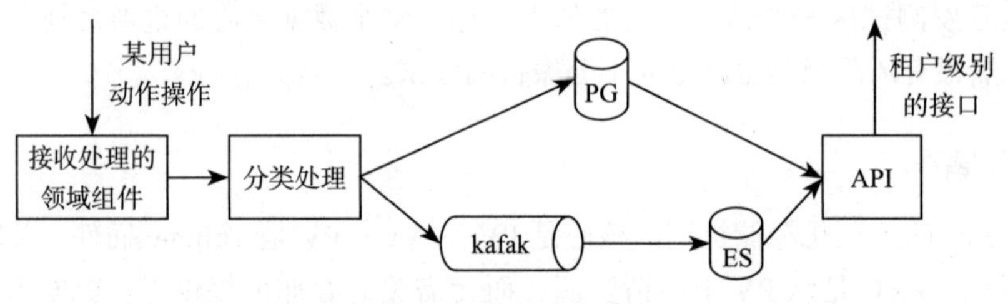

图 16-10　事件收集模型

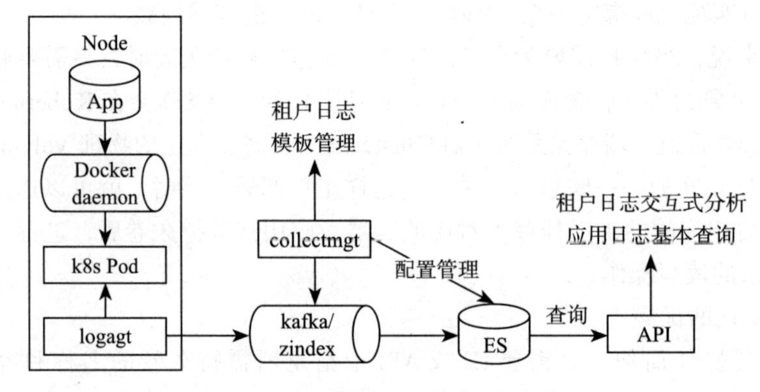

图 16-11　应用日志实时采集方案

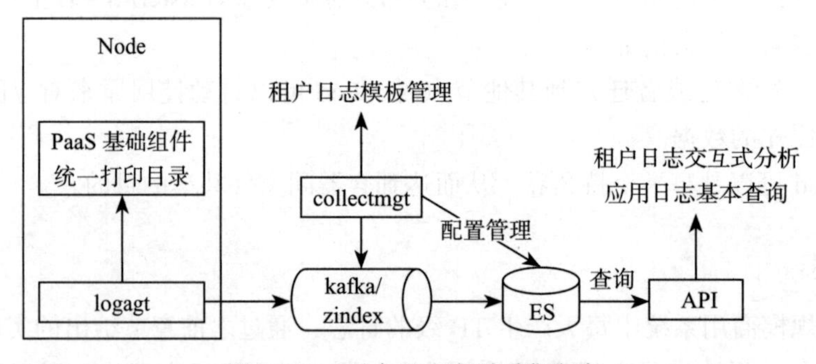

图 16-12　平台日志实时采集方案

收集到的日志数据应当经过日志流处理工具后，送往消息队列分类缓存等待最终入库或投递到第三方。

统一的日志收集器应当支撑系统的以下能力：

1）租户级别的磁盘配额管理。

2）租户级别的日志交互式分析。

3）可定制日志解析格式。

4）插件化支持日志高级智能分析功能：日志智能分类、异常识别、日志告警等。

5）基于拓扑结构的日志查询和展示。

2. 与日志中心对接

各个大企业都会建立企业级日志服务器，容器云平台收集的日志需要同日志中心对接，这就需要在应用层部署相应的对接服务。该服务的功能主要为，提取容器云平台核心层相应对象的数据（事件、操作日志、应用日志等），并通过日志中心的接口推送到日志中心集中存储。

这样，由于日志中心完成了长期持久化的能力，应用层的日志查看管理功能应当与日志中心对接；而核心层的数据保存时间可以较短，只要满足数据传输的可靠性保证以及一些系统功能支撑的需要就可以。

16.4.4　监控

容器监控同传统的监控不同，主要表现在采集频率不同，容器的采集频率更高；采集的数量也不同，容器采集的数量巨大；另外，容器监控除了平台本身外更多关注应用本身及相关的组件。

1. 平台监控

容器平台监控本身平台组件的 CPU、内存、文件系统和网络等性能指标。当性能指标产生异常时，容器平台会根据预置策略进行资源扩容、故障恢复等操作。

数据可以通过系统自有门户进行查看和展示，也可以通过 Restful 接口对接到第三方工具进行查看和展示。

2. 应用监控

（1）性能监控

系统监控应用容器的 CPU、内存、文件系统和网络相关的四大资源类性能指标，并通过性能数据的收集系统按照应用部署拓扑向上汇总报告。

系统应当按照分钟级的可配置粒度汇总数据，原始性能数据采集粒度小于一分钟。可以通过 Restful 接口对接到第三方工具进行查看和展示数据。

（2）可用性监控

系统可以根据配置监控每一个容器应用的可用性，根据部署时确定的监控接口进行定时扫描监控。容器应用应当至少支持预定义的监控方式（Rest、TCP、UDP 等）中的一种。系统扫描可用性接口失败次数超过阈值时将会删除对应的容器（或 Pod）实例。

3. 中间件监控

应用使用的中间件有两种，一种是 Runtime 中间件，即由平台负责部署和维护的中间件服务。这种场景，此中间件的监控和管理由平台提供支撑，负责收集数据并产生相应的告警和事件信息；这些数据也作为平台运维的数据的一部分。

另一种是部署中间件，即平台提供镜像，由用户将其与自己的App一起部署在租户空间。此种场景下，中间件的运维和数据收集就作为用户系统的一部分完成。

4. 交易监控

在容器环境下，需要针对交易的成功率、响应率、响应时间等指标进行监控，对接已有交易监控系统。通过使用容器分配的MacVLAN从网卡引流到外部交易监控系统，将业务数据进行实时或大数据分析工具，对软件系统的业务行为进行跨平台的统一监控。

5. 性能监控

■ 功能简介

监控应用层和平台层的CPU、内存、文件系统和网络相关的四大类性能指标。应用层监控对象主要包括租户、应用（服务和微服务）、Pod和容器，平台层监控对象主要包括集群、节点（裸机或虚拟机节点）、组件和组件实例。

性能数据原始采集粒度为30s，并按5min的粒度进行汇聚。数据可以通过系统自有门户进行查看和展示，也可以通过Restful接口对接到第三方工具进行查看和展示。

■ 方案简介

监控方案如图16-13所示。

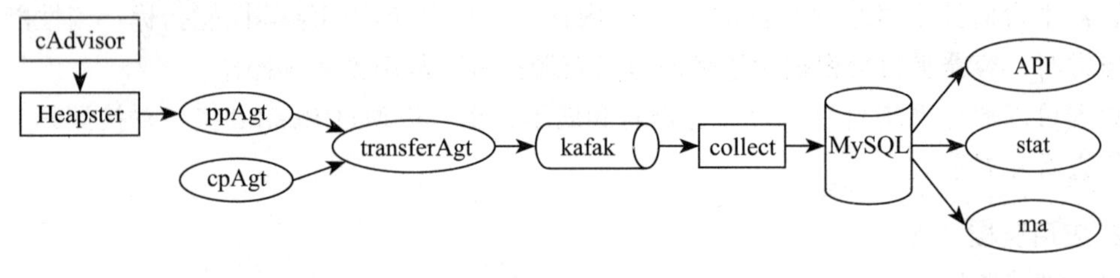

图16-13 监控方案

ppAgt：完成应用性能数据采集。从Kubelet-cadvisor获取Container级的性能数据，然后根据拓扑关系汇聚到Pod、microservice和Service级。

cpAgt：完成平台组件实例和节点的性能数据采集。

transferAgt：提供性能数据上报接口。

collect：消费并入库性能数据。

stat：1）完成30s到5min的性能数据汇聚；2）完成节点到集群的数据汇聚；3）完成组件实例到组件的数据汇聚。

ma：根据阈值对对象的性能指标进行监测和告警。

API：提供性能数据北向Restful查询接口。

■ 接口形式

支持Restful接口形式的性能数据查询，包括单对象数据查询和批量对象数据查询。

6. 事件与告警

容器平台对容器应用的生命周期管理过程中产生的事件进行采集、入库和展示，并将异常的严重事件转换为告警。告警框架支持用户修改或自定义告警规则。

根据数据源管理的对象种类不同，告警 / 事件也分为应用运维和平台运维两个维度。其中，平台事件 / 告警发送给系统管理员处理；而应用的告警 / 事件则发送给系统应用管理员处理。

■ 功能简介

对相关对象的生命周期管理过程中输出的事件进行采集、入库和展示，并将异常的严重事件转换为告警。告警框架支持用户修改或自定义告警规则。告警 / 事件也分为应用运维和平台运维两个维度。

■ 方案简介

架构如图 16-14 所示。

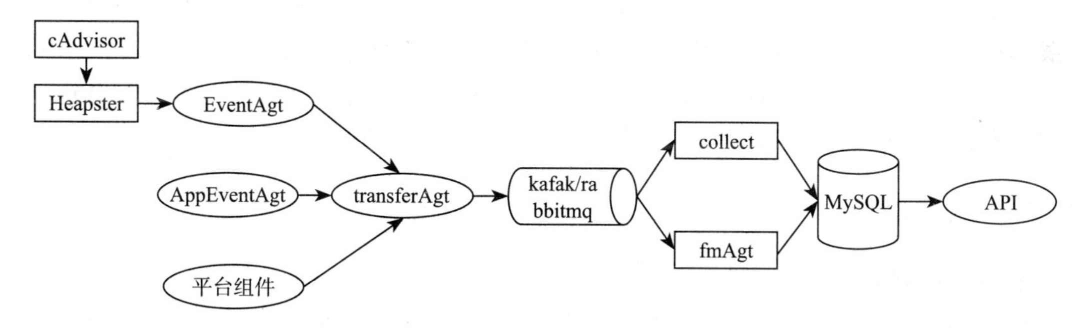

图 16-14　事件及告警方案

EventAgt：采集 Kubernetes 上报事件。

AppEventAgt：上报应用生命周期管理相关事件。

transferAgt：提供事件上报的 Restful 接口。

collect：消费事件并入库。

fmAgt：过滤事件并按告警规则转换为告警；插件化支持告警原因分析功能；支持北向 SNMP 接口。

API：提供事件 / 告警北向 Restful 查询接口。

■ 接口形式

事件：支持 Restful 形式的查询接口

告警：1）以 SNMP 接口形式支持告警的推送、查询和补采功能。2）以 Restful 接口形式支持告警的推送和查询功能。

16.4.5　配置中心

应用开发中都会涉及配置文件的变更，如在面向 Web 的应用程序中需要连接数据库、缓存甚至是队列等。而一个应用上线涉及开发环境、测试环境、准生产环境，直到最终的线上环境，每一个环境都要定义其独立的配置。

为了管理好以上配置，容器平台设置有专门配置中心模块，包括两部分内容：容器平台与周边系统对接的配置，容器云支撑的应用及服务的配置，通过这些配置提高容器平台的灵活性及适应性。

1. 系统对接配置

容器平台是金融系统中的一部分，需要同堡垒机、日志系统、监控系统、流程服务平台、自动化平台对接，包括服务地址、用户名密码等信息。

2. 容器应用配置

容器是应用标准化交付的方式，传统的应用部署到容器中，需要配置剥离出来管理，当配置发生变更时通过配置中心的配置下发功能下发到各个节点上。

容器应用配置包括配置集、配置项等相关信息，一个配置集中包括至少一个配置项，一个应用包括零个或者多个配置集。配置项及配置集包括增加、修改、删除、查询等功能。

在容器平台中配置是通过环境变量或者ConfigMap来实现管理的，早期使用环境变量方式，现在主要是通过ConfigMap方式。

16.4.6 安全管理

1. 用户权限管理

- 容器云对接到堡垒机中，其中堡垒机中保存用户信息、容器平台中保留资源信息、授权信息。堡垒机的用户按照组织架构分组管理，在容器平台中建立这些组对接的用户。
- 用户在日常维护时，使用容器平台的低用户权限。用户先登录到堡垒机，堡垒机根据用户的映射关系，使用该用户对应的组用户登录容器平台。
- 用户在变更时，使用容器平台的高用户权限。用户在服务流程平台提交申请，申请获批后登录到堡垒机，堡垒机根据用户的映射关系，使用该用户对应的组的高权登录容器平台。
- 容器平台提供项目注册以及配额信息的管理，管理员控制项目数量以及各个项目的资源上限。
- 容器平台可以维护用户的注册、添加，支持对本地账号设置强制的密码强度要求。
- 容器平台用户的登录，支持本地账户、LDAP账户以及SSO对接账户的身份验证。对于成功登录的用户，发放Token用于后续的身份验证；对于连续多次登录失败的账号，会进行短时间封禁；对于长时间未修改密码或者密码强度不够的账号，会根据配置推荐或强制其修改密码。
- 容器平台的用户安全模块在架构中还充当API网关的职责。用户在外部调用PaaS平台 API 的时候，请求都会优先转发给用户安全管理组件以便验证 Token，确认用户身份和角色信息，并根据用户访问的 Restful API 的方法和路径解析当前用户是否有相应权限，只有有权限的请求才会被转发给内部组件处理。

2. 证书管理模块

容器平台支持为租户应用申请证书或者绑定第三方证书，实现 TCP 连接 SSL 加密的安全目的。相关 SSL 证书会绑定在对外的服务地址上面。

3. 容器镜像扫描模块

支持采用开源可控的镜像扫描方案（如 Clair 容器方案），为软件仓库中每一个新入库的镜像提供安全扫描，并持续检查漏洞情况。管理员可以第一时间发现镜像当前存在的安全漏洞，从而采取相应修复措施。

16.4.7　管理门户

1. 管理门户

容器平台的管理门户主要完成容器化平台的生命周期管理，主要包含：总览、资源管理、系统设置等功能。

- 总览：根据使用者的身份差异化显示出租户或系统的配额资源使用情况，不限于告警、事件、应用数量、存储卷配额使用率、CPU 使用率、MEM 使用率、蓝图配额使用率等，用户可根据自己的实际需求来编排显示所需要的内容。
- 资源管理：资源管理主要包括基础设施的管理、业务集群管理、存储管理以及网络管理相关功能。基础设施就是用来对接底层的，如 OpenStack 或 VMware。基础设施管理包括基础设施的名称、对接的 URL 等基本信息的管理，节点资源池管理，节点管理。业务集群管理主要是业务基本信息的管理（如名称、类型等），还包括集群下的节点管理（如绑定内核、标签管理等）。存储管理主要是名称、容量等基本信息的管理以及存储节点的管理。网络管理主要是进行网络平面的定义。
- 系统设置：系统设置主要是系统自身的一些参数以及与其他系统对接的参数配置，如备份服务地址、告警对接等。

2. 应用管理

应用管理主要是对容器平台中的应用进行全生命周期管理，包括编排、自动化部署、应用配置参数管理、持久化卷管理、应用管理、灰度升级、弹性伸缩、监控等信息。

1）应用编排：可实现复杂应用的编排，包含应用拓扑组成、网络配置、服务访问配置、引用的服务目录、弹性伸缩策略、参数配置、PVC 等，支持一键部署应用上线。

2）持久化卷：提供持久化卷管理功能，除增删改查卷的基本功能，还提供图形化界面进行卷文件管理。

3）应用配置管理：提供应用配置参数及环境变量的管理，对应用的容器镜像同配置参数等分类管理。

4）应用管理：该页面显示用户归属项目下的所有应用，通过该页面可以监控应用性能并管理应用，具体功能如下：

- 以列表方式整体显示出容器化应用的运行状态和告警信息，用户可停止、重启和删除应用。
- 每个应用可按照服务、Pod 和容器三个层次逐级显示出运行状态、创建日期以及如 UUID/ 节点 IP 之类的基本信息等。
- 提供性能监控统计功能，可按照服务、Pod 和容器三个层级显示出 CPU、内存、硬盘、网络的资源使用率的曲线图，可按照实时、1 小时和 1 天等多个不同粒度显示。
- 容器提供超级终端功能，可通过访问容器操作系统进行运维。
- 每个应用可按照服务、Pod 和容器三个层级显示出生命周期发生的事件。
- 应用下的每个服务显示出外部访问地址以及服务名。
- 应用参数配置。
- 应用持久化卷管理。
- 应用的弹性伸缩。
- 应用灰度发布。

5）应用监控管理：应用监控管理主要是对应用运行状态进行监控，包括日志、事件、告警以及容器运行的主机、容器等 CPU、内存、磁盘及网速进行监控。

3. 报表管理

可按照整个系统或应用的维度产生各种资源配额使用率的历史统计数据，并生成曲线图，如系统容量统计、资源统计、应用统计等方案的报表。

4. 服务目录

服务目录为用户提供容器化中间件服务，中间件类型覆盖消息队列、内存数据库、Web 服务器、Tomcat、负载均衡等，容器化中间件用户即申请即创建。

16.4.8 微服务网关

作为微服务的入口，其并发压力都在网关，当网关的并发能力无法支撑用户量的时候就需要部署多个网关，然后在网关的前面加一个负载均衡服务器，则 API 网关的各种业务请求均会转发到对应的功能模块。

1. 几种网关实现方案

实现微服务网关可以采用开源方案或者商业化方案，目前主流的实现方案有如下几种：

- Nginx+Lua

Nginx 主要是一个 HTTP 反向代理服务器，应用也十分广泛，可以通过 Lua 写脚本来进行扩展，但不能对 API 进行真正管理，尽管此方案也是一个成熟的方案，但不能算作真正意义上的网关。

■ Kong

Kong 是 Mashape 提供的一款 API 管理软件，采用插件以便应用进行扩展，同时也提供了大量的插件供使用，通过使用不同的插件来实现不同的功能扩展。它本身是依赖 Nginx 的，性能及稳定性很好，但它是商用软件，需要付费。

■ Spring Cloud Zuul 构建网关

Zuul 是 Netfix 的 API 网关，Spring Cloud 对其有较多的扩展，但是 Spring Cloud 还需要完善路由规则的动态配置才能更好使用，目前都是写在配置文件中。

这些开源方案都或多或少地存在一些问题，因此需要在开源基础上定制开发 API 网关。

2. 自研 API 网关实现方案

下面简要介绍一种实现 API 网关的方案：基于 OpenResty 二次开发；使用 Redis 存储微服务的路由信息；基于正则表达式实现 API 服务、IUI 内容、自定义服务分离；使用 Redis 连接池、跳转信息缓存、正则表达式编译缓存。架构图如图 16-15 所示。

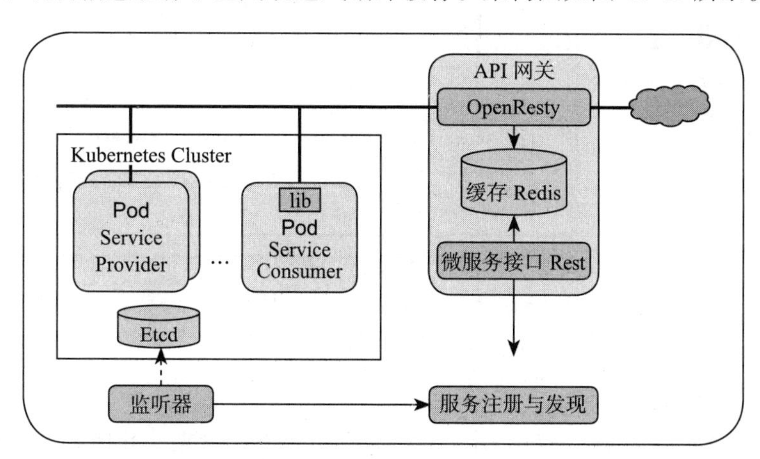

图 16-15　自研 API 网关架构图

容器平台的 API 网关分为平台管理网关和应用网关。

平台管理网关即核心层对外暴露的 API 的访问入口，主要由管理层或应用层来访问；而应用网关则是租户部署的应用对外暴露服务能力的入口，通常是 Rest 接口，也可以是 TCP 或 UDP 的端口。

一般的，平台的 API 网关有严格的鉴权体系，其 API 调用一定会要求相应的租户身份的验证；而应用 API 网关的接入鉴权则由用户部署的应用自身完成。

16.4.9　DevOps

金融企业在没有建设容器云平台之前都基本上已经有了 DevOps 相关的工具链，但大都是部署在物理机或 IaaS 上，因此需要将容器云平台相关的开发测试环境同原有的工具链打通，形成一体化的开发运维环境，此时涉及同多个工具、多个系统的对接。

当容器云平台搭建好并且稳定运行后，需要将原有基于物理机或虚拟机的 DevOps 平台移植到容器云平台，从而发挥容器云平台的优势。

16.4.10 可视化编排及自动化部署

Kubernetes 作为容器的编排引擎，具有独特的优势。容器云平台要考虑各个容器化应用及容器化服务如何快速部署，快速升级，这就需要使用 Kubernetes 的可视化编排及自动化部署功能。可视化编排部署参考原型如图 16-16 所示。

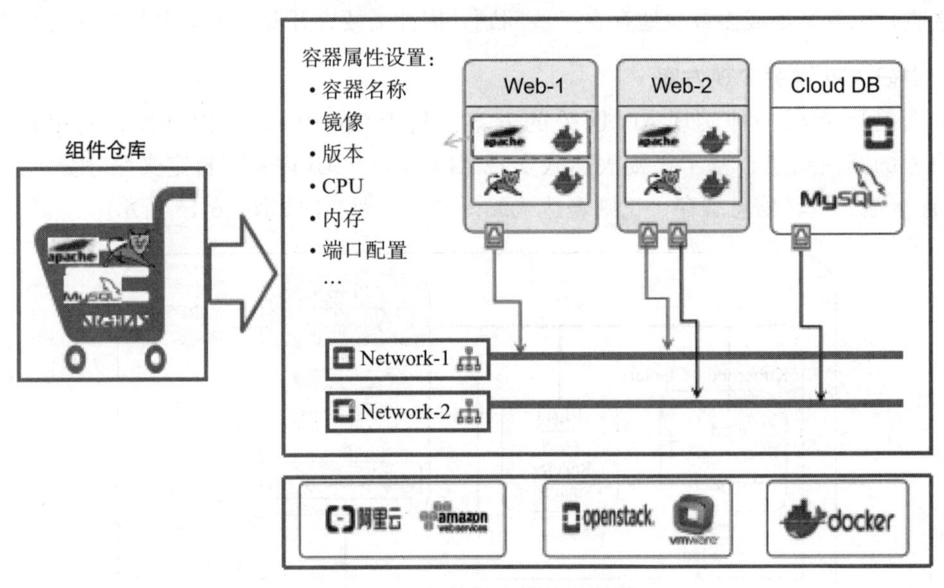

图 16-16 自动化编排及部署图

通过图形化界面将容器化应用及服务的组成部分描述出来，并体现之间的相互关系，设置相关的配置参数，如网络参数、组件类型、弹性伸缩属性等，然后将这些配置保存为 yaml 文件。自动化部署时各个节点的 Kubelet 根据这些描述文件下载镜像文件、创建 Pod 并监控 Pod 的运行状态，以便进行健康检查、性能监控、弹性伸缩等。

16.4.11 多租户

多租户是容器云平台的重要功能，容器本身提供的多租户是通过 Namespace 实现的，实现基本资源的隔离。除此之外多租户还要考虑如下内容：

网络隔离：网络隔离的基本知识参见前面的介绍，如采用 VxLAN 方式的网络，不同租户的 VxLAN ID 是不一样的，通过网络隔离可以实现各个租户间的网络安全。

租户管理：需要支持租户的创建管理、配额申请及管理。

多租户的管理模型如图 16-17 所示。

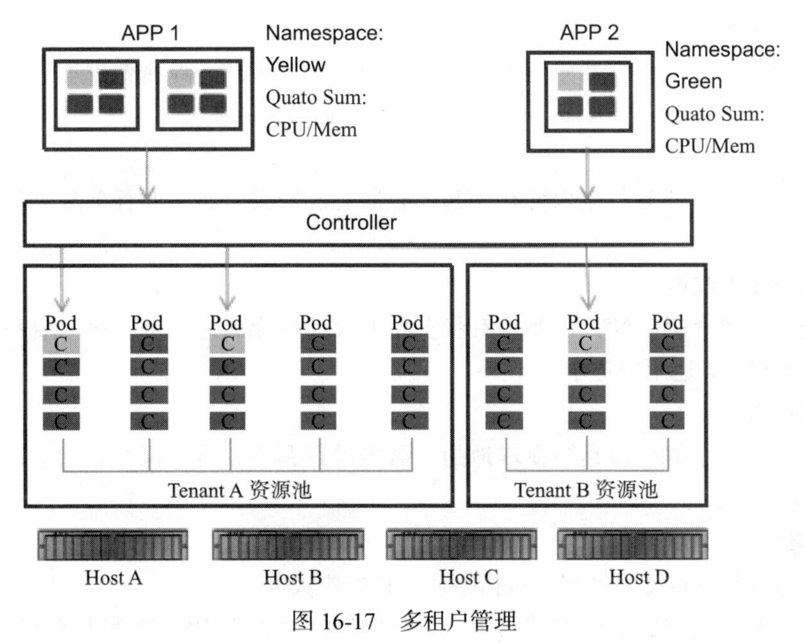

图 16-17　多租户管理

16.5　传统应用迁移注意事项

我们搭建一个功能强大的容器云平台的目的肯定是为了让应用系统更好地运行在此容器云平台上，但是并不是所有的应用部署在容器云平台上都能获得最佳的效果。使用容器云平台可以获得一些收益如自动化部署、弹性伸缩等但其对应用的要求也有所不同。

对于原来遗留的应用，如果仅仅是未来需要进行自动化部署，可以根据此书 Dockerfile 章节的示例编写一个好的 Dockerfile 并生成应用的镜像后上传到镜像仓库，在容器云平台中部署、运行、监控应用即可。

如果要使应用能够集群化部署，弹性伸缩，提升性能及健壮性，减少运维工作量，那就要对之前的应用进行改造，改造的难度同应用本身密切相关，本节提供一些应用进行改造必须要考虑的关键点。

■ 配置文件同镜像分离

开发应用系统时基本上都会有配置文件，开发容器类应用时需要将配置文件与制作的镜像分离开，配置文件通过容器云平台下发，容器启动时会加载这些配置。主要原因是镜像文件是只读的，如果配置发生变更，重新做一次镜像不利于运维，也违反了容器使用的原则与初衷。

■ IP 地址及端口修改成域名

传统应用中访问主机上的服务都是使用“ IP 地址 + 端口”的方式，在容器化应用中服务对外访问的方式都变成Service了，在容器集群内部对Service的访问就是域名。

■ 数据库连接池

由于传统应用修改成容器应用后变成了分布式部署形式，原来数据库连接池中的连接数量要修改，各个节点中总数加起来不能超过传统应用的总数。

■ 定时任务

传统应用中定时任务与应用绑在一起，容器化改造需要将定时任务独立成一个单独的容器服务。

■ 有状态任务改造

如果应用需要获得弹性，需要将有状态任务改造成无状态任务，则需要将状态数据存储到类似于Redis等通用服务中。

■ 存储改造

传统应用中的数据很多是写在本地的，需要进行调整，将其保存到共享存储或分布式存储中。

■ 日志信息

系统日志需要进行统一规划，包括路径、日志格式等。

当然对于不同的应用具体的编码不同，在应用迁移过程中可能会碰到其他问题，这就需要不断地尝试完善。

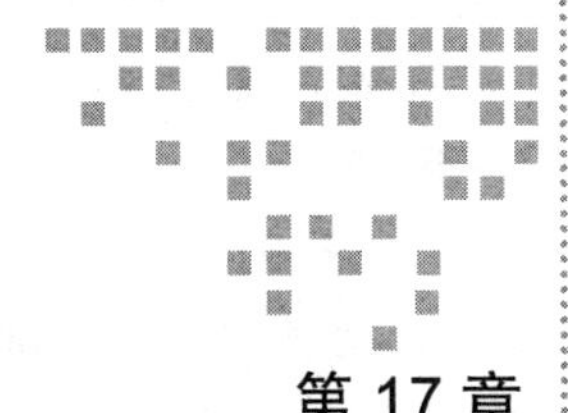

第 17 章 Chapter 17

DevOps

DevOps（Development & Operations）即开发运维一体化，可理解为软件研发的一种过程、方法、文化、运动或实践，主要是通过一条高度自动化的流水线来加强开发、测试、运维和其他部门之间的沟通和协作，加速产品和服务的交付。

随着业务需求需要快速上线，迭代频率也越来越高，传统的“瀑布型”（开发 – 测试 – 发布）模式已经不能满足快速交付的需求，它主要存在如下问题：

1）在代码集成方面，因为没有合适粒度的代码合并，大规模的合并会有很大的风险，且传统开发模式中没有自动化测试，以至于测试周期特别长，人力成本过高。

2）传统的单体应用通常结构复杂，代码量很庞大，单体应用把所有模块都包含在一个应用中，升级单个模块时需要对整个应用进行升级，所谓“牵一发而动全身”，所以系统升级风险很大。

3）采用微服务架构的应用也会由于服务数量多而没有有效管理，从而可能导致在大批量的部署和测试的时候容易出现问题。

4）传统开发模式面临开发和测试的环境不一致，以及由于没有有效的升级方式导致业务停止的问题。

DevOps 在一定程度上很好地解决了上述问题，提高了需求、开发、测试、运维之间的沟通效率。DevOps 不是一个工具，但它涉及一系列工具链，基于 Docker 的容器平台可以为企业 DevOps 落地实践提供技术层面的支撑，基于容器技术的 DevOps 在一定程度上能解决上述问题。

17.1 用 Docker 实现 DevOps 的优势

Docker 实现 DevOps 的优势主要有以下几个方面：

1）开发、测试和生产环境的统一化和标准化。镜像作为标准的交付件，可在开发、测试、准生产和生产环境上以容器镜像方式来运行，最终实现多套环境上的应用以及运行所依赖内容的完全一致。

2）解决底层基础环境的异构问题。基础环境的多元化造成了从 Dev 到 Ops 过程中的阻力，而使用 Docker 容器可屏蔽基础环境的类型。对于不同的物理设备、不同的虚拟化类型、不同的云计算平台，只要是运行了 Docker 容器的环境，最终的应用都会以容器为基础来提供服务。

3）易于构建、迁移和部署。Dockerfile 实现镜像构建的标准化和可复用性，镜像本身的分层机制也提高了镜像构建及传输的效率。使用 Registry 可以将构建好的镜像迁移到任意环境，而且环境的部署仅需要将静态只读的镜像转换为动态可运行的容器即可。

4）轻量和高效。与虚拟机相比，容器仅需要封装应用和应用需要的依赖文件，实现轻量的应用运行环境，且拥有比虚拟机更高的硬件资源利用率。

5）工具链的标准化和快速部署。将实现 DevOps 所需的多种工具或软件进行容器化后，可在任意环境实现一条或多条工具链的快速部署。

17.2 基于 Docker 实现 DevOps

在容器云项目中，将容器技术与 DevOps 结合，可以促进开发、测试以及运维保障部门之间的沟通、协作与整合，主要流程如图 17-1 所示。

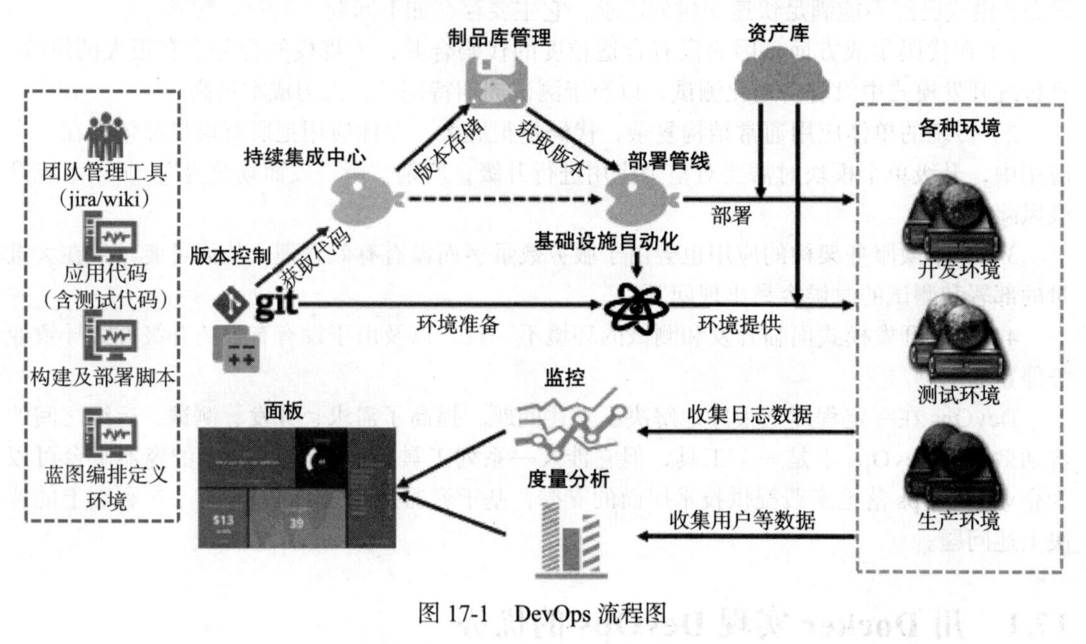

图 17-1 DevOps 流程图

1）在开发测试环境，持续集成工具与容器平台结合；在编译阶段，通过调用容器平台接口，将代码编译为 Docker 镜像，并发布到容器平台。

2）在生产环境，持续部署平台与容器平台接口，通过调用容器平台的接口实现容器的自动化部署。

3）通过对度量分析及控制面板监控执行情况的查看，总结经验教训。

17.3 基于容器的持续集成流程设计

在引入容器后，将容器的版本管理、编译、配置管理等纳入持续集成工具中统一管理，实现基于容器的 CICD 功能。

17.3.1 版本管理

引入容器技术后，版本管理发生如下变化。

（1）Dockerfile 文件制作及管理

采用 Docker 容器技术后，软件交付方式已经由可执行代码交付方式变成 Docker 镜像交付方式，需要开发人员在编写软件业务逻辑代码的同时，一并将容器镜像的制作脚本一起提交给版本管理工具，并由持续集成工具调用来制作镜像。

（2）Docker 镜像 tag 管理

Docker 每次改动提交都将生成一个新的镜像，使用 tag 将对这个镜像进行标识。这个 tag 要与版本管理库中的版本标签进行关联。

17.3.2 流水线

基于容器技术，持续集成工具可以实现流水线操作，可以手工触发或自动触发。图 17-2 所示为 DevOps 流水线图。

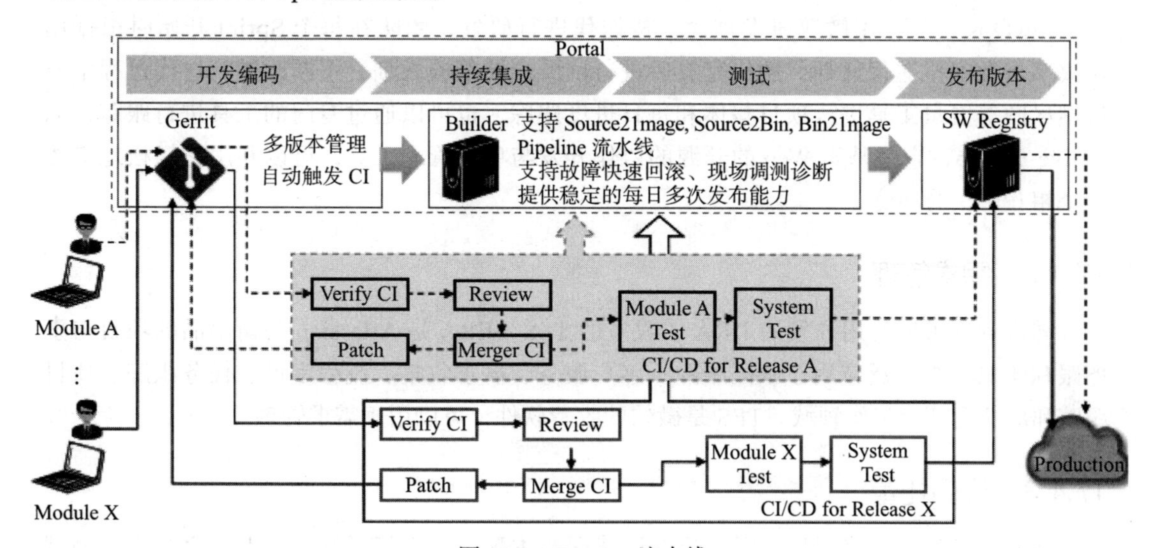

图 17-2 DevOps 流水线

1）人工触发：持续集成工具建立Project，但代码完成提交后，在持续集成工具中发起自动化构建、测试和打包，持续集成工具通过调用容器平台的API接口，完成基于Dockerfile的容器镜像生成；持续集成工具用该容器镜像推送的容器云POC测试环境中的镜像仓库，再通过调用容器平台的API接口，按照指定镜像将应用发布到容器云测试集群上。

2）自动触发：软件研发人员一旦向软件版本控制服务器推送软件版本更新，即触发持续集成工具进行版本构建。

17.4 工具链

DevOps涉及开发、测试、生产全流程，其工具链如图17-3所示。这些工具有开源的也有收费软件。

图17-3 DevOps工具链

17.4.1 项目管理

DevOps一般采用敏捷研发理念，按迭代进行研发，团队在每个Sprint开始时根据用户故事点数安排迭代计划，迭代完成后进行回顾总结经验教训，不断改进。迭代过程中通过燃尽图等度量工具进行项目整体和每日进度跟踪，也可以通过专门的工具进行跟踪，如Active Collab，它是基于Web的开源的协作开发与项目管理工具，可以利用它轻松地搭建一个相互协作的环境。

17.4.2 需求管理

需求管理可以使用开发的JIRA或收费的TFS。JIRA是Atlassian公司出品的项目与事务跟踪工具，被广泛应用于缺陷跟踪、客户服务、需求收集、流程审批、任务跟踪、项目跟踪和敏捷管理等工作领域。TFS是微软的收费软件，可以用于需求管理。

17.4.3 代码托管

开发人员编写好代码后，需要提交到代码版本配置库进行托管，在上线之前需要测试和复查，并将其合并到一个版本控制库中的主分支当中，可以进行任何本地测试，推荐工具有：

- Gerrit：一种免费、开放源代码的代码审查软件，使用网页界面。
- GitHub：一个基于 Web 的 Git 或版本控制库。
- Gitlab：提供了 Git 仓库管理、代码审查、问题跟踪、活动反馈和 wiki。

17.4.4　持续集成

持续集成（Continue Integration，简称 CI）是敏捷研发的最佳实践环节，通过建立有效的持续集成环境可以减少开发过程中一些不必要的问题、提高代码质量、快速迭代等，推荐的工具和平台有：

- Jenkins：基于 Java 开发的一种持续集成工具，用于监控持续重复的工作，旨在提供一个开放易用的软件平台，使软件的持续集成变成可能。
- Bamboo：是一个企业级商用软件，可以部署在大规模生产环境中。

17.4.5　测试

为了实现业务特性需求，为确保代码正确按需求实现，需要进行大量测试，包括单元测试、集成测试、验收测试等。测试过程中可以借助一些工具提高测试效率及效果，主要测试工具有：

- JUnit：一个用于编写可重复测试的简单框架，只能使用 Java 语言。
- WebDriver：浏览器自动化操作框架，利用操作系统级的调用模拟用户输入进行测试。
- LoadRunner：是一种预测系统行为和性能的负载测试工具。通过模拟上千万用户实施并发负载及实时性能监测的方式来确认和查找问题。
- WebInspect：是一款易用、可扩展、精确的 Web 应用安全评估软件。

17.4.6　自动化部署

自动化发布工具应具备如自动回滚等功能，在开始部署之前将原有模块进行备份，再将模块复制到主机进行安装，很多公司采用 Bamboo 或自己开发部署工具。

Chapter 18 第18章

微 服 务

微服务是相对于传统的单体应用而提出来的一种新概念，它是一组很小的服务，它同传统的SOA不同，粒度更小。SOA可以说是企业应用集成整合架构，微服务是应用内部如何实现的技术实现架构。随着Docker容器技术的发展，采用微服务架构的应用也越来越多。要支持微服务架构需要两个方面的内容，其一是微服务运行环境支撑，包括微服务网关、服务注册、发现、进程间通信及性能监控等；其二是微服务开发框架。本章主要讲解微服务运行支撑环境，微服务的开发框架Spring Cloud在下一章节介绍。

18.1 微服务架构的优点

微服务架构模式同传统的单体应用相比有很多优点：

- 解决了单体应用开发过程中的复杂性：通过将单体应用分解为多个微服务，各个微服之间相对独立，有新需求或需求发生变化时，只需要修改对应的微服务即可，控制了变更影响范围，同时系统测试时只要针对微服务本身及相关的微服务进行测试，降低了复杂度，减少了工作量。
- 独立开发：微服务之间是通过标准协议进行通信的，因此各个微服务可以独立开发，开发者可以选用不同的技术栈，降低了招聘人员及学习的成本。
- 独立部署：微服务架构模式使得微服务独立部署成为可能。每个微服务独立部署，为自动化部署、持续部署提供了保障。
- 独立扩容：微服务架构模式使得每个微服务独立扩容成为可能，可以根据每个微服务的性能要求进行不同级别的弹性伸缩控制。

微服务架构模式同样也存现一些问题，由于微服务应用是分布式系统，在系统设计与运维方面会增加复杂性，需要借助工具降低运维方面的复杂性。

18.2 微服务架构概念模型

微服务架构概念模型如图 18-1 所示。

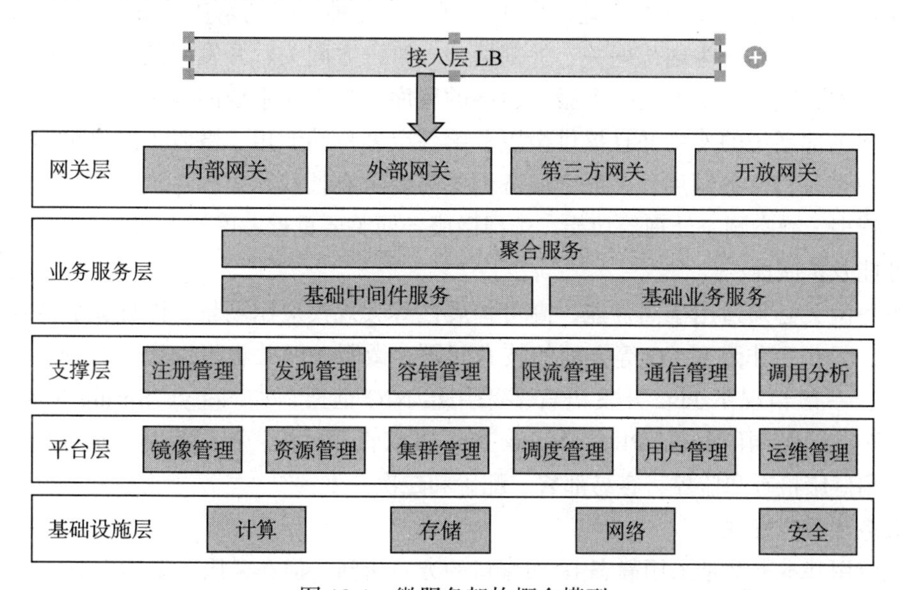

图 18-1 微服务架构概念模型

基础设施层：主要提供计算、存储、网络、安全等方面的基础设施。

平台层：主要是为微服务运行时提供基本环境，在容器平台中就是镜像、资源、基础、调度、用户、配置、运维等功能组件。

支撑层：主要提供微服务相关的支撑，如注册管理、发现管理、容错管理、限流管理、通信管理、调用分析等组件。

业务服务层：每个公司服务分类的方法及原则都不相同，有的公司服务甚至没有分层，而有的分层很多。目前对于如何分层业界没有统一的标准，但有一种通用的分层方法，即基础中间件服务、基础业务服务、聚合服务。

基础中间件服务：基础中间件服务包括一些技术及业务上的通用组件，如缓存服务、消息队列服务、监控服务等公共服务。

基础业务服务：基础业务服务同行业相关，通过对行业特性进行抽象，形成行业组件，如电商行业的用户服务、商品服务、订单服务等。

聚合服务：主要是将多个服务聚合在一起实现某些功能的服务，如 API 网关就是一种聚合服务。

网关层：这个是微服务进行接入及调度管理核心模块，后面单独描述。

接入层：主要是外部应用接入到网关时提供的负载均衡服务。

18.3 微服务网关

微服务网关是微服务的核心组件，采用微服务架构就要考虑应用如何同微服务进行通信以及微服务之间进行交互的问题，微服务网关是一种最优的解决方案。从网关的用途、部署位置和来源可以分为内部网关、外部网关、第三方网关、开发网关，但这些网关在技术实现上基本相同，本质上是一个服务器端的程序，是进入系统的唯一入口，微服务网关封装微服务内部系统的架构并且提供微服务给各个客户端调用。微服务网关可用于为内部和外部客户端执行服务调用。一般微服务网关需要具有授权、监控、负载均衡、缓存、请求分片和管理、静态响应处理等功能。选择微服务网关要重点考虑如下问题：

■ 性能及扩展性

微服务网关必须适用于高性能、高可扩展性等大规模应用场景，因此微服务网关需要解决同步、异步、非阻塞I/O等方面的技术问题。微服务网关也可以采用各种语言、各种框架开发，一般情况下Java开发语言多采用给NIO框架，如Netty、Spring Reactor；在Node.JS平台上多采用Nginx Plus，Nginx Plus可以管理授权、权限控制、负载均衡、缓存并提供应用健康检查和监控，容易部署、配置和二次开发。

■ 服务注册与发现

传统应用基本上都是采用静态IP加端口的方式访问，但在微服务架构中IP地址端口是不对外暴露（IP及端口可能经常变化），因此需要采用服务发现机制，要么是客户端服务发现要么是服务器端发现，如果是客户端发现微服务网关需要到服务注册处查询相关地址。

■ 服务调用及通信

微服务架构是分布式架构的一种，多个微服务间会采用多线程进行通信，包括异步及同步两种方式，异步一般会采用消息队列，如jms、rabbitmq、zeromq等。

■ 超时及熔断处理

有些微服务发送请求后很长时间都没有返回响应，平台不可能长时间地等待，因此需要设计断路器来进行超时处理，当某个请求失败超时，断路器都会进行记录，达到一定次数后，断路器会阻止该进程的进一步调用，返回超时错误。

18.4 服务注册与发现

18.4.1 服务注册

服务注册本质上就是记录当前可用的微服务相关的注册信息，如名称、地址等信息，这些实例通常记录在服务注册表中。服务注册方式包括两种，一种是自动注册，一种是第三方注册。

自动注册是微服务启动时自动将微服务注册信息写入到服务注册表中，微服务退出时从服务注册表中删除。微服务的客户端必须定期检查更新服务的注册信息以便服务注册表获悉其仍处于运行状态。这种注册方式的好处是微服务的状态更新及时，缺点是服务与注册表紧耦合，需要针对不同的开发语言提供不同的版本。

第三方注册是第三方将微服务注册信息写入到服务注册表中，微服务启动时将服务实例注册到服务注册表，微服务实例关闭时在服务注册表注销。与自注册相比，服务端不需实现自动注册逻辑，复杂度低，但缺点是服务客户端只知道服务的启停状态无法知道其能否对外提供服务。

18.4.2　服务发现

微服务注册到注册表后，其他微服务发现这个服务后才能使用这个微服务，服务发现包括传统服务发现、客户端发现及服务端发现三种方式。

第一种：传统服务发现（如图 18-2 所示）。服务上线后，运维人员申请域名配置路由后发布域名，调用方通过 DNS 域名解析得到要访问的地址及端口，然后通过负载均衡器分发到这个地址上进行服务访问，这种方式负载均衡器存在单点风险，请求经过负载均衡器转发性能也不是很好。

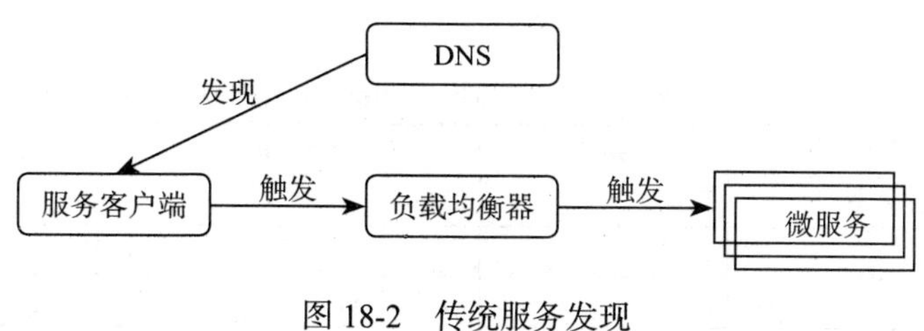

图 18-2　传统服务发现

第二种：客户端发现（如图 18-3 所示）。客户端程序直接查询服务注册表获取服务的具体访问地址，这种方式的优势是网络中转数量更少，缺点是需要应用程序客户端针对每种语言提供版本实现服务发现逻辑。

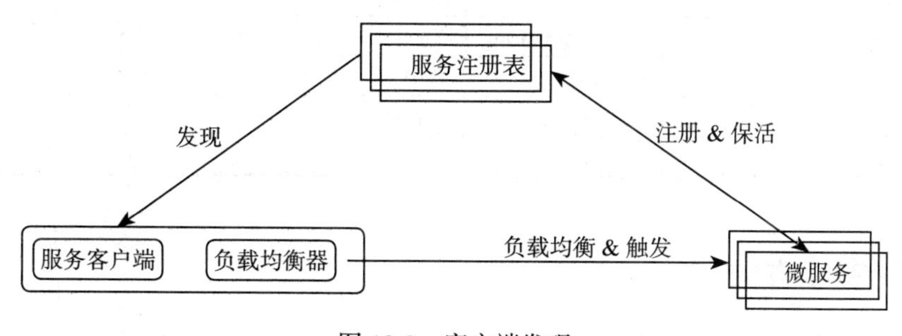

图 18-3　客户端发现

第三种：服务端发现（如图 18-4 所示）。通过已知位置的路由器（或者负载均衡器）发送请求给服务注册表，路由器（或负载均衡器）获取服务的访问地址后再通知客户端。服务注册表也可能内置在路由器中。服务端发现的优点是客户端代码无需实现服务发现功能，只需要向路由器或负载均衡器发送服务发现请求即可，缺点是增加了路由器或负载均衡器组件，网络跳转增加。

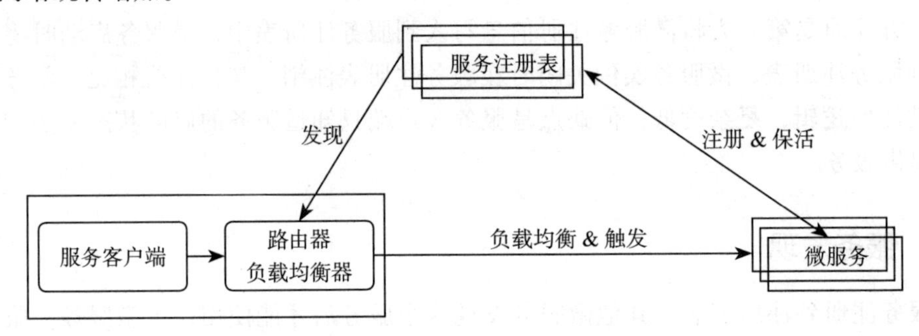

图 18-4　服务器端发现

18.4.3　服务注册发现方案对比

服务注册发现的技术方案选择很多，关键是服务注册表的选择，目前有 ZooKeeper、etcd、consful、Eureka。表 18-1 对以上几种服务注册表做个比较，用户可以根据自己的场景需求选择不同的方案。

表 18-1　ZooKeeper、etcd、consful、Eureka 的对比

功能特性	ZooKeeper	etcd	consful	Eureka
易用性	较复杂	简单	简单	简单
是否内置服务发现	无	无	有	有
服务健康检查	长连接，保活	连接心跳	服务状态、内存、硬盘等	可配支持
多数据中心	—	—	支持	—
kv 存储服务	支持	支持	支持	—
一致性支持	paxos	raft	raft	
cap	cp	cp	ca	ap
协议支撑	—	—	支持 HTTP 和 DNS	HTTP（sidecar）
watch 支持	支持	支持 long polling	全量 / 支持 long polling	支持 long polling/ 大部分增量
自身监控	—	Metrics	Metrics	Metrics
安全策略	ACL	HTTPS 支持（弱）	ACL/HTTPS	—
Spring Cloud 集成	已支持	已支持	已支持	已支持

18.5　进程间通信

微服务架构是一种分布式架构，微服务部署在不同的节点上，微服务间的通信采用进

程间通信（IPC）方式。微服务之间的通信可以采用同步方式，即请求/响应模式，如HTTP的Rest或Thrift,也可以采用异步方式，通常是基于消息队列方式。

18.5.1 Rest

Rest是基于HTTP协议的一种轻量级协议，Rest URI代表一个业务对象即一个资源。Rest使用HTTP语法协议来访问及维护资源。采用Rest方式有如下优点：

1）能穿透防火墙。

2）不需要中间代理，架构简洁。

3）接受程度高；可以使用浏览器或curl等命令进行测试。

但也有些不足，如只支持请求/响应交互模式；客户端及服务器端必须同时在线才能直接通信而且客户端必须知道服务器端的地址。

18.5.2 Thrift

Apache Thrift是Facebook开源的远程服务调用框架，是基于C语言开发的，通过IDL定义API调用接口。Thrift编译器可以生成C++、Java、Python、PHP、Ruby、Node.js等多种语言的客户端及服务端框架，支持多种语言的客户端及服务端实现。Thrift支持json、二进制两种消息格式，Thrift也支持裸TCP和HTTP，裸TCP比HTTP更加高效，但不能像HTTP一样穿透防火墙。

18.5.3 消息队列

消息队列是微服务应用间进行异步通信的一种重要方式，消息可以存储在内存或者磁盘上，消息队列的优点为客户端与服务器不需要直接通信，不需要知道各自的位置，可以解决解耦、异步、流控等问题。常用的消息队列有ZeroMQ、RabbitMQ、RocketMQ、Kafka等。其中ZeroMQ采用C语言开发，享有“史上最快的消息队列”的盛名，因此使用比较广。

18.6 微服务应用性能监控

随着容器云技术的发展，微服务架构被广泛采用，对基于容器云部署和微服务架构设计的应用进行性能和用户体验监控的难度和复杂度越来越高。在微服务应用场景下，由于原来的应用拆分为更多的微服务，因此微服务之间的调用关系更加复杂，调用链更长，如何对微服务之间的调用链进行有效的监控和管理，如何在应用出现性能瓶颈或故障时快速定位问题？这就需要借助APM（应用性能管理）来实现了。

微服务应用监控的实现方案有很多种，有开源的方案和商业化方案，开源方案主要是采用Cat、Zipkin、Pinpoint，商业化的方案除了国际上化公司外，国内处于领导者象限的主要是北京基调网络的听云产品。

18.6.1 开源方案

监控是微服务治理的重要一环，监控分为日志监控、服务调用情况统计、调用链监控、告警、健康检查等。日志监控常用的方案就是ELK，监控检查和服务调用情况采用Spring Cloud就提供这些功能。健康检查是平台提供的基本功能，告警各个系统都会进行个性化开发，最重要的是调用链分析。下面针对调用链分析进行重点描述，调用链分析开源工具有Cat、Zipkin、Pinpoint，如表18-2所示。

表18-2　Cat、Zipkin和Pinpoint分析

	Cat	Zipkin	Pinpoint
侵入方式	侵入	侵入	不侵入，字节码增强方式
可视化	有	有	有
报表	非常丰富	少	中
拓扑跟踪	简单	简单	强
心跳检查	有	无	有
客户端语言支持	Java、.net	Java、.net	Java、PHP、.net
Dashboard中文版	好	无	无
服务调用统计	有	无	无
社区及文档	文档丰富	文档一般，无中文社区	文档一般，无中文社区
二次开发部署工具难度	难	难	中

这三个开源工具推荐循序Pinpoint → Zipkin → Cat，主要原因如下：

Pinpoint：基本不用修改源码和配置文件，只要在启动命令里指定javaagent参数即可，运维工作量少，对运维人员的技能要求低，因此是较优的方案。

Zipkin：需要开发人员对Spring、web.xml之类的配置文件做修改，操作相对麻烦一些。

Cat：需要开发人员修改源码设置埋点，需要开发人员深度参与，运维人员不能单独完成。

18.6.2 听云商业化方案

根据Gartner APM魔力象限（Magic Quadrant for Application Performance Monitoring Suites）的定义，完整的APM解决方案必须包含以下三大块主要的功能维度：

- 数字体验监控（DEM，Digital Experience Monitoring）：DEM是为优化终端用户（包括数字设备、人和机器，如手机、PC、浏览器、IoT设备等）与应用和服务发生交互时的用户体验和行为而提供的可用性和性能监控手段。DEM包括基于真实用户的监控（Real User Monitoring，RUM）和基于模拟拨测的事务监控（Synthetic Transaction monitoring，STM）。前者使用真实用户在访问应用时候的真实行为和性能数据来评估应用的用户体验和性能，后者使用分布在各地不同网络接入的机器人代理软件来模拟用户对应用的访问行为和事务流程（如登录网址、添加购物车、结算等），以此

来采集和评估应用的可用性、用户体验和性能。

- 应用发现、追踪和诊断（ADTD，Application Discovery, Tracing and Diagnostics）：ADTD 提供一系列工具和方法来自动发现应用之间、应用与服务之间的调用关系，并提供可视化信息，如应用逻辑拓扑图。同时，可以对应用中的每一笔事务请求进行详细的追踪，了解其涉及的每个应用层级和相关的服务组件，以及调用链中代码（包括方法、函数以及查询语句等）的执行效率。此外，还需要对应用的性能瓶颈和故障提供诸如剖析、线程跟踪、SQL 语句分析等一系列诊断工具来进行故障定位和修复。
- 应用的智能运维：通过机器学习、统计推断等各种手段来自动发现性能数据与事件数据的模式，检测异常以及根因诊断。

相对于容器技术来说，APM 已经是相对成熟的技术了，在全球有不少厂商在提供 APM 服务。在国内，听云（http://tingyun.com）算是 APM 领域里比较优秀的服务商，也是两度进入 Gartner APM 魔力象限的中国厂商，下面我们就结合听云的产品来介绍一下 APM 的技术原理和价值。

DEM 作为 APM 套件中最重要的组成部分之一，也是 APM 与传统的运维监控最主要的区别。传统运维监控一般都是自下而上的监控，关注点在系统和服务层面，通过对基础架构、系统、服务、应用的监控来保证服务的高可用和应用的体验效果。而 APM 是自上而下的监控，关注点在最终用户的体验层面，通过对用户体验、网络、应用以及服务的监控来保证应用的高可用和体验效果。举个例子，从传统运维的后端监控上除了流量和访问量的异常之外，往往很难感知到某些区域或者某个运营商的最终用户已经无法访问我们的网站和应用了，即使从流量异常感知到了用户访问量的减少也很难定位问题。而通过 DEM，我们就可以非常及时准确地发现并定位最终用户无法访问的原因。

听云的 DEM 包含听云 App、听云 Browser 和听云 Network 三条产品线，其中前两条产品线属于真实用户监测（RUM）产品，第三条产品线属于模拟的事务拨测（STM）产品。

听云 App 使用自动代码注入技术来监测真实用户健康。用户只需要在 App 代码中加入听云 App 的 SDK 包，改动 2 ～ 3 行代码，即可快速接入 RUM 的监控。其中，iOS 的 SDK 是通过在运行的时候使用 swizzle 等 Object-C hook 来对一些特定的系统接口进行代码注入，而 Android 则是在应用编译打包的 dex 转码阶段直接对应用的字节码进行修改来注入监控代码。图 18-5 所示为听云 APP 的技术原理图。

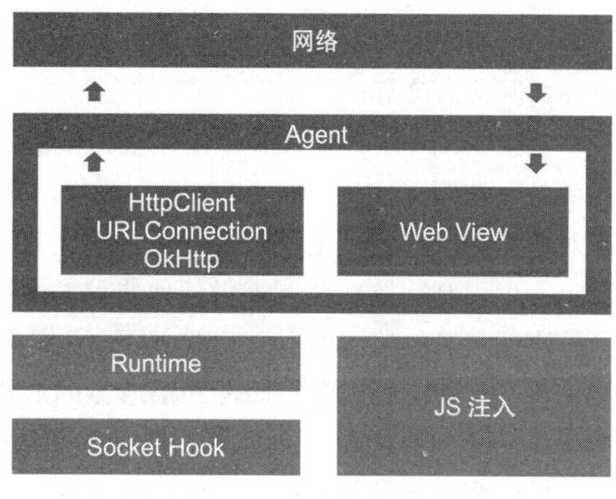

图 18-5　听云 App 技术原理

通过听云 App，App 的所有者可以实时了解自己的 App 在用户使用过程中产生的任何性能问题，包括应用的崩溃和闪退、卡顿、启动慢、网络访问慢、网络故障、流量消耗以及代码运行效率等，并提供基于整个 App、服务接口、主机、地理位置、运营商、网络接入方式等多个维度的各种性能数据分析平台。听云 App 在国内外拥有 2000 多个客户的 App 和 6 亿多的终端用户，覆盖了 80 多个行业，基于这 6 亿终端大数据的数据分析，听云 App 为客户提供了包含响应时间、崩溃率、错误率、ANR 或卡顿率以及流量消耗在内的行业基准指标，客户除了实时了解自己 App 的性能表现之外，还可以与同行业的基准进行对标和改进。如图 18-6 所示为听云 App 启动体验分析。

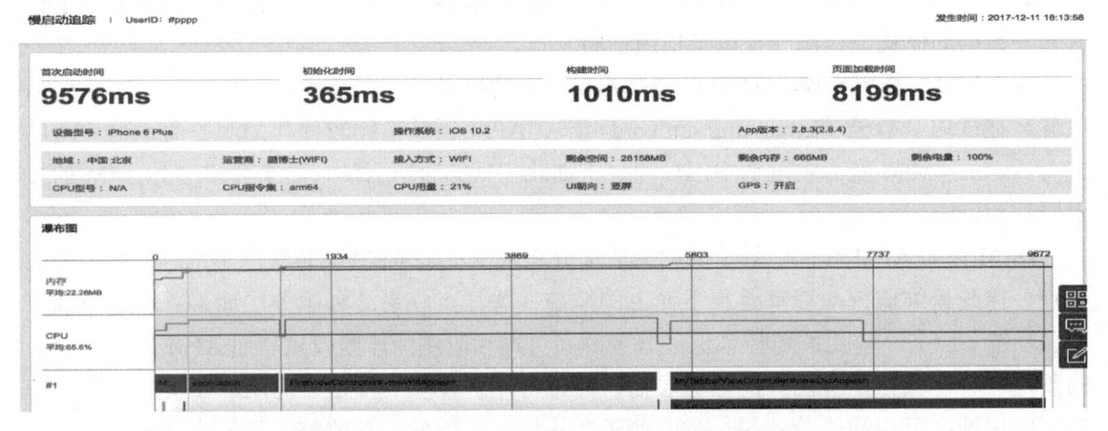

图 18-6　听云 App 启动体验分析：慢启动追踪

听云 Browser 使用的是 W3C 定义的浏览器中的 Navigation Timing（如图 18-7 所示）（https://www.w3.org/TR/navigation-timing/） 和 Resource Timing（https://www.w3.org/TR/resource-timing/）等接口，以从浏览器端或混合应用的 H5 页面端（如移动网站或微信页面）采集真实的用户体验数据。用户只需要在网站或应用的页面上增加一个 JavaScript 探针的引用，就可以实时对浏览网站和访问应用的最终用户体验和性能等数据进行监控，了解导致用户体验下降的前端原因，如页面的 Dom 结构不合理、图片过大、Ajax 请求响应慢或者运营商的网络故障等。

听云 Network 产品线提供的是模拟拨测的 STM 服务。与真实用户体验监测（RUM）不同的是，该服务使用的是 20 多万个部署在全球各地的 PC 和移动设备上的拨测客户端软件来对应用和服务进行主动的性能和可用性监测。模拟事务拨测由于监测节点可控度非常高，理论上可以利用这些监测点做任何协议的数据采集，除了简单的 ping、traceroute 等网络连通性测试和简单的网站页面测试之外，还可以通过录制流程脚本来支持事务流程（如电商购物流程）监测，通过定制插件和播放器的形式支持 POP3、SMTP 等网络协议和各种类型的流媒体的用户体验监测。此外，听云 Network 也可以在 IDC/CDN/ 云服务商对比选型和竞品对标监测的场景下提供非常有效的监控手段，这个是其他类型的 APM 产品无法提供的。

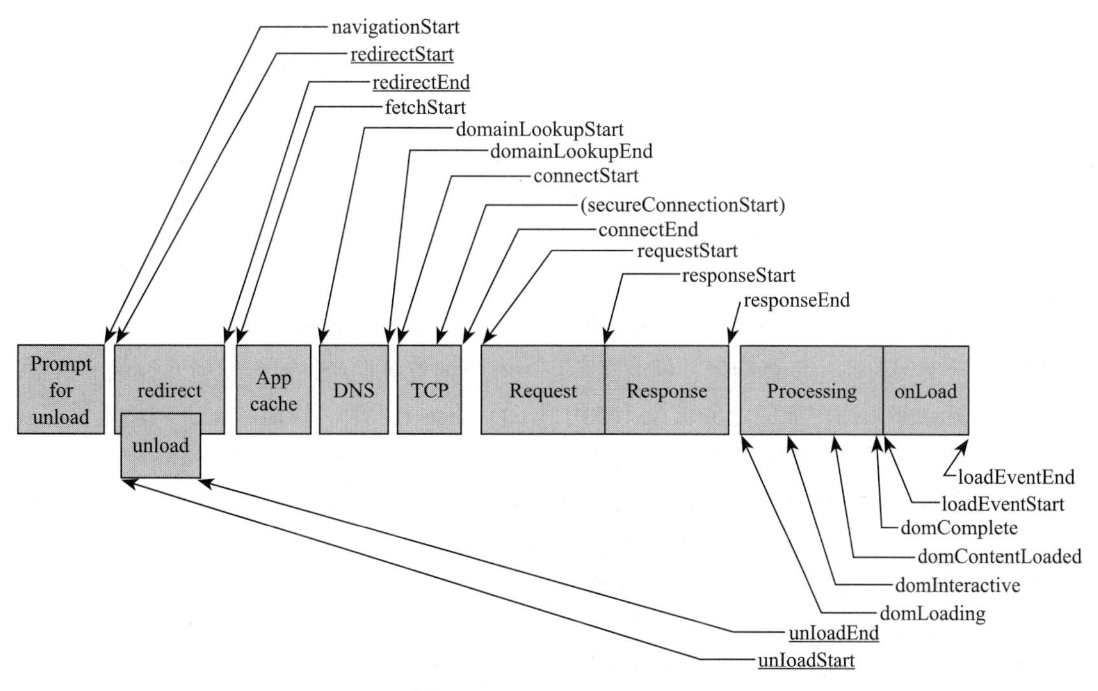

图 18-7 Navigation Timing

图 18-8 所示为听云 Network 的监测类型和应用场景。

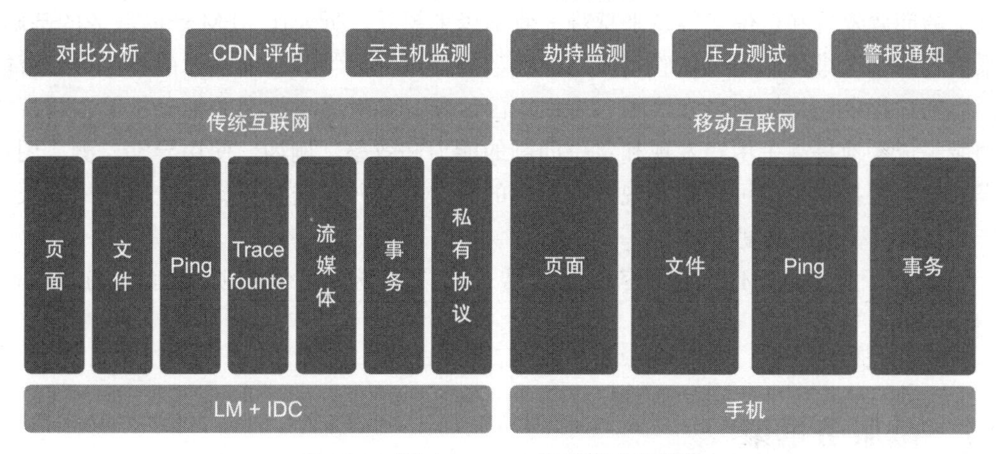

图 18-8 听云 Network 监测类型和场景

听云 Server 产品线主要提供 ADTD 维度的功能和服务，是 APM 产品线中最核心的功能模块。该产品是通过应用探针来实现对所有数据的采集，目前支持 Java、.NET、.NET Core、PHP、Python、Node.js、Ruby 和 Golang 等多种语言平台的应用监控。探针通过运行时自动代码注入的技术来完成监控数据采集，如 Java 探针采用 BCI（ByteCode Instrumentation，字节码注入）技术，在应用启动和运行的过程中可以动态地注入监控代码到用户代码中，无需用户修改任意一行源码，即可灵活地完成代码级别的各类监控指标的采集。

听云 Server 的监控指标包括应用的代码执行、数据库查询、NoSQL 查询、MQ 访问、各类 RPC 调用的性能、业务指标以及应用服务器自身诸如 JVM CPU 和内存等运行时指标。并且可以在发生性能瓶颈的时候提供详细的代码级追踪数据，以帮助用户快速定位性能问题是发生在数据库查询语句还是 Java 代码上。图 18-9 是听云 Server 提供的详细业务调用链追踪信息列表。

通过对各类 RPC 调用和微服务框架的监控，听云 Server 可提供实时的应用调用逻辑拓扑图来帮助用户快速发现问题，同时还可以对复杂的业务调用链进行实时和详细的追踪，保留每一笔业务调用详细的业务信息（如用户 ID、业务 ID 等）、性能数据、调用链信息以及代码调用堆栈等。同时可以与前端的听云 Network、听云 App 和听云 Browser 产品的监控数据完全打通，完成真实用户体验的端到端业务和性能数据的追踪，帮助用户快速地解决终端用户出现的任何与性能相关的问题和故障。特别地，对于基于容器云部署的各种微服务框架和应用，听云 Server 在应用自动发现、拓扑图自动生成、复杂调用链的追踪的场景下具有不可替代的作用。

图 18-10 为听云 Server 中自动生成的微服务架构应用拓扑图。

随着容器云的普及和微服务架构的流行，应用和服务的调用关系变得异常复杂，通过 APM 采集的监控数据也呈现指数级地剧增。在这种背景下，通过工程师个人的工作经验进行人工的问题发现和定位变得越来越难，效率越来越低。听云在 APM 产品服务的基础上，对采集到的多个维度的用户体验和应用性能数据使用统计学和机器学习的算法进行智能分析，为用户提供包括智能异常检测、多维根因诊断、多时序指标相关性分析等多种智能分析功能，极大地提高了用户发现和定位问题的能力和效率。例如，使用异常检测，用户无须设置任何警报阈值即可自动发现各类指标的异常波动并发送警报，减少用户的警报设置工作并且提高警报准确度。

更多关于听云 APM 产品与容器云的结合和应用场景可访问听云官网：http://www.tingyun.com/。

18.7 微服务框架

进行微服务开发时，通常采用微服务开发框架固定开发模式，以减少开发工作量。国内比较好的微服务框架就是阿里巴巴的 DubboX，国外的就是 Spring Cloud，对比情况如表 18-3 所示。

用户可以根据自己的情况选择合适的微服务框架或者自己开发微服务开发框架。目前流行的微服务框架是 Spring Cloud，在第 19 章将作为专题介绍。

方法				
HandlerMethod.handle	4684	99.47	4
ApplicationController.getApplicationEnv	4683	99.45	4
ConnectionProviderDataSource.getConnection	1	0.02	4
ConnectionProviderDataSource.getConnection	1	0.02	6
com.mysql.jdbc.PreparedStatement.executeQuery	3	0.06	7
com.mysql.jdbc.StatementImpl.executeQuery	2	0.04	10
com.mysql.jdbc.StatementImpl.executeQuery	0	0.00	13
ConnectionProviderDataSource.getConnection	0	0.00	14
com.mysql.jdbc.PreparedStatement.executeQuery	2	0.04	14
com.mysql.jdbc.StatementImpl.executeQuery	1	0.02	17
SQL SHOW WARNINGS			
HttpsURLConnectionImpl.getOutputStream	8	0.17	19
HttpsURLConnectionImpl.getInputStream	8	0.17	27
ConnectionProviderDataSource.getConnectio			
com.mysql.jdbc.PreparedStatement.executeQue			
com.mysql.jdbc.StatementImpl.executeQuery			
ConnectionProviderDataSource.getConnectio			
ConnectionProviderDataSource.getConnectio			
com.mysql.jdbc.PreparedStatement.executeQue			
com.mysql.jdbc.StatementImpl.executeQuery			
ApplicationNoneInterceptor.postHandle	0	0.00	4688
UserServiceTimeInterceptor.postHandle	0	0.00	4688
RedirectInterceptor.postHandle	0	0.00	4688
ConversionServiceExposingInterceptor.postHandle	0	0.00	4688

外部应用：report-alarm-api-zhuhuihui

事务：WebAction/SpringController/api/h5/selectAlarmStatus (POST)

URL:https://report.tingyun.com/alarm/api/h5/selectAlarmStatus

数据库调用时间 应用层时间 阻塞时间

图 18-9 听云 Server 提供的详细业务调用链追踪信息

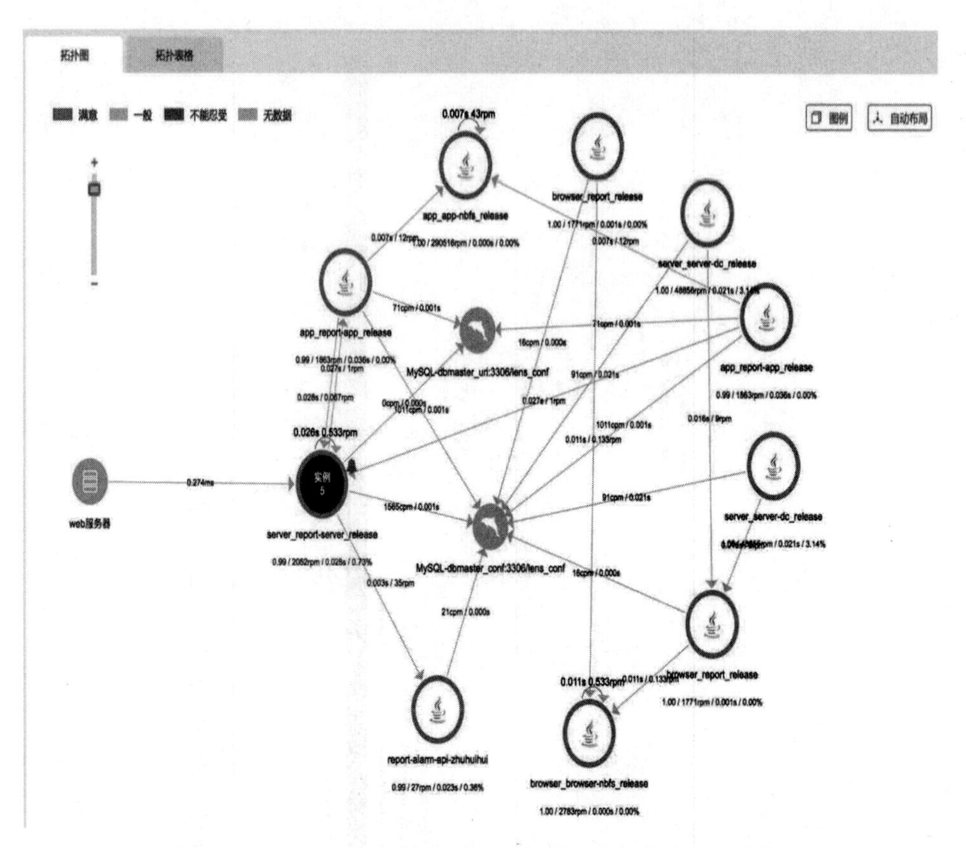

图 18-10 听云 Server 中自动生成的微服务架构应用拓扑图

表 18-3 Dubbo/DubboX 与 Spring Cloud 对比

		Dubbo/DubboX	Spring Cloud
公司		阿里巴巴	Spring
易学程度		高	中
社区活跃度		一般	活跃
架构完整性	服务注册中心	ZooKeeper	Netflix Eureka
	服务调用方式	RPC	Rest API
	服务网关	无	Netflix Zuul
	断路器	不完善	Netflix Hystrix
	分布式配置	无	Config
	服务跟踪	无	Sleuth
	消息总线	无	Bus
	数据流	无	Stream
	批量任务	无	Task
语言支持		多语言支持，如 C、Java	Java
文档支持语言及质量		有中英文两种，讲解得也非常深入	文档类型很多，偏向于整合型的

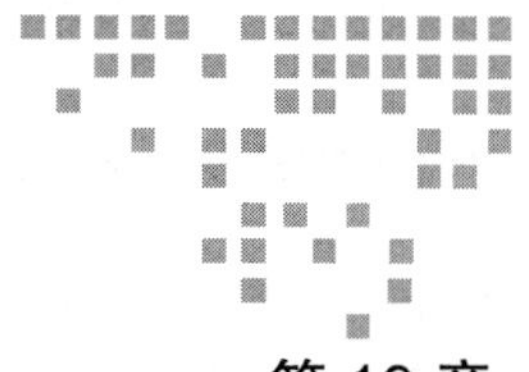

第 19 章 Chapter 19

Spring Cloud

本章主要介绍采用 Spring Cloud 框架平台来搭建微服务平台。Spring Cloud 是 Spring 项目组的一个顶级项目，其主要内容是实现了基于 JVM 的云应用开发中的服务配置管理、服务注册、服务发现、断路器、智能路由、微代理、控制总线、全局锁、决策竞选、分布式会话和集群状态管理等功能。

谈到 Spring Cloud 框架，就必须提及 Spring Boot 框架。因为 Spring Cloud 框架是在 Spring Boot 框架的基础上搭建而成的，而 Spring Boot 框架的设计目的就是简化基于 Spring 应用的初始搭建以及开发过程。

19.1 Spring Boot

Spring Boot 是由 Pivotal 团队提供的全新框架，其设计的主要目的是用来简化新 Spring 应用的初始搭建以及开发过程。该框架使用了特殊的方式来进行配置，从而使开发人员不再需要定义样板化的配置。Spring Boot 并不是新框架，它默认配置并整合了很多框架的使用方式，就像 Maven 整合了所有的 jar 包。

Spring Boot 包含的特性如下：

- 创建可以独立运行的 Spring 应用。
- 直接嵌入 Tomcat 或 Jetty 服务器，不需要部署 WAR 文件。
- 提供推荐的基础 POM 文件来简化 Apache Maven 配置。
- 尽可能地根据项目依赖来自动配置 Spring 框架。
- 提供可以直接在生产环境中使用的功能，如性能指标、应用信息和应用健康检查。

■ 没有代码生成，也没有 XML 配置文件。

19.1.1 为什么要使用 Spring Boot

Spring Boot 简化了基于 Spring 的应用开发，通过少量的代码就能创建一个独立的、产品级别的 Spring 应用。Spring Boot 为 Spring 平台及第三方库提供开箱即用的设置。采用 Spring Boot 可以大大的简化开发模式，多数 Spring Boot 应用只需要很少的 Spring 配置。几乎所有涉及集成的常用框架，它都有对应的组件支持。

如果用户需要搭建一个 Spring Web 项目那么就需要按照以下步骤操作：

1）配置 web.xml，加载 spring 和 spring mvc。

2）配置数据库连接及 spring 事务。

3）配置加载配置文件的读取，开启注解。

4）配置日志文件。

……

配置完成之后，部署 Tomcat 调试。

……

现在非常流行微服务，如果该项目仅仅只是需要发送一个邮件，又或者仅仅是创建一个积分，都需要这样折腾一遍！

那么，如果使用 Spring Boot 会怎样呢？很简单，仅仅只需要非常少的几个配置就可以迅速方便地搭建起来一套 Web 项目或者是构建一个微服务！

19.1.2 快速入门

1. 利用 Maven 构建项目

1）访问 http：//start.spring.io/。

2）选择构建工具 Maven Project、Spring Boot 版本 1.3.6 以及一些工程基本信息，单击 "Switch to the full version."，Java 版本选择 1.7。Maven 界面如图 19-1 所示。

3）单击 "Generate Project" 下载项目压缩包。

4）解压后，使用 Eclipse，Import → Existing Maven Projects → Next →选择解压后的文件夹→ Finish，单击 "OK" 完成操作。

2. 项目整体结构介绍

Spring Boot 的开发界面如图 19-2 所示。由图 19-2 可知，Spring Boot 的基础结构共三个文件：src/main/java 程序开发以及主程序入口、src/main/resources 配置文件、src/test/java 测试程序。

另外，SpringBoot 建议的目录结果如下（root package 结构：com.example.myproject）：

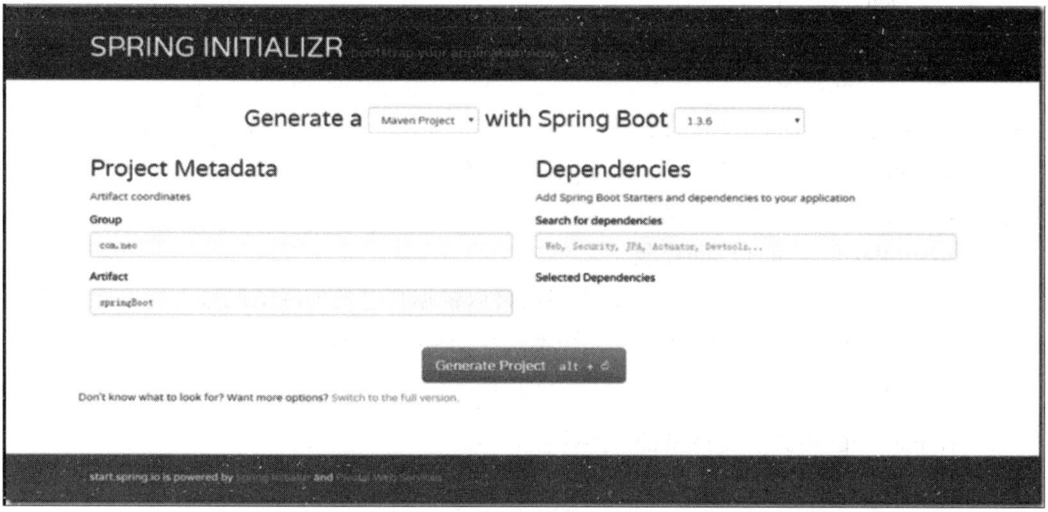

SPRING INITIALIZR bootstrap your application now

Generate a Maven Project with Spring Boot 1.3.6

Project Metadata

Artifact coordinates

Group

com.neo

Artifact

springBoot

Dependencies

Add Spring Boot Starters and dependencies to your application

Search for dependencies

Web, Security, JPA, Actuator, Devtools...

Selected Dependencies

Generate Project alt + ⏎

Don't know what to look for? Want more options? Switch to the full version.

start.spring.io is powered by Spring Initializr and Pivotal Web Services

图 19-1　Maven 界面

Java - springBoot/src/main/java/com/neo/Application.java - Eclipse

File Edit Source Refactor Navigate Search Project Run Window Help

Package Explorer　JUnit

Other Projects
Servers
springBoot
src/main/java
com.neo
Application.java
src/main/resources
application.properties
src/test/java
com.neo
JRE System Library [JavaSE-1.7]
Maven Dependencies
src
target
mvnw
mvnw.cmd

Application.java

```
1  package com.neo;
2
3⊕ import org.springframework.boot.SpringApplication;
5
6  @SpringBootApplication
7  public class Application {
8
9⊖     public static void main(String[] args) {
10         SpringApplication.run(Application.class, args);
11     }
12 }
13
```

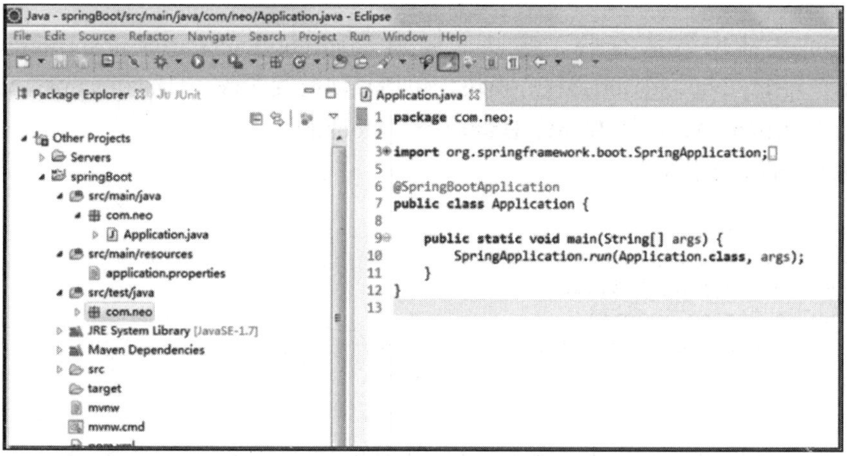

图 19-2　开发界面

```
com
  +- example
      +- myproject
          +- Application.java
          |
          +- domain
          |   +- Customer.java
          |   +- CustomerRepository.java
          |
          +- service
          |   +- CustomerService.java
          |
```

```
        +- controller
        |   +- CustomerController.java
        |
```

1）Application.java 建议放到根目录下面，它主要用于做一些框架配置。

2）domain 目录主要用于实体（Entity）与数据访问层（Repository）。

3）service 层主要是业务类代码。

4）controller 负责页面访问控制。

采用默认配置可以省去很多工作，当然也可以根据自己的实际情况来进行自定义设置。

最后，启动 Application main 方法，至此一个 Java 项目就搭建好了。

3. Web 模块引入

1）在 pom.xml 中添加支持 Web 的模块：

```
<dependency>
        <groupId>org.springframework.boot</groupId>
        <artifactId>spring-boot-starter-web</artifactId>
    </dependency>
```

pom.xml 文件中默认有两个模块，分别是 spring-boot-starter 和 spring-boot-starter-test。其中，spring-boot-starter 是核心模块，包括自动配置支持、日志和 yaml；spring-boot-starter-test 是测试模块，包括 JUnit、Hamcrest、Mockito。

2）编写 controller 内容：

```
@RestController
public class HelloWorldController {
    @RequestMapping("/hello")
    public String index(){
        return "Hello World";
    }
}
```

@RestController 的意思就是 controller 里面的方法都以 json 格式输出，不用再写 jackjson 配置了。

3）启动主程序，打开浏览器访问 http：//localhost：8080/hello，就可以看到效果了。

4. 单元测试

打开 src/test/ 下的测试入口，编写简单的 http 请求来测试，使用 mockmvc，利用 MockMvcResultHandlers.print（）打印出执行结果。

```
@RunWith(SpringRunner.class)
@SpringBootTest
public class HelloTests {
    private MockMvc mvc;
    @Before
```

```
        public void setUp()throws Exception {
                mvc = MockMvcBuilders.standaloneSetup(new HelloWorldController()).
build();
        }
        @Test
        public void getHello()throws Exception {
                mvc.perform(MockMvcRequestBuilders.get("/hello").accept(MediaType.
APPLICATION_JSON)
                 .andExpect(status().isOk())
                 .andExpect(content().string(equalTo("Hello World")));
        }
    }
```

5. 开发环境调试

热启动在正常开发项目中已经很常见了，虽然平时开发 Web 项目过程中，改动项目重启总是报错；但 Spring Boot 对调试的支持度很高，修改之后可以实时生效，但需要添加以下的配置：

```
<dependencies>
    <dependency>
        <groupId>org.springframework.boot</groupId>
        <artifactId>spring-boot-devtools</artifactId>
        <optional>true</optional>
    </dependency>
</dependencies>
<build>
    <plugins>
        <plugin>
            <groupId>org.springframework.boot</groupId>
            <artifactId>spring-boot-maven-plugin</artifactId>
            <configuration>
                <fork>true</fork>
            </configuration>
        </plugin>
</plugins>
</build>
```

该模块在完整的打包环境下运行的时候会被禁用。如果使用 java -jar 启动应用或者用一个特定的 classloader 启动，它会认为这是一个“生产环境”。

19.1.3　Spring Boot 的优缺点总结

1. 优点

- 纯 Java 的配置方式，简单、快捷，适合微服务架构。
- 配合各种 starter 使用，基本上可以做到自动化配置。
- 配合 Maven 或 Gradle 等构件工具打成 Jar 包后，Java -jar 部署运行很简单。

2. 缺点

- 从原来的 xml 配置方式转换到 Java 配置方式变化有点大。
- Spring Boot 集成度较高，使用过程中不容易了解底层。

19.2 Spring Cloud

Spring Cloud 是一系列框架的有序集合。它利用 Spring Boot 的开发便利性，巧妙地简化了分布式系统基础设施的开发，如服务发现注册、配置中心、消息总线、负载均衡、断路器、数据监控等，都可以用 Spring Boot 的开发风格做到一键启动和部署。Spring 并没有重复制造“轮子”，它只是将目前各家公司开发的比较成熟、经得起实际考验的服务框架组合起来，通过 Spring Boot 风格进行再封装，屏蔽了复杂的配置和实现原理，最终给开发者留出了一套简单、易懂、易部署和易维护的分布式系统开发工具包。

微服务是可以独立部署、水平扩展、独立访问的服务单元，Spring Cloud 作为管理者需要管理好这些微服务，自然需要很多模块来协同实现。Spring Cloud 的整体架构如图 19-3 所示。

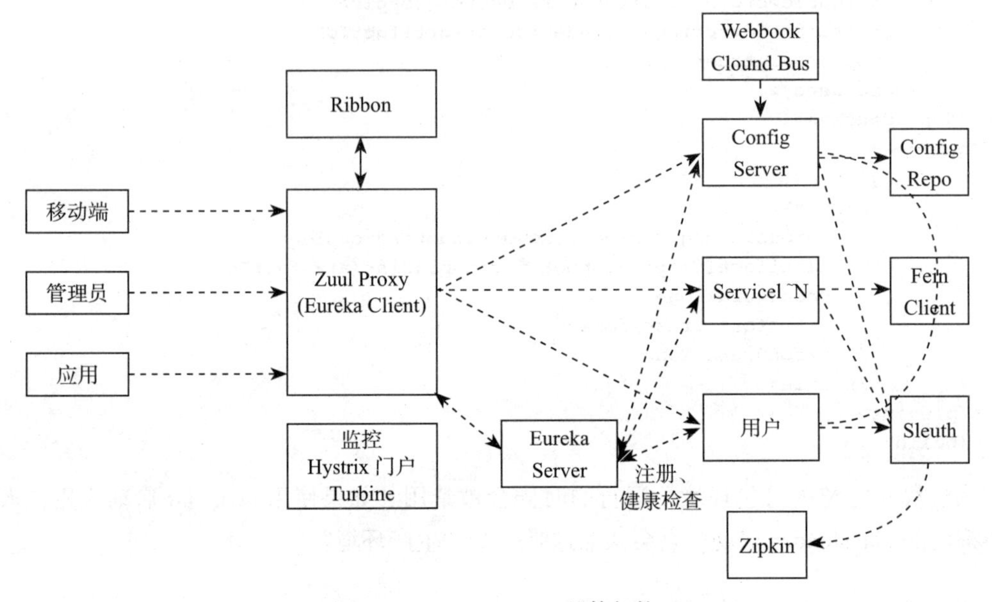

图 19-3　Spring Cloud 整体架构

服务发现是微服务基础架构的关键原则之一。服务注册中心采用 Eureka 项目可以自动注册服务，也可以通过 HTTP 接口手动注册。默认情况下，Eureka 使用客户端心跳来确定一个客户端是否活着。也可以另指定 DiscoveryClient 来传播当前 SpringBoot Actuator 的应用性能的健康检查状态。

统一的接入服务接口采用 Spring Cloud 的 Zuul 组件，实现内外有别的微服务调用。该组件也实现了服务路由功能。采用 Spring Cloud Netflix 来实现服务的限流和降级。为了实现服务的高可用，保证服务的容错和负载均衡，可采用客户端负载均衡（Ribbon）来实现。

Spring Cloud Netflix 的 Hystrix 熔断器组件，具有容错管理工具，旨在通过熔断机制控制服务和第三方库的节点，从而对延迟和故障提供更强大的容错能力。为了保证核心服务的稳定性，可采用 Spring Cloud Netflix 的 Hystrix 组件来实现服务的容错、限流和降级等功能。

微服务的安全控制和权限验证可采用 Spring CloudSecurity 来实现。对于 Restful，可采用 Spring Cloud 的 Feign 组件，这是一个声明式 Web 服务客户端。这使得编写 Web 服务客户端更容易，使用 Feign 创建一个接口并对它进行注解，它具有可插拔的注解支持，包括 Feign 注解与 JAX-RS 注解，Feign 还支持可插拔的编码器与解码器。

Spring Cloud 的主要模块有：Spring Cloud Config、Spring Cloud Netflix（Eureka、Hystrix、Zuul、Archaius、…）、Spring Cloud Bus、Spring Cloud for Cloud Foundry、Spring Cloud Cluster、Spring Cloud Consul、Spring Cloud Security、Spring Cloud Sleuth、Spring Cloud Data Flow、Spring Cloud Stream、Spring Cloud Task、Spring Cloud ZooKeeper、Spring Cloud Connectors、Spring Cloud Starters、Spring Cloud CLI，每个模块都功能不同，各具特色，下面来做一一介绍。

19.2.1 核心成员

1. Spring Cloud Netflix

Spring Cloud Netflix 是 Spring Cloud 所包含框架中最重要的一套组件，它提供的主要模块包括：服务发现、断路器和监控、智能路由、客户端负载均衡等。

2. Netflix Eureka

Netflix Eureka 用于服务注册和发现，它提供了一个服务注册中心、服务发现的客户端，还有一个可方便地查看所有注册的服务的界面。所有服务使用 Eureka 服务发现客户端将自己注册到 Eureka 服务器上。

3. Netflix Hystrix

Netflix Hystrix 用于监控和断路器。我们只需要在服务接口上添加 Hystrix 标签，就可以实现对这个接口的监控和断路器功能。

4. Netflix Zuul

Zuul 是在云平台上提供动态路由、监控、弹性、安全等边缘服务的框架。所有的客户端请求通过这个网关访问后台的服务。它可以使用一定的路由配置来判断某一个 URL 由哪个服务来处理，并从 Eureka 获取注册的服务来转发请求。Zuul 相当于是设备和 Netflix 流应用的 Web 网站后端所有请求的前门。

5. Ribbon

即负载均衡。Zuul 网关将一个请求发送给某一个服务的应用的时候，如果一个服务启动了多个实例，就会通过 Ribbon 和基于一定的负载均衡策略来发送给某一个服务实例。

6. Feign

即服务客户端。服务之间如果需要相互访问，可以使用 RestTemplate，也可以使用 Feign 客户端访问。它默认会使用 Ribbon 来实现负载均衡。

7. Hystrix Dashboard

即监控面板。它提供了一个界面，可以监控各个服务上的服务调用所消耗的时间等。

8. Turbine

即监控聚合。使用 Hystrix 监控时，我们需要打开每一个服务实例来查看其监控信息。而 Turbine 可以帮助我们把所有的服务实例的监控信息聚合到一个地方统一查看。

9. Netflix Archaius

Netflix Archaius 用于配置管理 API，它包含一系列配置管理 API，提供动态类型化属性、线程安全配置操作、轮询框架、回调机制等功能。可以实现动态获取配置，原理是每隔 60s（默认，可配置）从配置源读取一次内容，这样修改了配置文件后不需要重启服务就可以使修改后的内容生效，前提是使用 Archaius 的 API 来读取。

10. Spring Cloud Config

Spring Cloud Config 即俗称的配置中心，用来配置管理工具包，让你可以把配置放到远程服务器上，便于集中化管理集群配置，目前支持本地存储、Git 以及 Subversion。就是把配置都集中放到一起，方便以后统一管理、升级装备。

11. Spring Cloud Bus

即事件、消息总线，用于在集群（如配置变化事件）中传播状态变化，可与 Spring Cloud Config 联合实现热部署。

12. Spring Cloud for Cloud Foundry

Cloud Foundry 是 VMware 推出的业界第一个开源 PaaS 云平台，它支持多种框架、语言、运行时环境、云平台及应用服务，使开发人员能够在几秒钟内进行应用程序的部署和扩展，无需担心任何基础架构的问题，其实就是与 Cloud Foundry 进行集成的一套解决方案。

13. Spring Cloud Cluster

Spring Cloud Cluster 将取代 Spring Integration，提供分布式系统中集群所需要的基础功能支持，如选举、集群的状态一致性、全局锁、Tokens 等常见状态模式的抽象和实现。

14. Spring Cloud Consul

Consul 是一个支持多数据中心分布式高可用的服务发现和配置共享的服务软件，由

HashiCorp公司用Go语言开发，基于Mozilla Public License 2.0的协议进行开源。Consul支持健康检查，并允许HTTP和DNS协议调用API存储键值对。Spring Cloud Consul封装了Consul操作，Consul是一个服务发现与配置工具，与Docker容器可以无缝集成。

15. Spring Cloud Security

基于Spring Security的安全工具包，为应用程序添加安全控制。

16. Spring Cloud Sleuth

即日志收集工具包，它封装了Dapper和log-based追踪，以及Zipkin和HTrace操作，为Spring Cloud应用实现了一种分布式追踪解决方案。

17. Spring Cloud Data Flow

Data Flow用于开发和执行大范围数据处理，其模式包括ETL、批量运算和持续运算，是一个统一的编程模型和托管服务。

对于在现代运行环境中可组合的微服务程序来说，Spring Cloud Data Flow是一个原生云可编配的服务。使用Spring Cloud Data Flow，开发者可以为如数据抽取、实时分析和数据导入/导出这种常见用例创建和编配数据通道。

Spring Cloud Data Flow是基于原生云对Spring XD的重新设计，该项目目标是简化大数据应用的开发。Spring XD的流处理和批处理模块的重构分别是基于Spring Boot的stream和task/batch的微服务程序。这些程序现在都是自动部署单元而且它们原生地支持像Cloud Foundry、Apache YARN、Apache Mesos和Kubernetes等现代运行环境。

Spring Cloud Data Flow为基于微服务的分布式流处理和批处理数据通道提供了一系列模型和最佳实践。

18. Spring Cloud Stream

Spring Cloud Stream是创建消息驱动微服务应用的框架。它是基于Spring Boot创建的，用来建立单独的工业级Spring应用，使用Spring Integration提供与消息代理之间的连接。数据流操作开发包封装了与Redis、Rabbit、Kafka等的发送接收消息接口。

一个业务会牵扯到多个任务，任务之间是通过事件触发的，这就是Spring Cloud Stream要做的事了。

19. Spring Cloud Task

Spring Cloud Task主要解决短期微服务的任务管理、任务调度的工作。比如说，某些定时任务晚上就“跑”一次，或者某项数据分析就临时“跑”几次。

20. Spring Cloud ZooKeeper

ZooKeeper是一个分布式的、开放源码的分布式应用程序协调服务，是Google Chubby的一个开源实现，是Hadoop和HBase的重要组件。它是一个为分布式应用提供一致性服务的软件，它的功能包括：配置维护、域名服务、分布式同步、组服务等。ZooKeeper的目标就是封装好复杂易出错的关键服务，将简单易用的接口和性能高效、功能稳定的系统提供给用户。

21. Spring Cloud Connectors

Spring Cloud Connectors 简化了连接到服务的过程和从云平台获取操作的过程，有很强的扩展性，可以利用 Spring Cloud Connectors 来构建用户自己的云平台，便于云端应用程序在各种 PaaS 平台连接到后端，如数据库和消息代理服务。

22. Spring Cloud Starters

Spring Cloud Starters 是 Spring Boot 式的启动项目，为 Spring Cloud 提供开箱即用的依赖管理。

23. Spring Cloud CLI

基于 Spring Cloud CLI，可以通过命令行方式快速建立云组件。

以下是 Spring Cloud 的最核心、最常用的功能模块：分布式/版本化配置（Spring Cloud Config）、服务注册和发现（Spring Cloud Eureka）、路由（Spring Cloud Zuul）、负载均衡（Spring Cloud Rabbin）、断路器（Spring Cloud Hystrix）、分布式消息传递（Spring Cloud Bus）。

19.2.2 Spring Cloud 的优缺点分析

1. 优点

1）Spring 平台提供的统一编程模型和 Spring Boot 的快速应用程序创建能力，为开发人员提供了很好的微服务开发体验。使用很少的注解就可以创建一个配置服务器或获得客户端库来配置服务。

2）丰富的库支持覆盖大多数运行时需求。Spring Cloud 的所有库均由 Java 编写，提供多特性、高控制和易配置特性。

3）不同的 Spring Cloud 库彼此完全兼容。例如，Feign 客户端还将使用 Hystrix 用于断路器、Ribbon 用于负载均衡请求。一切都是注解驱动的，易于 Java 开发者开发。

2. 缺点

1）仅使用 Java，既是 Spring Cloud 的优点，也是一大缺陷。微服务架构之所以吸引人，在于按需交换各种技术栈、库，甚至语言的能力。对于这一点，Spring Cloud 做不到。如果你想使用 Spring Cloud/Netflix OSS 基础设置服务，如配置管理、服务发现或者负载均衡，解决方案是不优雅的。虽然 Netflix Prana 项目实现了 sidecar 模式，显示基于 Java 客户类库越过 HTTP，使得用 non-JVM 语言编写的应用程序存在于 NetflixOSS 生态系统变得可能，但它仍然不是很优雅。

2）除 Java 应用程序，还有太多与开发无关的事情需要 Java 开发人员处理。每个微服务需要运行各种客户端以进行配置检索、服务发现和负载均衡。虽然很容易设置，但这并不会降低对环境的构建时间和运行的依赖性。例如，开发人员可以使用 @EnableConfigServer 创建一个配置服务器，但这只是假象。每当开发人员想要运行单个微服务时，他们需要启动并运行 Config Server。对于受控环境，开发人员必须考虑使 Config Server 高度可用，并且由于它可以由 Git 或 SVN 支持，因此它们需要一个共享文件系统。同样，对于服务发现，开发人员也是需要首先启动 Eureka 服务器。为了创建一个受控的环境，他们需要在每个 AZ 上使用多个实例实现集群。可以说，开发人员除了实现所有功能外，还需要额外管理一个复杂的微服务平台。

3）Spring Cloud 目前在微服务方面覆盖的面相对有限，开发人员还需要考虑自动化部署、调度、资源管理、过程隔离、自我修复、构建流水线等，以获得完整的微服务体验。对于这点，作者认为拿 Spring Cloud 和 Kubernetes 比较是不公平的，应该比较 Spring Cloud + Cloud Foundry（或 Docker Swarm）和 Kubernetes。但这也意味着对于一个完整的端到端微服务体验，Spring Cloud 必须补充一个像 Kubernetes 这样的应用程序平台。

19.2.3 与 Spring Boot 之间的关系

Spring Boot 是一套快速配置脚手架，开发人员可以基于 Spring Boot 快速开发单个微服务。

Spring Cloud 是一个基于 Spring Boot 实现的服务治理工具包；Spring Boot 专注于快速、方便集成的单个微服务个体；Spring Cloud 关注全局的服务治理框架。

Spring Boot/Cloud 是微服务实践的最佳落地方案。

19.3 Spring Cloud 与 Kubernetes 融合实践

Spring Cloud 和 Kubernetes 都支持微服务架构，但各有侧重点，最大的区别在于：Spring Cloud 仅面向 Java 开发者，提供丰富、完善的微服务治理框架，特别是客户端负载均衡、熔断、配置管理、集群容错等功能强于 Kubernetes。Kubernetes 支持各种不同的开发语言，并提供了 Spring Cloud 所没有的资源管理、应用编排、自动化部署和调度等机制。

将 Spring Cloud 和 Kubernetes 进行融合，可以实现优势互补。用 Spring Cloud 提供 Java 应用程序打包；用 Docker 和 Kubernetes 提供自动化部署和调度；通过 Spring Cloud Hystrix 线程池提供应用程序内隔离；Kubernetes 通过资源、进程和命名空间实现资源隔离；Spring Cloud 为每个微服务提供健康监测，Kubernetes 执行健康检查并且为健康服务的通信提供路由；Spring Cloud 提供外部化的升级配置服务，Kubernetes 给每个微服务分配配置等。

基于 Spring Cloud 和 Kubernetes+Docker 技术的容器云平台建设目标是：给应用开发人员提供一套服务快速开发、部署、运维管理、持续开发、持续集成的流程。平台提供基础设施、中间件、数据服务、云服务器等资源，开发人员只需要开发业务代码并提交到平台代码库，做一些必要的配置，而后容器云平台会自动构建、部署，实现应用的敏捷开发、快速迭代。在系统架构上，容器云平台主要分为微服务架构、Docker 容器技术、DveOps 三部分，本章重点介绍微服务架构的实施。

从图 19-4 可以看出，微服务访问大致路径为：外部请求→负载均衡→ API 服务网关→微服务→数据服务 / 消息服务。服务网关和微服务都会用到服务注册和发现来调用依赖的其他服务，各服务集群都能通过配置中心服务来获得配置信息。

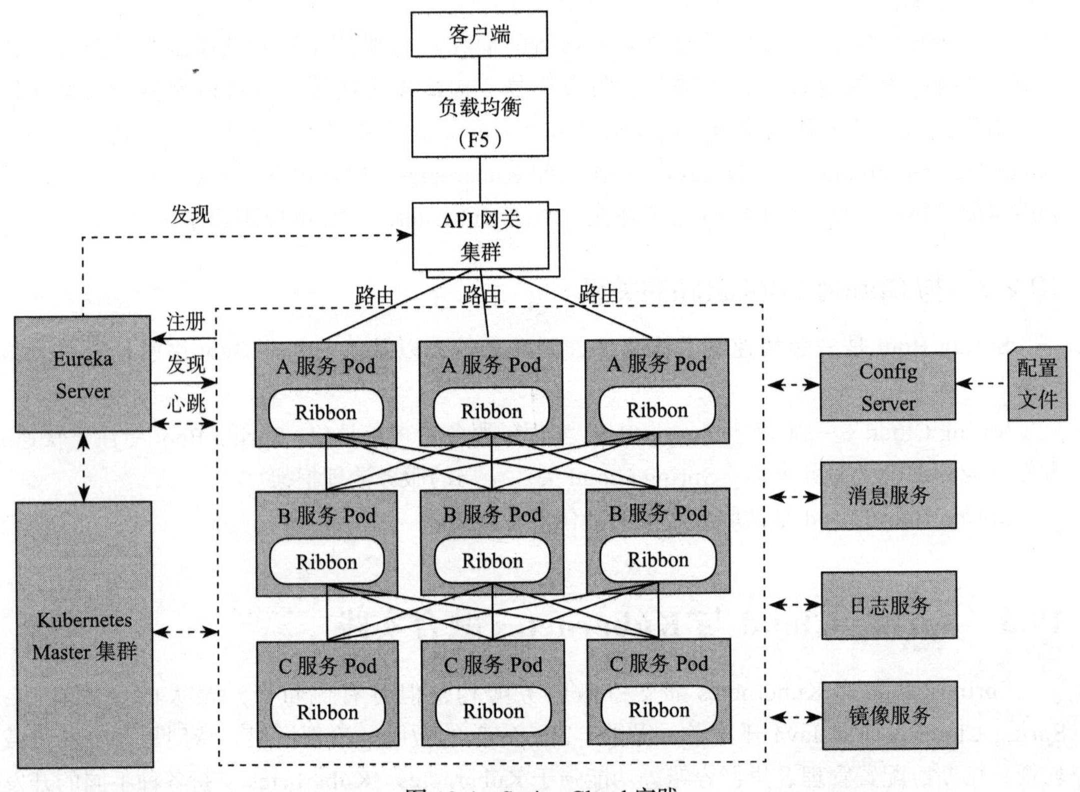

图 19-4 Spring Cloud 实践

所使用的关键模块如表 19-1 所示。

表 19-1 所使用的关键模块

功能	Spring Cloud 模块名	功能	Spring Cloud 模块名
路由与负载均衡	Ribbon	服务调用跟踪	Sleuth
注册中心	Eureka	日志输出	ELK
网关	Zuul	认证集成	OAuth 2
断路器	Hystrix	消息总线	Bus
分布式配置	Config	批量任务	Task

19.3.1 API 网关

在微服务架构模式下，后端服务的实例数一般是动态的，客户端很难发现动态改变的服务实例的实际访问地址。因此，为了简化前端的调用逻辑，引入 Spring Cloud Netflix 框架的开源组件 Zuul 来实现 API 网关以作为轻量级网关，同时 API 网关中也会实现相关的认证逻辑从而简化内部服务之间相互调用的复杂度，如图 19-5 所示。

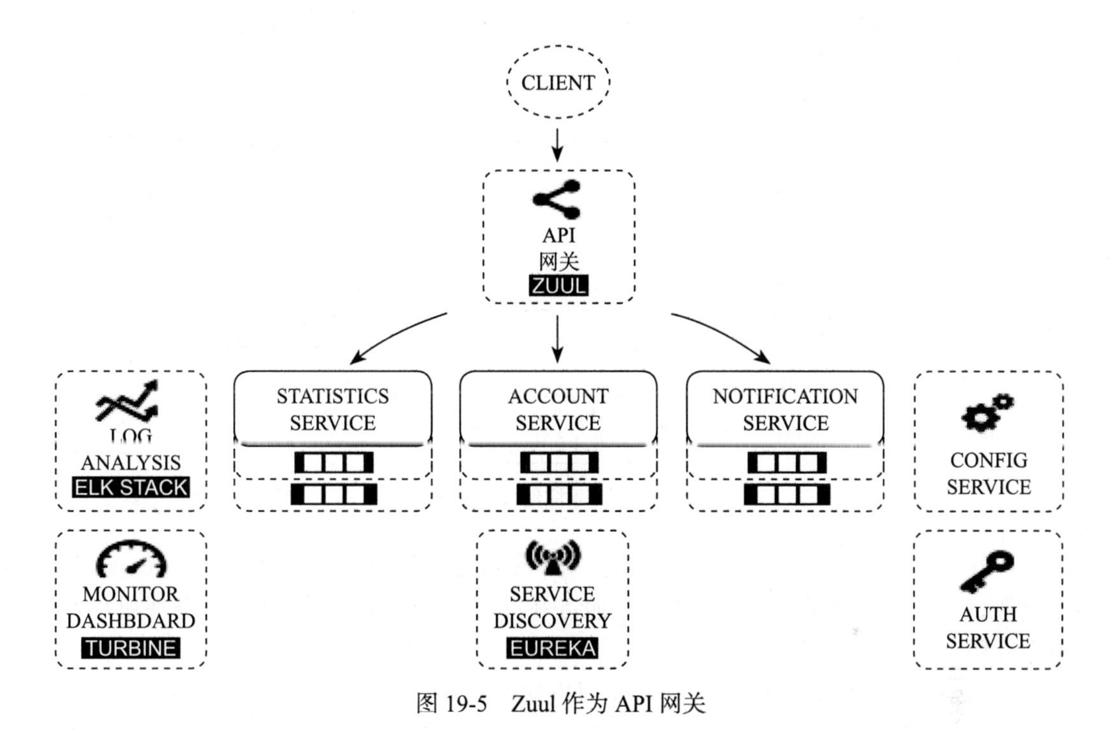

图 19-5 Zuul 作为 API 网关

开源组件 Zuul 可提供如下功能：

1）动态路由。服务请求被动态地路由到后端服务集群。虽然 API 网关后端是复杂的分布式微服务网状结构，但是外部系统从 API 网关来看就像是一个整体服务，API 网关屏蔽了后端服务的复杂性。

2）限流和容错。为各种类型的业务请求分配容量，如请求量超过阈值则丢弃外部请求，启动限流，保护后台服务不被大流量冲垮，进而避免雪崩效应；当内部服务出现故障时，直接在边界返回响应，集中做容错处理，而不将请求再转发到内部集群，保证有良好的用户体验。

3）身份认证和安全性控制。对每个外部请求进行身份认证，拒绝非法请求，还可通过访问模式分析，阻止外部的数据抓取（爬虫）。

4）监控。API 网关可以收集各种数据并进行统计，为后台服务优化提供数据支持。

5）访问日志。API 网关可以收集访问日志，如哪个服务被访问？处理过程是否异常？

访问的总时长是多少？哪一段访问过程耗时最多等。通过分析日志内容，对后台系统做进一步优化。

19.3.2 服务注册发现

由于微服务架构是由一系列职责单一的细粒度服务构成的网状结构，而服务调用的前提是需要知晓各种服务的动态信息，这就必须引入服务注册与发现机制，服务的提供方要注册服务地址，服务调用方才能发现目标服务。

Eureka 是 Netflix 开源的一款提供服务注册和发现的产品，它提供了完整的服务注册和服务发现。简单地说，Eureka 就是一个服务中心，将所有的可以提供的服务都注册到 Eureka 来管理，各服务调用者可先查询再调用，避免了服务之间的直接调用，便于水平扩展、故障转移等。如图 19-6 所示。

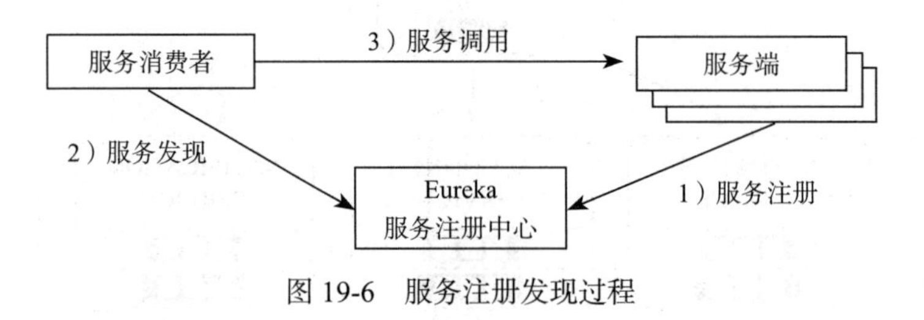

图 19-6　服务注册发现过程

当 API 网关服务接收到外部请求或者是后台微服务之间相互调用时，会到 Eureka 服务器上查找目标服务的注册信息，发现目标服务并进行调用，这样就形成了服务注册与发现的整个流程。

所有的微服务都向 Eureka 注册，并定时发送心跳进行健康检查（默认配置是 30s 发送一次心跳，该时间间隔可配置），以保证服务仍然处于存活状态。Eureka 服务器在接收到服务实例的最后一次心跳后，如超过 3 次心跳间隔（默认配置 90s，该参数可配置）都没有接收到心跳，则会自动剔除该服务，避免了因某个实例挂掉而影响服务。

Eureka 服务以集群的方式部署，集群内的所有 Eureka 节点会定时自动同步微服务的注册信息，这样就能保证所有的 Eureka 服务注册信息保持一致。

19.3.3 客户端负载均衡

Ribbon 是一个客户端负载均衡器，可以很好地控制 HTTP 和 TCP 客户端的行为。通过 Ribbon，每次服务调用可以直接联系所需的服务，而传统负载均衡解决方案是需要先送给负载均衡实例再前转给服务。它与 Spring Cloud 和服务发现是集成在一起的，开箱即用。Eureka 客户端提供了可用服务器的动态列表，因此 Ribbon 可以在它们之间进行负载均衡。Ribbon 所支持的负载均衡策略包括：轮询策略、随机选择策略、最大可用策略、加权轮询策略、可用过滤策略、区域感知策略等。

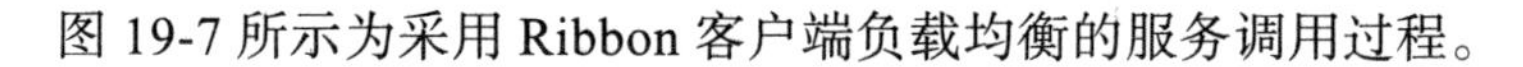

图 19-7 所示为采用 Ribbon 客户端负载均衡的服务调用过程。

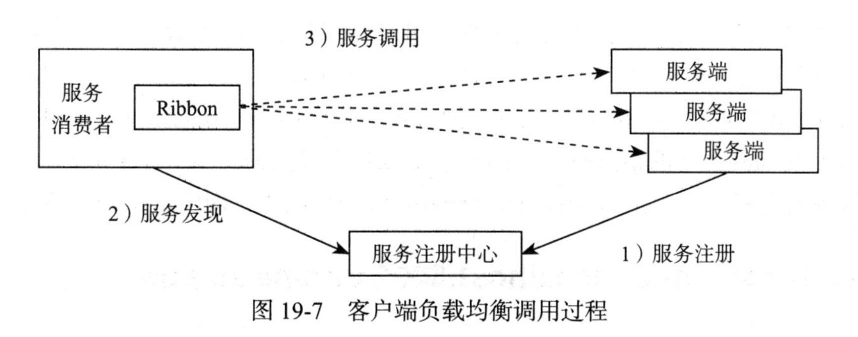

图 19-7　客户端负载均衡调用过程

19.3.4　断路器

通常情况下，微服务之间存在错综复杂的依赖关系，一次请求可能会依赖多个后端服务，这些微服务可能发生故障、延迟等情况，一旦某个服务产生延迟，可能会在短时间内耗尽系统资源，将整个系统拖垮。因此需要对处于故障状态的服务进行隔离和容错，否则会导致雪崩效应，产生灾难性后果。

Spring Cloud Hystrix 可以很好地解决上述问题，它通过熔断模式、隔离模式、回退（fallback）和限流等机制对服务进行弹性容错保护，保证系统的稳定性。

1）熔断模式。熔断模式原理类似于电路熔断器，当电路发生短路时，熔断器熔断，保护电路避免遭受灾难性损失。当服务异常或者大量延时，即满足熔断条件时服务调用方会主动启动熔断，执行 fallback 逻辑直接返回，不会继续调用服务进一步拖垮系统。熔断器默认配置服务调用错误率阈值为 50%，超过阈值将自动启动熔断模式。服务隔离一段时间以后，熔断器会进入半熔断状态，即允许少量请求进行尝试，如果仍然调用失败则回到熔断状态，如果调用成功则关闭熔断模式。

2）隔离模式。Hystrix 默认采用线程隔离，不同的服务使用不同的线程池，彼此之间不受影响，当一个服务出现故障时将耗尽它的线程池资源，其他的服务正常运行而不受影响，以达到隔离效果，避免因某一个服务而影响全局。Hystrix 会在某个服务连续调用 N 次不响应的情况下，立即通知调用端调用失败，避免调用端持续等待而影响了整体服务。Hystrix 间隔一段时间会再次检查此服务，如果服务恢复将继续提供服务。

3）回退。回退机制其实是一种服务故障时的容错方式，原理类似 Java 中的异常处理。只需要继承 HystixCommand 并重写 getFallBack() 方法，在此方法中编写处理逻辑，比如可以直接报异常（快速失败），可以返回空值或默认值，也可以返回备份数据等。当服务调用出现异常时会转向执行 getFallBack()。

4）限流。是指限制服务的并发访问量，超出限制的请求时拒绝并回退，防止后台服务被“冲垮”。

19.3.5 监控

当熔断发生的时候需要系统迅速地响应来解决问题，避免故障进一步扩散，那么对熔断的监控就变得非常重要。熔断的监控工具有两款：HystrixDashboard 和 Turbine。HystrixDashboard 是针对 Hystrix 进行实时监控的工具，通过 Hystrix Dashboard 可以直观地看到各 Hystrix Command 的请求响应时间、请求成功率等数据。通过 Turbine 工具来汇总系统内多个服务的数据并显示到 Hystrix Dashboard 上。监控的效果图如图 19-8 所示。

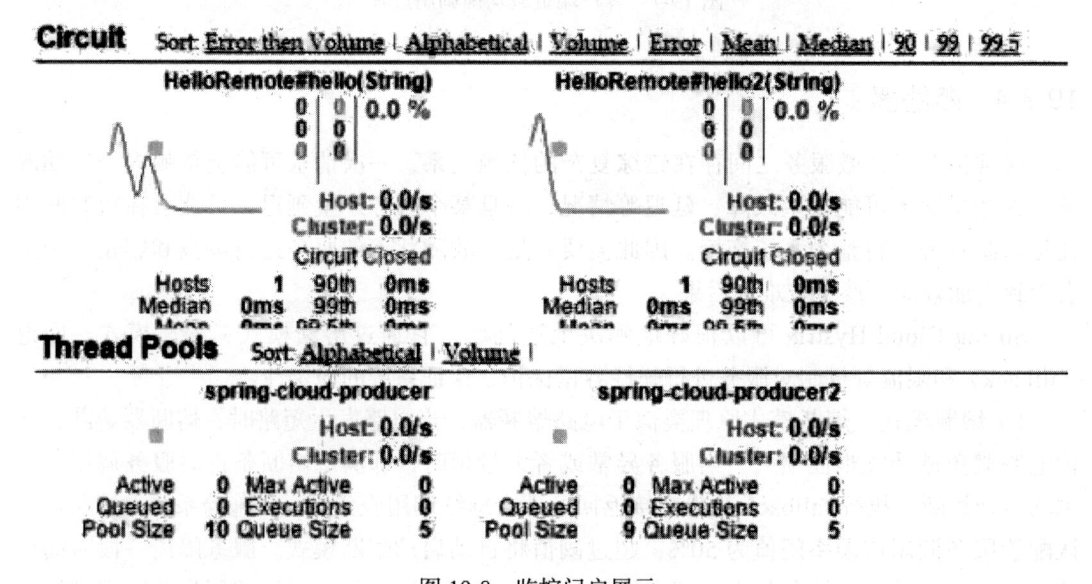

图 19-8 监控门户展示

19.3.6 配置管理

随着微服务不断增多，每个微服务都有自己对应的配置文件。通常，在微服务架构中微服务的配置管理有以下需求：

1）集中管理配置。一个使用微服务架构的应用系统可能会包含成百上千个微服务，因此集中管理配置是非常有必要的。

2）不同环境，不同配置。例如，数据源配置在不同的环境（开发、测试、预发布、生产等）中是不同的。

3）运行期间可动态调整。例如，我们可根据各个微服务的负载情况，动态调整数据源连接池大小或熔断阈值，并且在调整配置时不停止微服务。

4）配置修改后可自动更新。如配置内容发生变化，微服务能够自动更新配置。

综上所述，对于微服务架构而言，一个通用的配置管理机制是必不可少的，常见做法是使用配置服务器帮助我们管理配置，这个时候就需要引入 Spring Cloud Config 组件。

Spring Cloud Config 是一个解决分布式系统的配置管理方案。它包含了 Client 和 Server 两个部分，Server 提供配置文件的存储，以接口的形式将配置文件的内容提供出去，Client 通过接口获取数据，并依据此数据初始化自己的应用。由于 Config Server 和 Config Client 都实现了对 Spring Environment 和 PropertySource 抽象的映射，因此，Spring Cloud Config 非常适合 Spring 应用程序，当然也可与任何其他语言编写的应用程序配合使用。

Config Server 端将所有的配置文件服务化，需要配置文件的服务实例即可从 Config Server 获取相应的配置信息。Config Server 将所有的配置文件统一整理，避免了配置文件碎片化。

使用 Spring Cloud 的 Config Server 服务来实现动态配置中心的搭建。开发人员所开发的微服务代码都存放在 Git 服务器里，所有需要动态配置的配置文件存放在 Git 服务器下的 Config Server（配置中心，也是一个微服务）服务中，部署到 Docker 容器中的微服务从 Git 服务器动态读取配置文件的信息。

当本地 Git 仓库修改代码并推送到 Git 服务器仓库后，Git 服务端钩子程序自动检测是否有配置文件更新，一旦发现有新的配置文件，Git 服务端通过消息队列给配置中心（Config Server）发消息，通知配置中心刷新对应的配置文件。这样微服务就能获取到最新的配置文件信息，实现动态配置。

19.3.7 消息总线

手动配置更新虽然可以解决单个微服务运行期间重载配置信息的问题，但在实际的生产环境中，往往存在大量的微服务正在运行，可能会有大量的服务需要更新配置，依赖手动更新将是一个巨大的工作量，为此，Spring Cloud 提出了一个替代方案：Spring Cloud Bus。

当我们改变配置文件提交到版本库中时，会自动地触发对应实例的更新，作为轻量级的通信组件 Spring Cloud Bus，主要承担配置信息变更的通知通道，其具体的工作流程如图 19-9 所示。

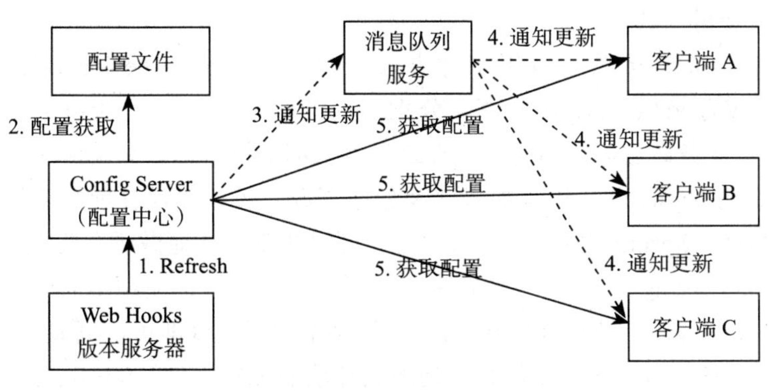

图 19-9 配置更新过程

19.3.8 链路跟踪

在实际的使用中我们需要监控服务和服务之间通信的各项指标，这些数据将是我们改进系统架构的主要依据，因此分布式的链路跟踪就显得尤为重要，我们通常采用Spring Cloud Sleuth和Zipkin来实现整个容器云平台的链路跟踪。

通过Spring Cloud Sleuth可清晰地了解一个服务请求经过哪些服务，以及各服务耗时等信息，从而让我们可以很方便地理清各微服务间的调用关系。通过Zipkin模块，开发者可收集各个服务上的监控数据，并提供查询接口。

19.4 Spring Cloud特点总结

Spring Boot、Spring Cloud仍在高速发展，技术生态不断地完善和扩张，不免也会有一些小的Bug，但基本可以忽略，因为大多Bug都可以找到解决方案。推荐使用Spring Cloud主要是基于以下几个方面考虑的：

- 市场知名度高。很多知名互联网公司都已经使用了Spring Cloud，如阿里、美团等；另外，Spring Cloud并不是一套高深的技术，普通的Java程序员经过一两个月完全就可以上手，但前期需要一个比较精通的人来指导。
- 学习成本低。有很多Spring Cloud官方文档和示例可以查看，也有很多优秀的博客在写关于Spring Cloud的相关教程。
- 前后端职责划分清晰。Spring Cloud主要是后端服务治理的一套框架，唯一与前端有关系的是thymeleaf，Spring推荐使用它做模板引擎。一般情况下，前端App或者网页通过Zuul来调用后端的服务，如果包含静态资源也可以使用Nginx做一下代理转发。
- 测试方便。Spring Boot Starter Test支持项目中各层方法的测试，也支持Controller层的各种属性。所以一般测试的步骤是这样的，首先开发人员覆盖自己的所有方法，然后测试微服务内所有对外接口保证微服务内的正确性，再进行微服务之间集成测试，最后交付测试。
- 配置简单。Session共享有很多种方式，如使用Tomcat Sesion共享机制，推荐使用Redis缓存来做Session共享。分批引入的时候，最好是新业务线先使用Spring Cloud，旧业务做过渡，当完全掌握之后再全部替换。如果只是请求转发，Zuul的性能不一定比Nginx低，但是如果涉及静态资源，还是建议在前端使用Nginx做一下代理。另外，Spring Cloud有配置中心，可以非常灵活地做所有关于配置的事情。
- 部署容易。Spring Boot最擅长做多环境下的不同配置，使用不同的配置文件来配置不同环境的参数，在服务启动的时候指明某个配置文件即可。例如，java -jar app.jar --spring.profiles.active=dev就是启动测试环境的配置文件；Spring Cloud没有提供发布平台，因为Jenkins已经足够完善了，推荐使用Jenkins来部署Spring Boot项目，这样会省去非常多的工作；灰度暂时不支持，可能需要自己来做，如果有多个实例，可以一个一个地更新；支持混合部署，一台机子部署多个实例是常见的事情。

- 运维简单、易用。Turbine、Zipkin可以用来做熔断和性能监控；动态上下线某个节点可以通过Jenkins来实现；provider下线后，会有其他相同的实例来提供服务，Eureka会间隔一段时间来检测服务的可用性。不同节点配置不同的流量权值目前还不支持。注册中心必须做高可用集群，因为如果注册中心崩溃，服务实例将会全部停止。

Chapter 20 第20章

Serverless

移动互联网、物联网和大数据应用的快速发展极大地促进了人们对云计算的需求，但要让应用架构拥有良好的可伸缩性和高可用性并非易事，运维和管控庞大的基础架构更是极大的挑战。为此，Serverless架构应运而生，它可以消除几乎所有的问题以及传统基础设施和容器上存在的大部分问题。正是在这些因素的驱动下，许多企业已经开始考虑采用Serverless（无服务器）架构的可能性。

20.1 Serverless发展史简介

2014年11月，AWS预发布了新产品AWS Lambda，Lambda为云中运行的应用程序提供了一种全新的系统体系结构——Serverless，Lambda被描述为：一种计算服务，根据事件驱动用户的代码，无需关心底层的计算资源。2015年5月AWS正式发布Lambda通用版。

2016年，Google发布Serverless产品Google Cloud Functions预览版，2017年3月发布Beta版。

2017年4月，阿里云正式宣布函数计算（Function Compute）启动邀测，代表了国内首个事件驱动的Serverless计算平台的诞生。

2017年7月，微软发布了Azure容器实例，在公有云内实现Serverless产品。

2018年3月，华为云正式发布了其云容器实例CCI（Cloud Container Instance），并称为全球首款基于Kubernetes的Serverless容器。

这些国内外云服务巨头相继推出的Serverless产品为开发人员创造了新的机会——专注于创建应用程序而无需考虑底层基础架构成为可能，不再需要配置或管理服务器，把这些统统交给云服务商来解决。

20.2　Serverless 的工作原理

提到 Serverless，有一张经典图描述了传统的互联网应用架构与 Serverless 架构的不同点。以图 20-1 为例，上半部分描述互联网应用传统架构的模型，用户客户端 App 与部署在服务器端的常驻进程间通信，服务器端进程处理该应用的大部分业务逻辑流程。这张图的下半部分则描述了 Serverless 架构模型，与传统架构模型最大的不同之处在于，互联网应用的大部分业务逻辑流程运行在客户端上，客户端通过调用第三方服务接口来完成诸如登录、鉴权、读取数据库等通用业务场景，高度定制化的业务逻辑则通过调用第三方 FaaS 平台执行自定义代码来完成。总体来说，Serverless 架构将传统架构中服务器端的完整后台流程，拆分成在客户端上执行的一个个第三方服务调用或 FaaS 调用。

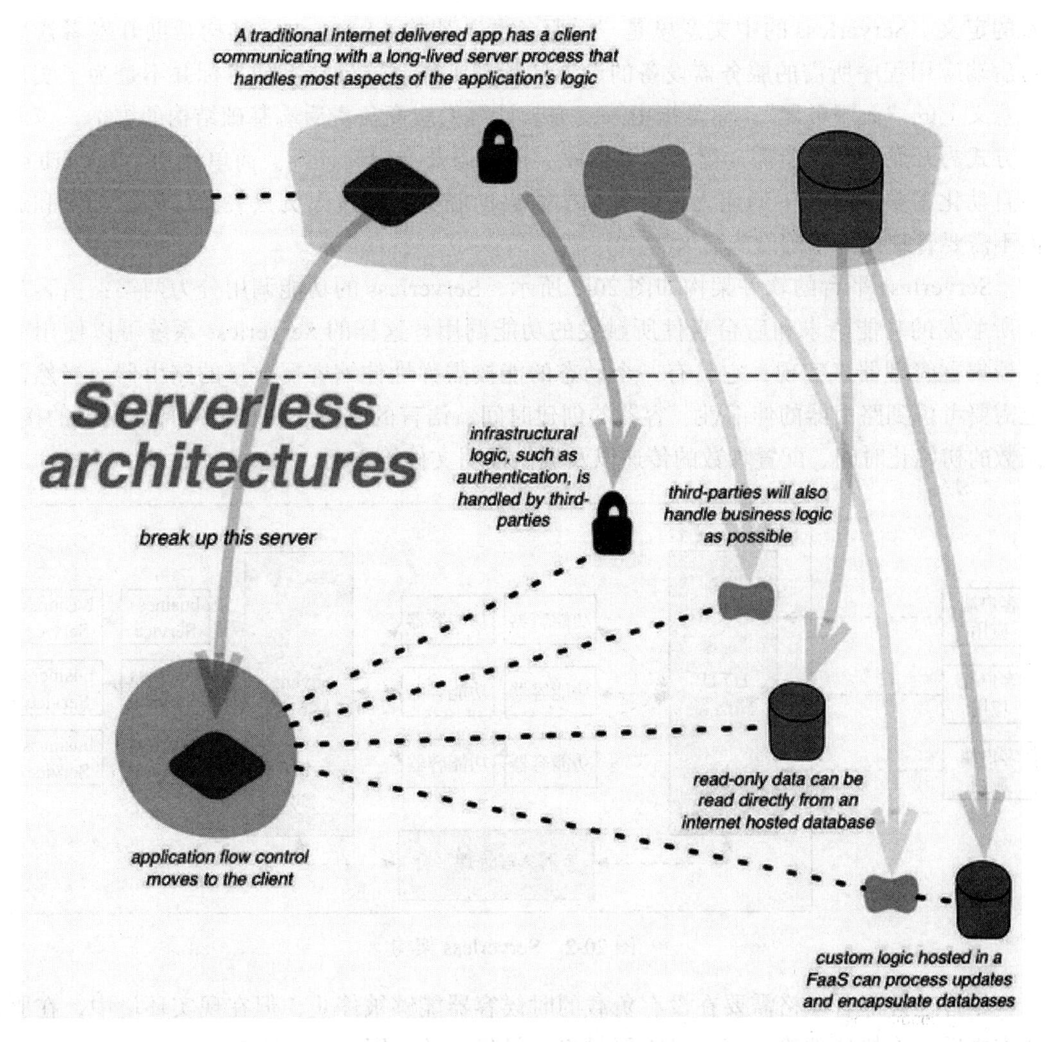

图 20-1　Serverless 与传统架构对比

Serverless与传统架构的差异主要体现在：

1）传统的互联网应用主要采用C/S架构，服务器端需长期维持业务进程来处理客户端请求。

2）在Serverless架构中，应用程序将基于无服务器架构形成多个相互独立的功能组件，并以API服务的形式提供给用户。

3）服务器端无需长期维持业务进程，业务代码仅在调用时才激活运行，当响应结束占用的资源便会释放。

20.2.1 Serverless的定义

Serverless是最新兴起的架构模式，如同许多新的概念一样，还没有一个普遍公认的权威的定义。Serverless的中文意思是“无服务器”架构。Serverless架构帮助开发者摆脱运行后端应用程序所需的服务器设备的设置和管理工作。这项技术的目标并不是为了实现真正意义上的“无服务器”，而是指由第三方云计算供应商负责后端基础结构的维护，以服务的方式为开发者提供所需功能，如数据库、消息以及身份验证等。简单地说，Serverless平台自动化了整个过程中的建立、部署和按需启动服务，开发人员只关注代码的开发和运行而不需要管理任何基础设施。

Serverless平台的软件架构如图20-2所示，Serverless的功能调用分为两类：由客户请求所触发的功能请求和后台事件所触发的功能调用。这样的Serverless系统可以使用一个容器集群管理器来实现，它具有一个动态的能按需弹性伸缩容器数量的路由器。当然，这也需要考虑到路由器的伸缩性、容器的创建时间、语言的支持、协议的支持、函数的接口、函数的初始化时间、配置参数的传递以及提供证明文件等方面。

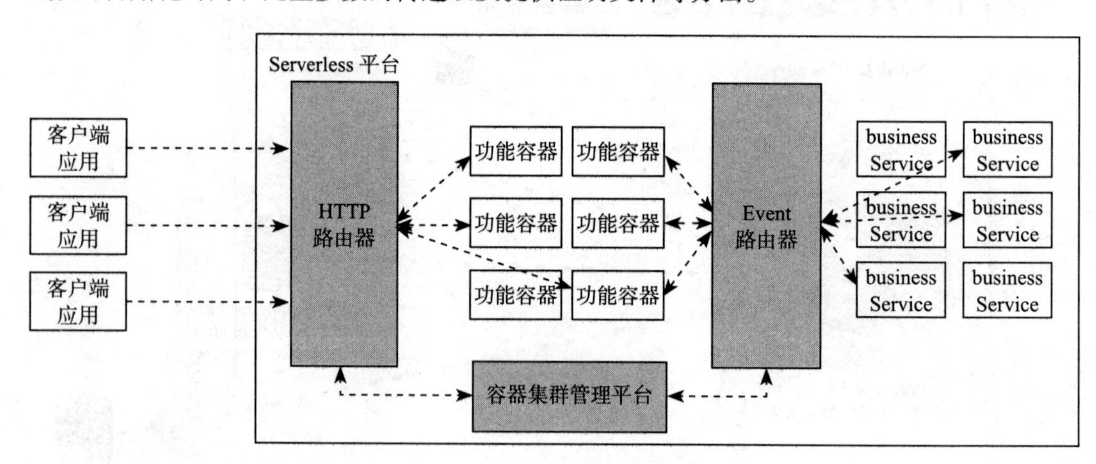

图20-2 Serverless架构

尽管这种部署风格需要在没有负载的时候容器能够被停止，但在现实环境中，在服务请求之后这么快速地终止容器是需要付出高昂代价的。因为在较短时间的间隔内很可能会有更多的请求产生，所以通常出现的情况是：Serverless计算容器会在预配置好的一段时间内被保存，以便被更多请求服务重复用到。这类似于PaaS平台的自动扩展行为。一旦服务被扩展，它的一些实例将会被保留一段时间，以便处理更多的请求，而非立即终止它们。

20.2.2 Serverless的特点

Serverless架构具有以下特点：

1）运行成本更低。目前主流的公有云计费模式都采用包月计费模式，比如你在亚马逊公有云上申请一台虚拟机后，不管有没有用户访问你的应用，也不管你有没有部署应用，你都要付相同的钱。而对基于Amazon Lambda开发的Serverless应用来说，你只需要根据实际使用的资源量（FaaS执行次数 ×FaaS函数的运行时间 × 计算资源模板费用）进行付费，也即用多少付多少，不用不收费。

2）自动扩缩容。用户无需关注FaaS函数的水平扩展，Serverless平台会自动根据调用量扩展运行代码所需要的容器，轻松做到高并发调用。函数即应用，各FaaS函数可以独立地进行扩缩容，而不影响其他FaaS函数，并且由于粒度更小，扩缩容速度也更快。而对于单体应用和微服务，虽然也能实现自动扩缩容，但由于粒度关系，相比函数始终会存在一定的资源浪费。

3）事件驱动。FaaS函数本质上实现的是一种IPO（Input Process Output）模型，即用即销毁，是短暂的，这是FaaS函数区别于单体应用和微服务的显著特征。不论是单体应用，还是微服务，它们都是常驻进程。而FaaS函数不一样，没有请求时也不消耗任何资源，只有当请求来了，才会消耗资源进行响应，服务完则立刻释放资源。

4）NoOps。用户无需关心计算资源的交付部署，以用户算法代码为中心；计算资源服务化，用户通过API使用计算资源。本质上说，Serverless是把Ops外包给第三方平台，让Dev专注于业务逻辑的实现而不用操心Ops相关的工作。

20.2.3 Serverless的分类

Serverless下包含的两个概念：函数即服务，即Function as a Service，简称FaaS；后端即服务，即Backend as a Service，简称BaaS。

函数即服务（FaaS）：FaaS作为一种新的计算能力提供方式，让用户无需关心服务器的配置和管理，仅需专注于编写和上传核心业务代码，交由平台完成部署、调度、流量分发、弹性伸缩等能力。FaaS的出现会从底层开始变革计算资源的形态，以一种新的方式来提供计算资源，同时也会给软件架构与应用服务部署带来新的设计思路，进一步降低云计算的使用门槛，推动全行业在服务架构上的创新步伐。

后端即服务（BaaS）：这里的后端指的就是各种云产品和云服务，如对象存储COS，消息队列CMQ，云数据库CDB、TDSQL，云缓存CRedis、CMemcached等。对于这些产品或服务，用户直接开通即可使用，无需考虑部署、扩容、备份、优化、安全等各种运维工作，做到了开箱即用，因此同样也是Serverless的一部分。

本章主要讨论的是FaaS，这也是目前各类Serverless平台和框架主要支持的类型。

20.2.4 Serverless设计的优势

Serverless设计的优势主要有：

1）**低运营成本**。在传统应用系统的部署实施中，必须按业务峰值需求来构建业务系统，但在大部分时间里该业务系统是空闲的，这就导致了严重的资源浪费和成本上升。在Serverless架构下，不同用户能够通过共享网络、硬盘、CPU等计算资源，在业务高峰期通过弹性扩容方式有效地应对业务峰值，在业务波谷期将资源释放并分享给其他用户，有效地节约了成本。另一方面，服务将根据用户的调用次数进行计费，按照云计算的按需付费原则，如果没有运行就不必付款，节省了使用成本。

2）**简化设备运维**。对于传统的应用系统，开发和运维团队既需要维护应用程序，还要维护硬件基础设施；而在Serverless架构中，开发人员面对的将是自定义或者第三方开发的API和URL，底层硬件对于开发人员透明化了，技术团队无需再关注运维工作，从而能够更加专注于应用系统开发。

3）**提升可维护性**。目前，一些公有云服务中提供了大量的服务，如登录、鉴权服务，云数据库服务等第三方服务，它们在安全性、可用性、性能方面都进行了大量优化，在Serverless架构下的应用开发团队直接集成第三方的服务，能够有效地降低开发成本，使得应用的运维过程变得更加清晰，有效地提升应用的可维护性。

4）**开发速度更快**。由于开发人员仅需专注于业务逻辑功能的开发，无需关心应用系统部署、调度、流量分发、弹性伸缩等功能的研发，软件架构和软件功能实现都大大简化，不仅节省开发时间，更可提升开发效率，降低开发难度。

20.2.5 Serverless设计的局限性

尽管Serverless架构有许多优点，但它并不适用于所有类型的应用。Serverless的局限性主要体现在：

1）**供应商锁定**。由于业界没有统一的Serverless标准，各厂商的Serverless解决方案不兼容，这也意味着Serverless应用一旦开发并部署，应用就与Serverless平台提供方进行了深度绑定。所以，评估服务提供商的业务目标和长期稳定性与技术选型是同样重要的。

2）**冷启动**。由于FaaS服务是采用冷启动方式，不是常驻进程，这就意味着每来一个请求，函数都要经历一次冷启动，加载需要一定时间（通常在10ms级别），这也意味着Serverless应用不太适合极低时延、高并发要求的应用场景。云服务商一般会对用户的并发调用数做限制，比如AWS Lambda是1000。

3）**复杂程序编写困难**。应用代码必须做彻底的无状态改造，FaaS函数无法常驻内存，且FaaS功能调用之间不能共享状态，以及两次FaaS调用如存在关联容易触发死循环等，这都让编写复杂程序变得极度困难。每服务完一个请求，FaaS函数所在的进程就会被“杀死”，也就是说使用内存进行缓存对函数而言不再有意义。由于每次启动都可能被调度到新的服务器上，任何基于本地磁盘的缓存技术也就不再适用。因此，FaaS函数只能使用外存（如Redis、数据库）进行缓存，这对时延、性能又有较大影响。

4）**不适用于长时间运行的应用**。由于Serverless提供的函数被配置为短期和动态函数，因此如果需要长时间运行，Serverless架构可能并不是最优选择。代码运行的生命周期也非常短暂。通常Serverless服务商会限制代码的最大运行时间，如AWS Lambda为5min，超过限时会强制中断。

5）**体系结构复杂**。商用的应用系统往往较复杂，整个业务系统往往支持部分模块Serverless架构，这也就意味着可能混合搭配体系架构，使得体系架构变得更复杂，更难于控制。

6）**多租户与隐私问题**。Serverless安全技术还不成熟，可能有攻击者利用系统中的安全漏洞实施攻击。

20.2.6 Serverless与相关概念间的关系

1）**Serverless和微服务**。Serverless和微服务没有直接关系，但两者有相似之处，如都需要做业务拆分和解耦、强调无状态、具有敏捷特性等。Serverless在很多方面比微服务粒度更细、更彻底，要求也更严格。例如微服务以服务为边界拆分业务，Serverless以函数为边界拆分业务；微服务可以有跨服务调用的内存状态共享，Serverless要求调用彻底无状态。此外，Serverless依靠BaaS提供第三方依赖，而微服务可以自由选择第三方依赖来源，例如使用本地搭建的传统中间件栈（如本地MySQL和消息总线）。Serverless和微服务是不同层面，但又互相促进的，微服务是开发模式，Serverless是计算平台。

2）**Serverless和容器**。Serverless是一种软件设计架构，容器是软件架构的承载者。AWS Lambda这样的Serverless框架使用了某种容器技术，得以实现语言无关和毫秒级的启动。目前，已经有一些开源项目使用Docker实现Serverless中的FaaS承载部分，如IBM推出的OpenWhisk。

20.3 Serverless平台选型

目前，Serverless平台主要分为三大类：

1）公有云上的功能即服务（Functions as a Service，FaaS）解决方案，如AWS Lambda、Microsoft Azure Functions以及Google Cloud Functions等。

2）运行在公有和私有数据中心的Severless框架，如Fission运行在Kubernetes上，Funktion运行在Kubernetes上，IBM OpenWhisk运行在Docker上。

3）提供agnostic应用接口或/和现有Serverless框架增值服务的包装框架，如

Serverless.com 支持 AWS Lambda，Apex 支持 AWS Lambda。

选择哪一个 Serverless 平台，首先取决于数据中心将要运行何种方案。其次是它的特殊性、成熟度，以及对供应商的依赖程度。

20.4 Serverless 适用场景

正如前几节所述，并不是所有的应用都适合采用 Serverless 架构。那么哪些应用场景适用 Serverless 呢？总结如下。

1. 应用负载变化显著的场景

一个应用负载具有明显的波峰波谷时，使用 Serverless 可显著提升效率。对于公有云运营商而言，在具备了足够多的各类用户之后，各种波峰波谷叠加后将更加平稳，聚合之后资源复用性更高。比如，安防行业的负载高峰在夜间，视频处理企业负载高峰是在夜间，外卖企业负载高峰是在用餐时期，不同类型的 Serverless 应用混合部署，不仅不会有明显的波峰波谷现象，还可大大提升资源利用率，大大降低成本。

2. 基于事件驱动的算法服务化场景

主要是将输入的数据根据特定的算法进行提炼和运算，然后将结果输出，如音视频转码、数据抽取、人脸特征值提取、基因计算、图像渲染等均为通用计算任务，要有函数计算执行，开发者无需考虑计算资源，只需关注实现逻辑，再将任务按照控制流连接起来，各任务的具体执行由云厂商来负责。如此，开发变得更便捷，并且构建的系统天然高可用、实时弹性伸缩，用户不需要关心机器层面问题，由服务商提供计算资源的调度、监控和维护工作，能极大地降低运维工作量，同时具有更好的资源弹性伸缩能力。

3. 基于事件驱动的数据分析服务化场景

按需组合使用各类 Serverless 的服务，将多种数据源集成、清洗转换、关联分析，并以可视化的方式展现数据的洞察，过程中不用关心任何物理架构，也不用关心各种工具的集成。

4. 基于事件驱动的数据服务化场景

指将已有的数据通过 Serverless 的方式（如 API 化）提供给使用者，常见的有：气象数据获取，根据地理位置获取对应位置的地点信息，图像识别（指能识别出特定的图片信息），特征新闻抓取服务等。

5. 低频请求场景

在物联网行业中，由于物联网设备传输数据量小，且往往是固定时间间隔进行数据传输，因此经常涉及低频请求场景，通过这种 Serverless 方式就能够有效解决效率问题，降低使用成本。

私有云的 DevOps 场景也可以采用 Serverless，例如目前 Jenkins 承担的大部分工作都可以用 Serverless 替代，如用 FaaS 框架对应 Jenkins 本身，上传的代码对应 Jenkins Job 中的 Bash 脚本，将原来的 Jenkins API 触发 Job 改为触发 FaaS 中的代码。运维监控模块中的大部分工作也可以采用 Serverless 替代，如编写 FaaS 函数来实现定时巡检、智能运维等功能。

我们在设计 Serverless 应用时，应考虑如下设计原则：

- 在定义功能的范围时应遵循单一责任的原则。
- 通过优化功能来实现以毫秒为单位的执行效率。
- 坚持无状态的协议，以能够在功能上无缝地扩展。
- 使用外部的服务来实现服务的发现、状态和缓存管理。
- 使用环境变量来读取配置而非不依赖于文件。
- 鉴于容器被设计为短暂的，我们应该避免使用文件系统来保持数据的持久性。

20.5 对比分析

目前由云服务提供商向用户提供计算资源服务的架构主要分为三种，包括：虚拟机（VM）架构、容器（Container）服务架构、功能函数（Function 即 Serverless）架构，其主要的对比见表 20-1。

表 20-1 虚拟机、容器和 Serverless 的主要对比

特点	虚拟机	容器	Serverless
可靠性	高	中	低
硬件管理	可见	部分可见	不可见
调用方式	时刻运行 / 手动	时刻运行 / 手动	事件驱动
交付方式	虚拟机镜像	容器镜像	函数代码
生命周期	长（以日计）	中（以时计）	短（微秒）
开发语言支持	支持大多数语言	支持部分开发语言	支持少量语言
软件代码量	大	中	少
运营成本	成本高，效率低	中低成本，效率适中	低成本、高效率

Chapter 21 第21章

Service Mesh

在最近几年里，微服务成为业界技术热点，我们看到大量的互联网公司都在做微服务架构的落地。同时，很多传统企业在做数字化、移动化、互联网化等转型时，需要以微服务、容器为核心构建新的技术架构。在这个技术转型中，我们发现有一个大的趋势，就是伴随着微服务的大潮，新一代的微服务开发技术正在悄然兴起，也就是本章要给读者介绍的 Service Mesh。

21.1 服务网格的由来

图 21-1 所示是传统网络架构的模型，其变体自 20 世纪 50 年代以来一直在使用。一开始，计算机非常罕见且昂贵，因此两个节点之间的每个连接都经过精心设计和维护。随着计算机变得更便宜和更受欢迎，连接数量和通过它们的数据量急剧增加。随着各应用越来越依赖网络系统，为了提升性能、通过同一条线路同时处理多个连接、在网络上路由数据包、加密流量等，工程师在进行软件研发时就需要确保所构建的软件符合用户所需的服务质量。

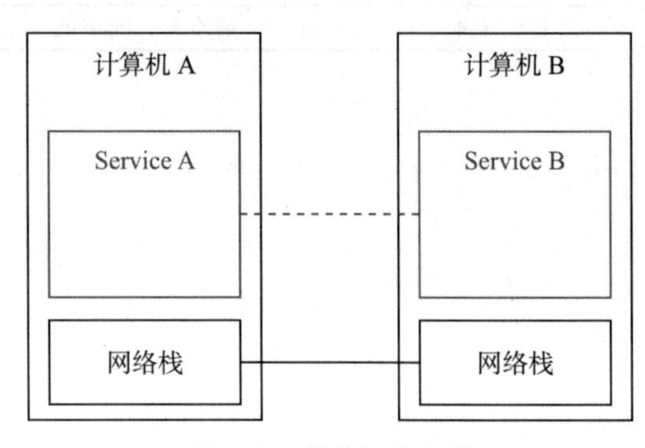

图 21-1 传统网络架构

随着用户增长、业务量的攀升，应用产品研发团队发现了很多问题。比如，计算机 A 以给定速率向计算机 B 发送数据包，但不能保证 B 将以一致的速度处理接收到的数据包。比如 B 可能忙于其他任务，又或者数据包无序到达，B因等待应首先到达的数据包而阻塞。这意味着A无法感知B预期的性能，而不停地发送数据包请求，导致B过载，使事情变得更糟。为了解决上述问题，以便使应用达到预期的服务质量，需要在业务开发时引入流量控制逻辑，如图21-2所示网络架构。流量控制是一种防止上游服务器数据包的发送速率超过下游服务器处理速度的机制，这意味着应用程序本身必须包含逻辑以确保我们不会使用数据包重载服务。

随着技术的飞速发展，像TCP/IP这样的标准很快融入了解决方案，将流量控制和许多其他问题纳入网络协议栈本身。这意味着这段代码仍然存在，但它已从应用程序中提取到操作系统提供的底层网络层，如图21-3所示。

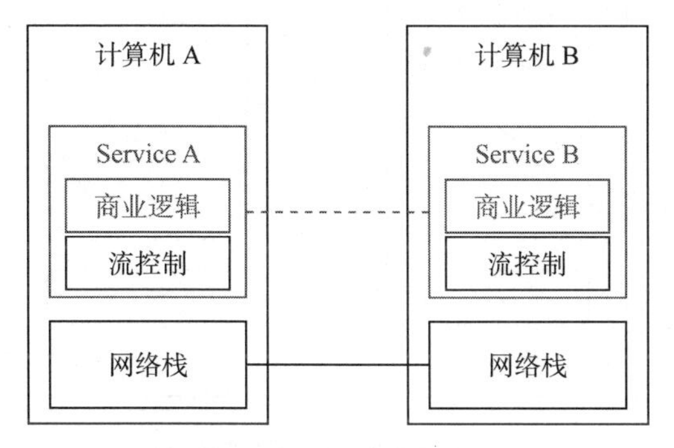

图21-2　改进型网络架构（1）

计算机A
Service A
商业逻辑
流控制
网络栈
计算机B
Service B
商业逻辑
流控制
网络栈

图21-3　改进型网络架构（2）

21.1.1　分布式架构对服务网络的要求

多年来，计算机已经非常普及，通过大量的实践已经证明：网络栈已经成为可靠网络互连系统的事实上的工具集。随着系统规模增加所导致的节点数增加以及更稳定的互连互通需求，业界出现了各种风格的网络系统，从细粒度的分布式代理到面向服务的体系结构，它们都是分布式架构且非常庞大，这种极端的分布带来了更高性能和好处，但它也面临着一些更严峻的挑战，而且是全新的。

在20世纪90年代，Peter Deutsch和他的Sun Microsystems工程师编译了“分布式计算的8个谬误”，其中列出了人们在使用分布式系统时倾向于做出的一些假设。Peter的观点是，在更原始的网络架构或理论模型中，这些可能是真实的，但它们在现代世界中并不成立：网络是安全可靠的；延迟为零；带宽是无限的；网络是安全的；拓扑不会改变；有一个管理员；运输成本为零；网络是同质的等。

将上面的假设贬为“谬论”意味着工程师不能忽略这些问题，他们必须明确地处理这些问题。因此应用应当具有规避网络不可靠、丢包、延时等的能力。那么对开发人员和运维人员来说，怎么才能确保分布在复杂网络环境中的微服务具有处理网络弹性逻辑能力及可靠地交付请求呢？解决这些问题的一些常用技术手段有：负载均衡、服务发现、运行时动态路由、熔断机制、安全通信、指标和分布式追踪等。

更为复杂的是，当我们转向更分散的系统（如微服务架构）时，又引入了可操作性方面的新需求，如快速配置计算资源、基本监控、快速部署、易于配置存储、轻松进入边缘、认证/授权、标准化的RPC等。

因此，尽管几十年前开发的TCP/IP协议栈和通用网络模型仍然是计算机间交互的强大工具，但更复杂的微服务体系结构引入了另一层需求，如考虑服务发现和断路器，这两种技术可用于解决上面列出的一些弹性和分布挑战。如图21-4所示。

服务发现是自动查找哪些服务实例满足给定查询的过程。例如服务团队A需要查找服务B的某属性时，将调用某个服务的发现过程，该过程将返回合适的服务器列表。对于大多数单体结构，通常DNS使用负载均衡器和端口号绑定实现简单任务。在更多的分布式环境中，任务开始变得更加复杂，而以前可能盲目信任其DNS查找以查找依赖关系的服务，现在必须处理诸如客户端负载均衡，多种不同环境、地理上分布的服务器等情况。

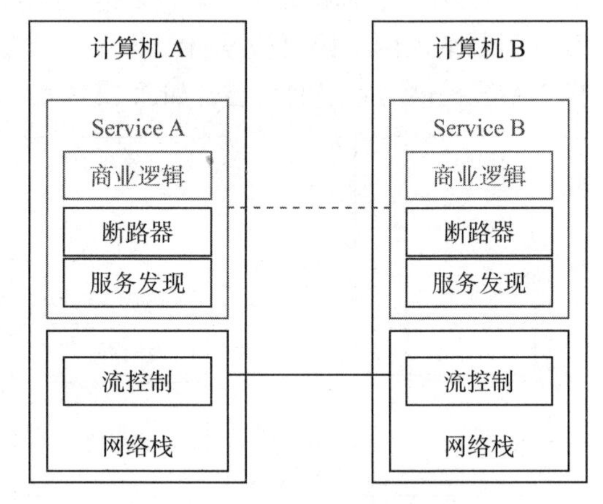

图21-4 改进型网络架构（3）

断路器背后的基本思路非常简单，将一个受保护的函数调用包含在用于监视故障的断路器对象中，一旦故障达到一定阈值，则断路器跳闸，并且对断路器的所有后续调用都将返回错误，并完全不接受对受保护函数的调用。通常，如果断路器发生跳闸，还需要设置某种监控警报。

这些都是非常简单的设备，它们能为服务之间的交互提供更多的可靠性。然而，与其他的技术一样，随着分布式水平的提高，它们也会变得越来越复杂。系统发生错误的概率随着分布式水平的提高呈指数级增长，因此即使简单的事情，如“如果断路器跳闸，则监控警报”，也就不那么简单了。一个组件中的一个故障可能会在许多客户端和客户端的客户端上产生连锁反应，从而触发数千个电路同时跳闸。而且，以前可能只需几行代码就能处理某个问题，而现在需要编写大量的代码才能处理这些只存在于这个新世界的问题。

事实上，上面讨论的技术架构仍然很难正确实施，以至于像Twitter的Finagle和Facebook的Proxygen这样的大型复杂的库变得非常受欢迎，因为它可以避免在每个服务中重写相同的逻辑。如图21-5所示。

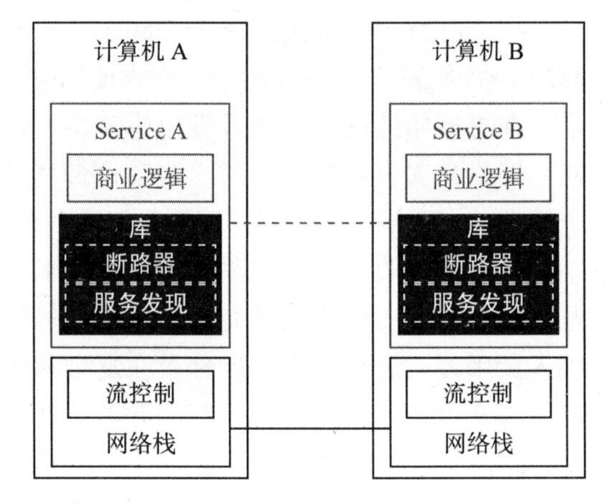

图21-5 改进型网络架构（4）

随着分布式系统的不断增加，很多研发组织在实践中发现了如下问题：

1）用于微服务的库通常是针对特定的平台编写的，无论是编程语言还是像JVM这样的运行时。如果所使用的库不是由库支持的平台，则通常需要将代码移植到新平台本身，工程师需要再次构建工具和基础架构。

2）库模型也会抽象出解决微服务体系结构需求所需功能的实现，它本身也是需要维护的组件。确保成千上万的服务实例使用相同或至少兼容的库版本也是非常重要的，每一次更新都意味着整合、测试和重新部署所有服务。

21.1.2 向 Service Mesh 演进

就像我们在网络协议栈中看到的那样，大规模分布式服务所需的功能应该放到底层的平台中。

工程师使用高级协议（如HTTP）编写非常复杂的应用程序和服务，无需考虑TCP是如何控制网络上的数据包的。这种需求在微服务体系研发中也是非常需要的，这样，从事服务开发工作的工程师就可以专注于业务逻辑的开发，从而避免浪费时间去编写服务基础设施代码或管理整个系统的库和框架，如图21-6所示。

不幸的是，这种改变网络协议栈来添加某个层的方法并不可行。许多人想到了通过代理来实现：服务不直接连接到它的网络栈，而是让所有的流量都通过一个小的软件来透明地添加所需功能。

第一个有记载的解决方案是使用“边三轮”（Sidecar）概念。“边三轮”是一个辅助进程，它与主应用程序一起运行，并为其提供额外的功能（如图21-7所示）。在2013年，Airbnb写了一篇有关Synapse和Nerve的文章，这是“边三轮”的一个开源实现。2014年，Netflix推出了Prana，专门用于让非JVM应用程序从他们的NetflixOSS生态系统中受益。

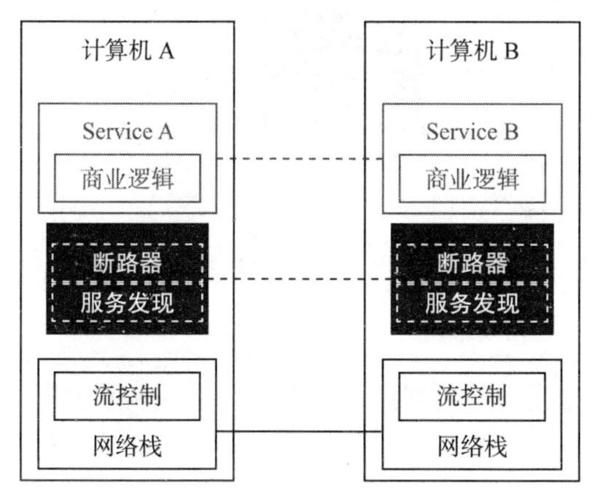

图21-6 改进型网络架构（5）

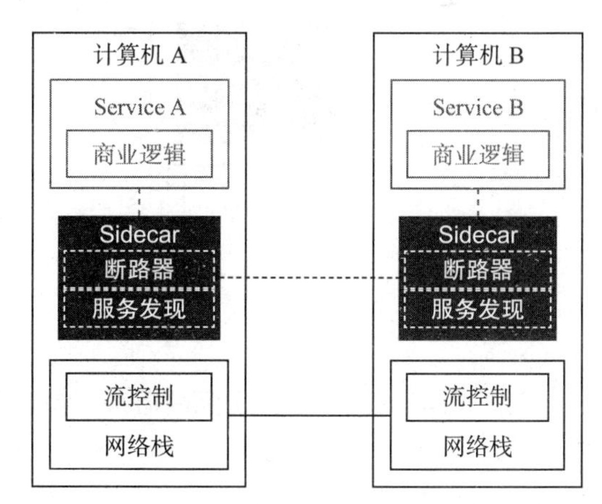

图21-7 Sidecar 网络架构

虽然有几个开源的代理实现，但它们往往被设计为与特定的基础架构组件绑定使用。

比如，在服务发现方面，Airbnb的Nerve和Synapse假设服务是在ZooKeeper中注册，而对于Prana，则应该使用Netflix自己的Eureka服务注册表。

随着微服务架构的日益普及，又不断涌现出很多新的代理方案，它们足以灵活地适应不同的基础设施组件和偏好。这个领域中被广为人知的系统有Linkerd、Envoy、Istio等，下面将详细介绍。

21.1.3 Service Mesh的定义

我们首先说一下Service Mesh这个词，这确实是一个非常新的名词，这个词最早由开发Linkerd的Buoyant公司提出并在内部使用。2016年9月29日，第一次公开使用这个术语。2017年，随着Linkerd的传入，Service Mesh进入国内技术社区的视野，最早将其翻译为"服务啮合层"(这个词比较拗口)，用了几个月之后改成了服务网格。

服务网格是一个基础设施层，功能在于处理服务间通信，云原生应用有着复杂的服务拓扑，服务网格的职责是负责实现请求的可靠传递。在实践中，服务网格通常实现为轻量级网络代理，通常与应用程序部署在一起，但是对应用程序透明。

随着各组织将其微服务部署转移到像Kubernetes和Mesos这样更复杂的运行系统中，人们已经开始使用这些平台提供的工具来正确实施这种网状网络。他们正在从一系列独立工作的代理人转移到一个适当的、集中的控制平面。

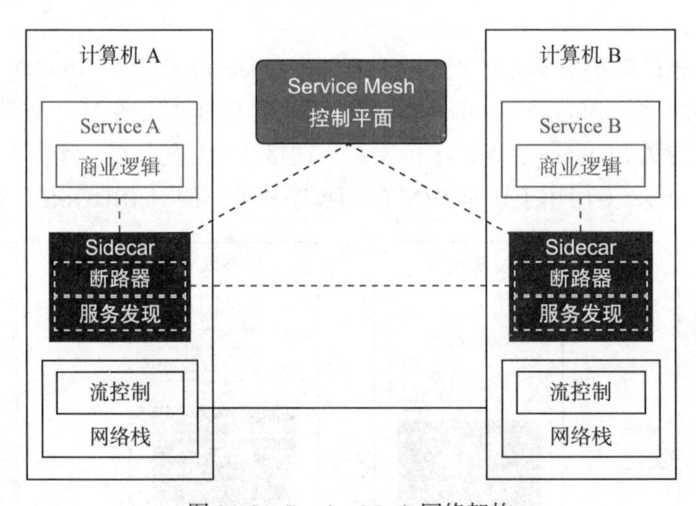

图21-8 Service Mesh网络架构

从图21-8可以看出，实际的服务流量仍然是直接从代理流向代理，但是控制平面知道每个代理实例。控制平面使得代理能够实现诸如访问控制和度量收集这样的功能，但这需要它们之间进行合作。

作为透明代理，Service Mesh可以运行在任何基础设施环境，而且与应用非常靠近，那么，Service Mesh能做什么呢？下面将简单介绍Service Mesh的主要功能。

1）负载均衡。运行环境中微服务实例通常处于动态变化状态，而且经常可能出现个别实例不能正常提供服务、处理能力减弱、卡顿等现象。但由于所有请求对 Service Mesh 来说是可见的，因此可以通过提供高级负载均衡算法来实现更加智能、高效的流量分发，降低延时，提高可靠性。

2）服务发现。以微服务模式运行的应用变更非常频繁，应用实例的频繁增加、减少带来的问题是如何精确地发现新增实例，以及避免将请求发送给已不存在的实例变得更加复杂。Service Mesh 可以提供简单、统一、平台无关的多种服务发现机制，如基于 DNS、K/V 键值对存储的服务发现机制。

3）熔断。在动态环境中服务实例中断或者不健康导致服务中断可能会经常发生，这就要求应用或者其他工具具有快速监测并从负载均衡池中移除不提供服务的实例的能力。这种能力也称熔断，以此使得应用无需因不断尝试而消耗更多不必要的资源，而是快速失败或者降级，这样甚至可避免一些潜在的关联性错误。而 Service Mesh 可以很容易实现基于请求和连接级别的熔断机制。

4）动态路由。随着服务提供商以提供高稳定性、高可用性以及高 SLA 服务为主要目标，出现了各种应用部署策略尽可能从技术手段达到无服务中断部署，以此避免变更导致服务的中断和稳定性降低。

5）安全通信。无论何时，安全在整个公司、业务系统中都有着举足轻重的位置，也是非常难以实现和控制的部分。而在微服务环境中，不同的服务实例间通信变得更加复杂，那么保证这些通信在安全、授权情况下进行是非常重要的。通过将安全机制如 TLS 加解密和授权实现在 Service Mesh 上，不仅可以避免在不同应用的重复实现，而且很容易在整个基础设施层更新安全机制，甚至无需对应用做任何操作。

6）多语言支持。作为独立运行的透明代理，Service Mesh 很容易支持多语言。

7）多协议支持。同多语言支持一样，其实现多协议支持也非常容易。

8）指标和分布式追踪。Service Mesh 对整个基础设施层的可见性使得它不仅可以暴露单个服务的运行指标，而且可以暴露整个集群的运行指标。

9）重试和最后期限。Service Mesh 的重试功能避免将其嵌入业务代码，同时最后期限使得应用允许一个请求的最长生命周期，而不是无休止地重试。

总结一下，Service Mesh 实现了四大关键功能：1）实现对基础设施的抽象化。2）为应用请求提供可靠传递。3）每个业务节点部署轻量级代理。4）透明化，应用程序无感知。

通常的服务注册发现机制的过程是：1）服务器端向服务注册中心发起注册；2）客户端到服务注册中心查询；3）客户端根据查询返回的参数信息向服务器端发起请求。而 Service Mesh 与通常的服务注册发现机制不同的是，客户端无需发送查询请求，而是直接向 Service Mesh 代理发起服务调用请求，由 Service Mesh 代理向服务注册中心发起查询请求，并根据请求结果进行数据请求路由。图 21-9 所为 Service Mesh 服务调用过程。

目前两款流行的 Service Mesh 开源软件是 Istio 和 Linkerd，它们都可以直接在

Kubernetes 中集成，其中 Linkerd 已经成为 CNCF 成员。

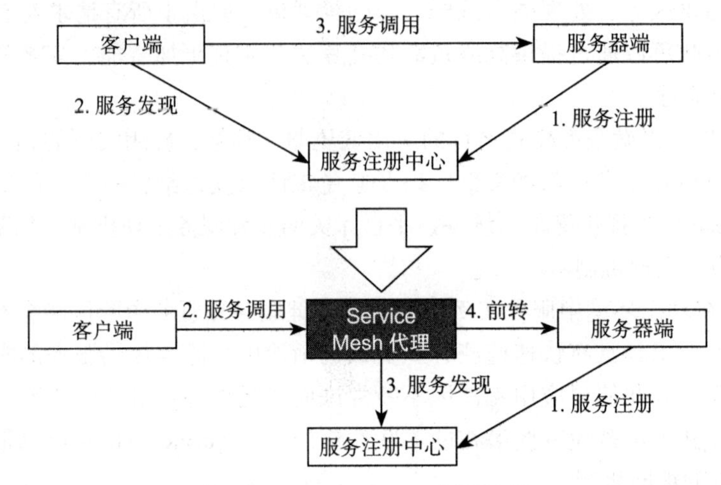

图 21-9 Service Mesh 调用过程

21.2 Linkerd

自从 2016 年提出至今，Service Mesh 的概念已经发展到第二代，Linkerd 就是 Service Mesh 的第一代代表。Linkerd 使用 Scala 编写，是业界第一个开源的 Service Mesh 方案，是 CNCF（云原生计算基金会）的组件之一，其作者 William Morgan 是 Service Mesh 的布道师和实践者。

Linkerd 是一个用于云原生应用的开源、可扩展的 Service Mesh，是一种透明的高性能网络代理，可提供服务发现机制、动态路由、错误处理机制及应用运行时可视化。Linkerd 的出现是为了解决像 Twitter、Google 这类超大规模生产系统的复杂性问题。Linkerd 不是通过控制服务之间的通信机制来解决这个问题，而是通过在服务实例之上添加一个抽象层来解决的。如图 21-10 所示。

作为例子，通过 Linkerd 创造一个服务的流程如下：

1）Linkerd 提供动态的路由规则来决定哪个服务来准备。所有路由规则是动态配置的，而且可以设置为按版本路由、分段路由等。

2）Linkerd 从相关的服务发现中可以找到正确的目的地，而且可能有几个。

3）Linkerd 选择实例并快速返回，这基于多种因素，比如观察最近的请求。

4）试图发送请求到实例中，记录潜在因素和结果的相应类型。

5）如果实例挂载了，没有响应或者请求失败，会重新发送请求给另外一个实例。

6）如果实例持续返回错误，会从负载均衡池里面把它给“踢掉”，而后会偶尔重试。

7）如果请求在截止时间没有响应，将会主动放弃请求而不是进行重试。

8）它捕获上述提到的各种行为，获取到了指标和踪迹，可以集中存储并展示系统指标数据。

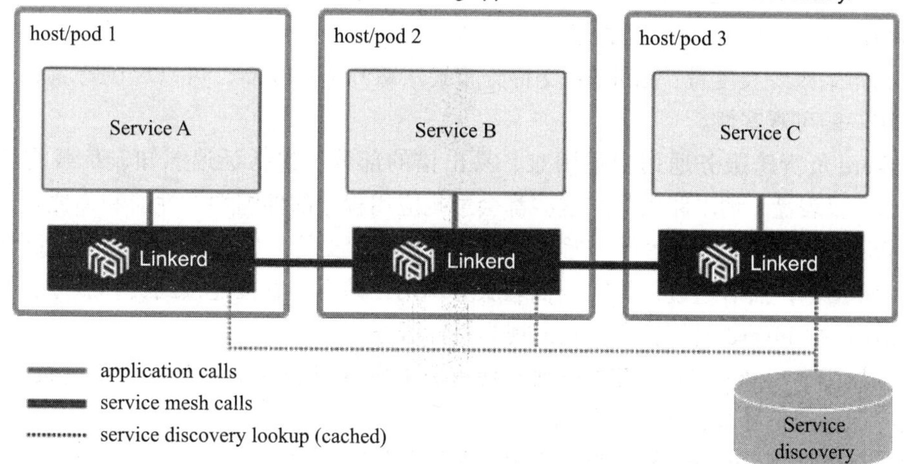

图 21-10 Linkerd

Linkerd 的主要特性包括：

- 快速、轻量级、高性能。
- 易于水平扩展。
- 支持任意开发语言及任意环境。
- 负载均衡：Linkerd 提供了多种负载均衡算法，它们使用实时性能指标来分配负载并减少整个应用程序的尾部延迟。如 Power of Two Choices (P2C): Least Loaded、Peak EWMA、Aperture: Least Loaded、Heap: Least Loaded 以及 Round-Robin。
- 熔断：Linkerd 包含自动熔断功能，启动后将停止把流量发送到被认为不健康的实例中，从而使它们有机会恢复并避免连锁反应故障。
- 服务发现：Linkerd 与各种服务发现后端集成，通过删除特定的 (ad-hoc) 服务发现来帮助用户降低代码的复杂性。
- 动态请求路由：Linkerd 启用动态请求路由和重新路由，允许使用最少量的配置来设置分段服务（Staging Service）、金丝雀（Canaries）、蓝绿部署（Blue Green Deploy）、跨 DC 故障切换和黑暗流量（Dark Traffic）。
- 重试次数和截止日期：Linkerd 可以在某些故障发生时自动发出重试请求，并且可以在指定的时间段之后让请求超时。
- TLS：Linkerd 可以配置为使用 TLS 发送和接收请求，用户可以使用它来加密跨主机边界的通信，而不用修改现有的应用程序代码。
- HTTP 代理集成：Linkerd 可以作为 HTTP 代理，使其易于集成到现有应用程序中。
- 透明代理：可以在主机上使用 iptables 规则，设置通过 Linkerd 的透明代理。

■ gRPC：Linkerd 支持 HTTP/2 和 TLS，允许它路由 gRPC 请求，支持高级 RPC 机制，如双向流、流程控制和结构化数据负载。由于 Linkerd 工作于 RPC 层，可根据实时观测到的 RPC 延迟、要处理请求队列大小决定如何分发请求，优于传统启发式负载均衡算法，如 LRU、TCP 等。

■ 分布式跟踪及度量：Linkerd 支持分布式跟踪和度量仪器，可以提供跨越所有服务的统一的可观察性。

Linkerd 负责跨服务通信中最困难、易出错的部分，包括延迟感知、负载均衡、连接池、TLS、仪表盘、请求路由等，这些都会影响应用程序的伸缩性、性能和弹性。

Linkerd 作为独立代理运行，无需特定的语言和库支持。应用程序通常会在已知位置运行 Linkerd 实例，然后通过这些实例代理服务调用。即不是直接连接到目标服务，而是连接到它们对应的 Linkerd 实例，并将它们视为目标服务。

在该层上，Linkerd 应用路由规则与现有服务发现机制通信，对目标实例做负载均衡，与此同时调整通信并报告指标。

通过延迟调用 Linkerd 的机制，应用程序代码与以下内容解耦：

1）生产拓扑。

2）服务发现机制。

3）负载均衡和连接管理逻辑。

4）应用程序也将从一致的全局流量控制系统中受益。这对于多语言应用程序尤其重要，因为通过库来实现这种一致性是非常困难的。

Linkerd 实例可以作为 Sidecar（即为每个应用实体或每个主机部署一个实例）来运行。由于 Linkerd 实例是无状态和独立的，因此它们可以轻松适应现有的部署拓扑。它们可以与各种配置的应用程序代码一起部署，并且基本不需要去协调它们。

对 Linkerd 来说，2017 年发生了一系列重大事件：2017 年 1 月，Linkerd 加入 CNCF，这是对 Linkerd 的极大认可。2017 年 3 月 Linkerd 宣布完成千亿次产品请求，被市场认可并商用。2017 年 4 月 Linkerd 1.0 版本发布。2017 年 5 月 Istio 0.1 release 版本发布（第二代 Service Mesh），经 Google 和 IBM 等公司的极力宣传，众多公司纷纷“站队”表示支持 Istio。

Istio 作为第二代 Service Mesh，通过控制平面带来了前所未有的控制力，远超 Linkerd。Linkerd 似乎一夜之间被抛弃了。但是，从产品成熟度上来说，作为业界仅有的两个生产级 Service Mesh 实现之一，Linkerd 还可以在 Istio 成熟前继续保持市场。但是，随着 Istio 的稳步推进和日益成熟，外加第二代 Service Mesh 的天然优势，Istio 取代第一代的 Linkerd 只是一个时间问题。

21.3 Istio

Istio 是由 Google、IBM 和 Lyft 开源的微服务管理、保护和监控框架。Istio 为希腊语，意思是“起航”，官方中文文档地址是 https：//istio.doczh.cn/。Istio 是一个用来连接、管理和保护微服务的开放平台。它提供一种简单的方式来建立及部署服务网络，具备负载均衡、服务间认证、监控等功能，而不需要改动任何服务代码。Istio 从头开始设计跨部署平台，但它具有一流的集成和对 Kubernetes 的支持。Istio 为开发人员和架构师提供了更丰富、更具声明性的服务发现和路由功能。

在 Kubernetes 所提供的默认负载均衡的情况下，Istio 允许网络中的所有服务之间引入独特的细粒度路由规则。Istio 还为我们提供了更高的可观察性，使我们能更深入地了解各种分布式微服务的网络拓扑，了解它们之间的流程（跟踪）并能够立即查看关键指标。

如果网络实际上并不总是可靠的，那么微服务之间的关键联系不仅需要受到更严格的审查，而且还需要更严格地应用。Istio 为我们提供网络级弹性功能，如重试、超时和实现各种断路器功能。

Istio 提供了一个完整的解决方案，通过为整个服务网格提供行为洞察和操作控制来满足微服务应用程序的多样化需求。它在服务网络中统一提供了许多关键功能。

1）流量管理：控制服务之间的流量和 API 调用的流向，使得调用更可靠，并使网络在恶劣情况下更加健壮。

2）可观察性：了解服务之间的依赖关系，以及它们之间流量的本质和流向，从而提供快速识别问题的能力。

3）策略执行：将组织策略应用于服务之间的互动，确保访问策略得以执行，资源在消费者之间良好分配。策略的更改是通过配置网格而不是修改应用程序代码实现。

4）服务身份和安全：为网格中的服务提供可验证身份，并提供保护服务流量的能力，使其可以在不同可信度的网络上流转。

未来，Istio 将支持多种平台，如 Kubernetes、Mesos、OpenStack 等云。同时，Istio 还可以集成已有的 ACL、日志、监控、配额、审计等功能。

21.3.1 Istio 架构

Istio 架构如图 21-11 所示。

Istio 在逻辑上分为数据平面（Data Plane）和控制平面（Control Plane）。

（1）控制平面

控制平面对 Service Mesh 具有强大的控制力，负责管理和配置代理路由流量，以及在运行时执行的政策。Istio 的控制平面包括以下组件：

Pilot(领航员)：为 Envoy Sidecar 提供服务发现，为流量管理功能实现了灵活的路由（如 A/B 测试、金丝雀发布）和弹性（如超时、重试、熔断等）。它将高级别的路由规则转换为 Envoy 特定的配置并在运行时将配置传播到 Sidecar 中。

Mixer（混合器）：Mixer 负责在 Service Mesh 上执行访问控制和使用策略，并收集 Envoy 代理和其他服务的遥测数据。代理提取请求级属性，发送到 Mixer 进行评估。有关此属性提取和策略评估的更多信息参见Mixer配置。混合器包括一个灵活的插件模型，使其能够与各种主机环境和基础架构后端进行接口，从这些细节中抽象出Envoy代理和Istio管理的服务。

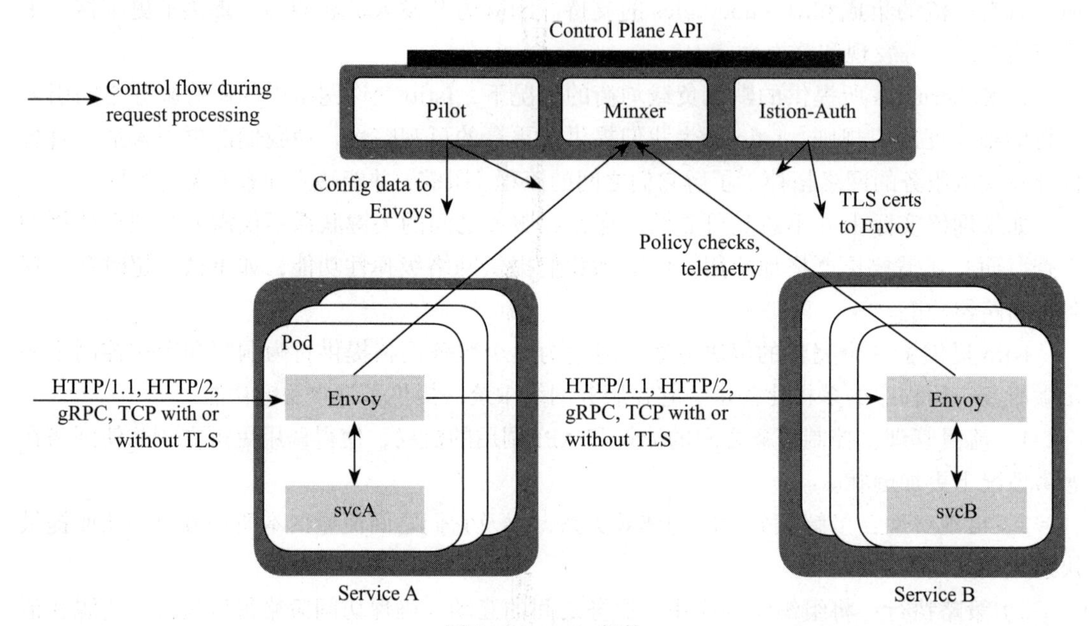

图21-11 Istio架构

Istio-Auth：Istio-Auth提供强大的服务间和最终用户认证，使用TLS、内置身份和凭据管理。它可用于升级Service Mesh中的未加密流量，并为运营商提供基于服务身份而不是网络控制的策略的能力。Istio的未来版本将增加细粒度的访问控制和审计，以使用各种访问控制机制（包括属性和基于角色的访问控制以及授权hook）来控制和监控那些访问服务、API或资源的人员。

（2）数据平面

数据层由一组智能代理（Envoy）作为Sidecar部署、协调和控制所有微服务之间的网络通信。

Envoy是Istio的数据平面。Envoy早已经是CNCF的Service Mesh项目之一，功能强大、稳定。Envoy适合使用Sidecar模式部署为服务的代理。Envoy是一个高性能的C++开发的Proxy转发器，在性能和资源消耗上优于Linkerd。Envoy接管服务网格中所有服务的进出流量。Istio实际上利用了很多Envoy已有的特性，如服务的动态发现、负载均衡、TSL终止、HTTP/2和gRPC代理、断路器、健康检查、流量拆分、故障注入以及丰富的度量指标。

Envoy作为微服务的Sidecar，与对应的微服务一起部署在一个Kubernetes的Pod中。在Istio模式下，一个Pod包含两个容器：服务容器和Envoy容器。

在 Istio 出现之前，微服务之间的调用经常需要写到应用的源码中，这样做的弊端显而易见，如果微服务之间的调用出现任何变更，就需要修改源码。而在 Istio 的模式下，开发人员只需要关注应用代码本身。

Istio 的功能与特性：

- 无需对现有服务进行变更。
- 支持 HTTP 1.1/2、gRPC 以及 TCP 流量的负载均衡和故障转移。
- 可替换的组件。
- 流量监控。
- 可提供身份认证功能。
- 可定制的路由规则。
- 错误处理，如超时、重试、访问量控制、健康检查和熔断器等。

21.3.2 设计目标

Istio 的体系结构由几个关键设计目标所决定，这些目标对于使系统能够处理大规模和高性能的服务至关重要。

1）**最大化透明度**。要采用 Istio，应该要求操作人员或开发人员尽可能减少工作量，从系统中获得实际价值。为此，Istio 可以自动将自己注入服务之间的所有网络路径中。Istio 使用 Envoy 代理来捕获流量，并在可能的情况下自动编程联网层，以便通过 Envoy 代理路由流量，而不会对已部署的应用程序代码进行任何更改。在 Kubernetes 中，Envoy 被注入到 Pod 中，通过编程 iptables 规则捕获流量。一旦 Envoy 代理被注入并且流量路由被编程，Istio 能够调控所有的流量。将 Istio 应用于部署时，运营商应该可以看到所提供功能的资源成本的最小增加。

2）**增量**。随着运营商和开发商越来越依赖 Istio 提供的功能，系统必须随着它们的需求而增长。虽然我们希望自己继续添加新功能，但预计最大的需求是扩展策略系统，与其他策略和控制来源整合，并将有关网格行为的信号传播到其他系统进行分析。策略运行时支持插入其他服务的标签扩展机制。

3）**便携性**。Istio 将使用的生态系统在很多方面都有所不同。Istio 必须以最小的努力在任何云环境或内部环境中运行。将基于 Istio 的服务移植到新环境中的任务应该是微不足道的，并且应该可以使用 Istio 运行部署到多个环境中的单个服务。

4）**策略一致性**。将策略应用于服务之间的 API 调用可以提供对网格行为的大量控制，但将策略应用于不一定在 API 级别表示的资源也同样重要。例如，将配额应用于深度学习培训任务所消耗的 CPU 数量比将配额应用于启动工作的调用更有用。为此，该策略体系将作为一项独立的服务与其 API 保持在一起，而不是被纳入代理 /Sidecar，从而允许服务根据需要与其直接集成。

21.3.3 流量管理

用于流量管理的核心组件是Pilot，它管理和配置部署在所有Envoy代理的实例。它可以指定使用哪些规则在Envoy代理之间路由流量，并配置故障恢复功能，如超时、重试和断路器等。它还维护网格中所有服务的规范模型，并使Envoy代理通过其发现服务来了解网格中的其他实例。

每个Envoy实例根据从Pilot获取的信息及其负载均衡池中其他实例的定期运行状况检查来维护负载均衡信息，从而使其能够在遵循指定的路由规则的情况下智能分配目标实例之间的流量。

使用Istio的流量管理模型基本上将交通流量和基础设施扩展分离，让运营商通过Pilot指定他们希望流量遵循哪些规则，而不是哪些特定的Pod/VM应该接收流量，智能Envoy代理负责监督剩余流量。例如，可以通过Pilot指定希望特定服务的5%流量转换为金丝雀版本，而不考虑金丝雀部署的大小，或根据请求内容将流量发送到特定版本。

将流量从基础架构中分离出来，使Istio能够提供各种流量管理功能，这些功能不在应用代码之内。除了A/B测试、渐进式部署和金丝雀版本的动态请求路由之外，它还使用超时、重试和断路器处理故障恢复以及故障注入，以测试跨服务的故障恢复策略的兼容性。这些功能都是通过在服务网格中部署的Envoy代理实现的。

21.3.4 Pilot

数据面Envoy可以通过加装静态配置文件的方式运行，而动态信息需要从Discovery Service去获取。Discovery Service就是由部署在控制平面的Pilot来提供。

如图21-12所示为Pilot的架构，最下面一层是Envoy API，就是提供Discovery Service的API。这个API的规则由Envoy确定，是Envoy主动调用Pilot的这个API。

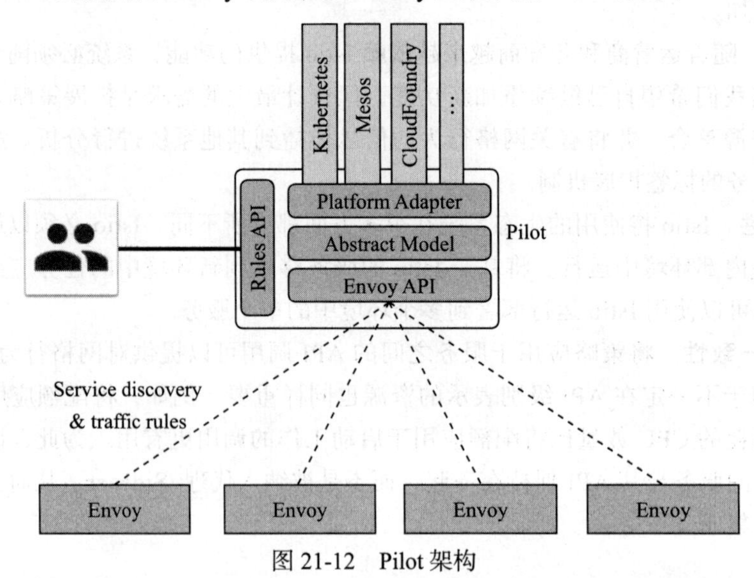

图21-12 Pilot架构

Pilot最上面一层称为平台适配层（Platform Adapter），Pilot通过调用Kubernetes、Mesos等来发现服务之间的关系。Pilot使用Kubernetes的Service，仅仅使用它的服务发现功能，而不使用它的转发功能。Pilot通过在Kubernetes里面注册一个Controller来监听事件，从而获取Service和Kubernetes的Endpoint以及Pod的关系，但是在转发层面，就不会再使用kube-proxy根据Service下发的iptables规则进行转发了，而是将这些映射关系转换成为Pilot自己的转发模型，下发到Envoy进行转发，Envoy不会使用kube-proxy的那些iptables规则。这样就把控制平面和数据平面彻底分离开来，服务之间的相互关系是管理面的事情，不要与真正的转发绑定在一起，而是绕到Pilot后方。

Pilot的另外一个对外接口是Rules API，这是给管理员的接口。管理员通过这个接口设定一些规则，这些规则往往应用于Route、Cluster、Endpoint，而都有哪些Cluster和Endpoint适用于这些规则，是由Platform Adapter通过服务发现得到的。

自动发现的这些Cluster和Endpoint，外加管理员设置的规则，形成了Pilot的数据模型。其实就是Pilot自己定义一系列数据结构，然后通过Envoy API暴露出去，等待Envoy拉取这些规则。

21.3.5 请求路由

如上所述，Pilot维护特定网格中的服务规范。服务的Istio模型与其在底层平台（Kubernetes、Mesos、Cloud Foundry等）中的表现方式无关。平台特定的适配器负责从底层平台（如Kubernetes等）中找到元数据中的各个字段并填充内部模型。

Istio引入了“服务版本”的概念，该版本是按版本（v1或v2）或环境（开发、测试或者生产环境）细分服务实例的更细粒度的方式。例如，通过服务发现，Pilot可以从Kubernetes那里知道Service B有两个版本，一般是两个Deployment，属于同一个Service，管理员通过调用Pilot的Rules API来设置两个版本之间的路由规则，如一个占99%的流量，另一个占1%的流量，这两方面信息形成Pilot的数据结构模型，然后通过Envoy API下发，Envoy就会根据这个规则设置转发策略了。

如图21-13所示，被服务的客户并不知道服务的不同版本，但他们可以继续使用服务的主机名/IP地址访问服务。Envoy代理拦截并转发客户和服务之间的所有请求/响应。

Envoy会根据运营商在Pilot所指定的路由规则来动态确定实际的服务版本。该模型使应用程序代码能够将其自身从相关服务的演变中分离出来。路由规则允许Envoy根据标签选择版本，如通过标题、与源/目标关联的标签，来分配每个版本的权重。

Istio还为流量提供相同服务版本的多个实例的负载均衡。另外，Istio不提供DNS，应用程序可以尝试使用基础平台，如Kubernetes中的DNS服务（如Kube-dns、Mesos-dns等）。

如图21-14所示，Istio假设进入和离开服务网格的所有流量都通过Envoy代理进行交换。通过在服务前部署Envoy代理，运营商可以进行A/B测试、部署金丝雀服务等，以用于面向用户的服务。同样，运营商可以通过Envoy将流量路由到外部Web服务，以添加故障恢复功能，如超时、重试、断路器等，并获取有关这些服务连接的度量标准详细信息。

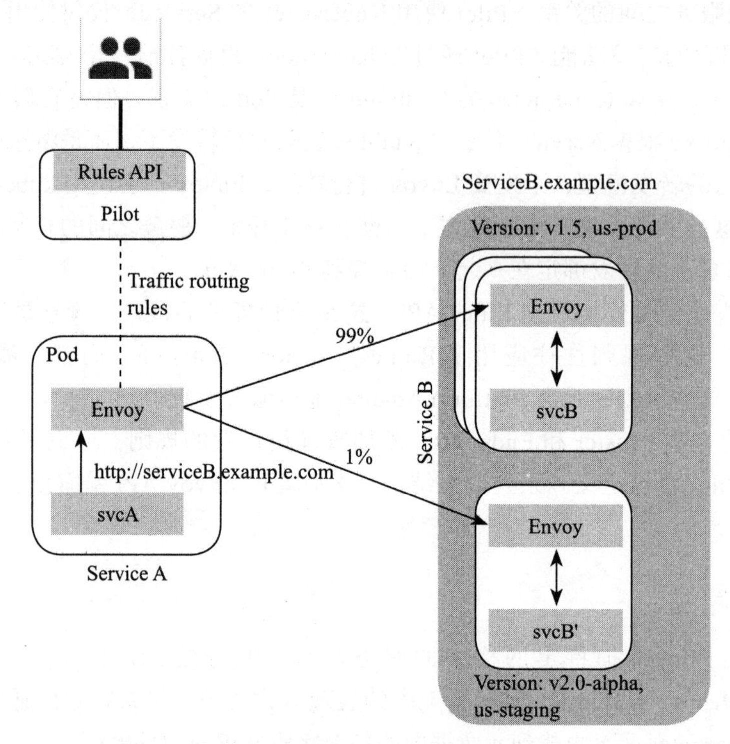

图 21-13 服务版本

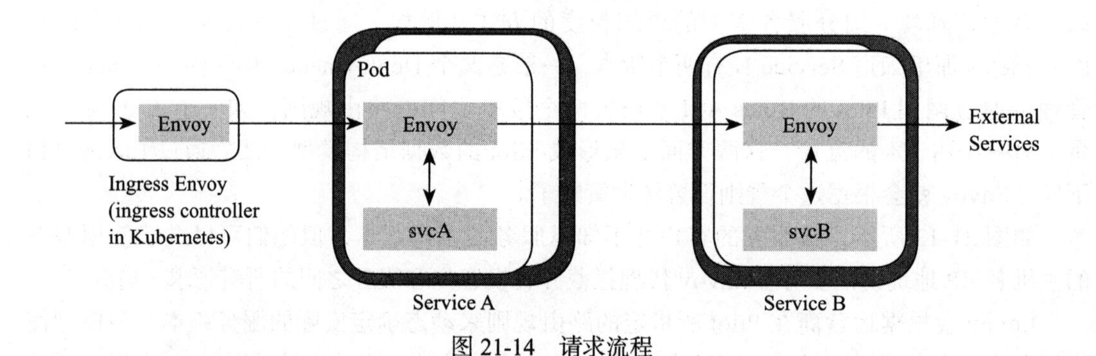

图 21-14 请求流程

21.3.6 发现和负载均衡

服务注册。Istio 假定存在服务注册表以跟踪应用程序中服务的 Pod/VM。它还假定服务的新实例会自动注册到服务注册表中，不健康的实例会自动删除。Kubernetes、Mesos 等平台已经为基于容器的应用程序提供了这样的功能。基于 VM 的应用程序也存在很多类似的解决方案。

服务发现。Pilot 使用来自服务注册中心的信息并提供与平台无关的服务发现界面。Service Mesh 中的 Envoy 实例执行服务发现并相应地动态更新其负载均衡池。服务网格中的各服务使用其 DNS 名称相互访问。绑定到服务的所有 HTTP 流量都会通过 Envoy 自动重新路由。Envoy 代理用于在负载均衡池中的实例之间分配流量。虽然 Envoy 支持多种复杂的负载均衡算法，但 Istio 目前允许三种负载均衡模式：循环法、随机和加权最少请求。

如图 21-15 所示，Pilot 通过 Kubernetes 的 Service 发现 Service B 包含一个 Deployment，但是有三个副本，于是通过 Envoy API 下发规则，使得 Envoy 在这三个副本之间进行负载均衡，而非使用 Kubernetes 本身 Service 的负载均衡机制。

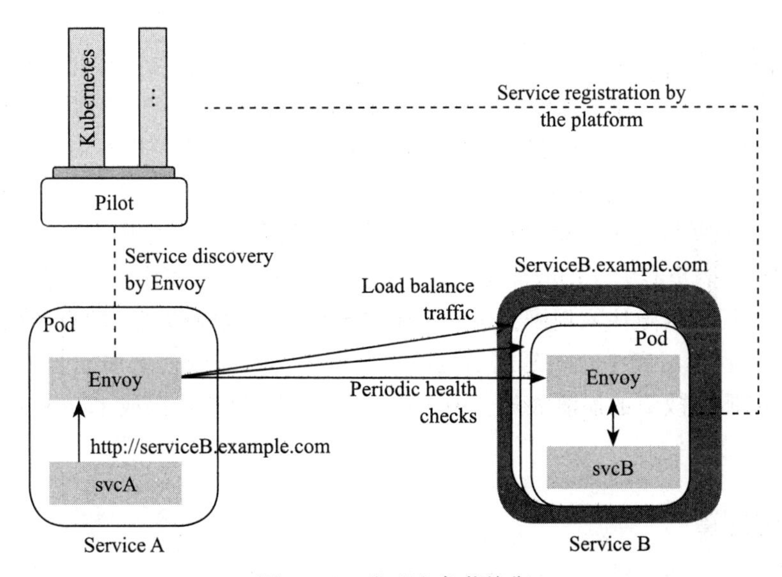

图 21-15　发现和负载均衡

除了负载均衡之外，Envoy 还会定期检查池中每个实例的健康状况。Envoy 遵循断路器模式，根据健康检查 API 调用的故障率将实例分类为不健康或健康的。换句话说，当给定实例的运行状况检查失败次数超过预先指定的阈值时，它将被从负载均衡池中弹出。类似地，当传递的运行状况检查数超过预先指定的阈值时，实例将被添加回负载均衡池。用户可以在处理故障中找到有关 Envoy 故障处理功能的更多信息。

21.3.7　处理故障

Envoy 提供了一套开箱即用的选择性故障恢复功能，可以在应用程序中利用这些功能。

1）超时。

2）在超时预算和重试之间的可变抖动限制重试。重试之间的抖动使重试对重载上游服务的影响最小，而超时预算可确保呼叫服务在可预测的时间范围内获得响应（成功 / 失败）。

3）限制并发连接数和对上游服务的请求。

4）对负载均衡池的每个成员进行主动（定期）健康检查，以及通过细粒度断路器进行被动健康检查。主动和被动健康检查的组合可最大限度地减少访问负载均衡池中不健康实例的机会。与平台级健康检查（如 Kubernetes、Mesos 等）结合使用时，应用程序可以确保不健康的 Pod/ 容器 / 虚拟机可以快速地从服务网格中清除，从而最大限度地减少请求失败并减少对延迟的影响。

这些功能可以在运行时通过 Istio 的流量管理规则进行动态配置，还可以使服务网格能够容忍失败的节点，并防止由于级联不稳定而导致本地化故障到其他节点。

21.3.8 故障注入

虽然 Envoy 代理为运行在 Istio 上的服务提供了大量故障恢复机制，但仍然有必要测试整个应用程序的端到端故障恢复能力。错误的故障恢复策略（如跨服务调用的不兼容 / 限制性超时）可能导致应用程序中关键服务的持续不可用性，导致用户体验不佳。

Istio 支持将协议特定的故障注入到网络中，而不是“杀死”Pod、延迟或破坏 TCP 层的数据包。基本原理是应用层观察到的故障无论网络级别多少，故障现象都是相同的，并且可以在应用层注入更有意义的故障（如 HTTP 错误代码）以实现应用程序的弹性。

运营商通过配置故障注入规则，进一步限制应该发生故障的请求的百分比。可以注入两种类型的故障：延迟和中止。延迟是定时失败，模仿网络延迟增加或上游服务超负荷。中止是模仿上游服务故障的崩溃故障。中止通常以 HTTP 错误代码或 TCP 连接失败的形式出现。

21.3.9 规则配置

Istio 提供简单的特定域的语言（DSL）来控制 API 调用和第 4 层流量如何在应用程序部署中的各种服务间流动。DSL 允许运营商配置服务级属性，如断路器、超时、重试，以及设置常见的连续部署任务，如金丝雀推出、A/B 测试、基于 % 流量（百分比）分段的分阶段推出等。详细信息请参阅相关路由规则文献。

例如，可以使用 Rules DSL 来描述将“ books”服务的传入流量的 100% 发送到版本“v1”的简单规则。代码如下所示：

```
apiVersion: config.istio.io/v1alpha2
kind: RouteRule
metadata:
    name: books-default
spec:
    destination:
        name: books
  route:
    - labels:
            version: v1
        weight: 100
```

目的地是流量被路由到的服务的名称。路由标签标识将接收流量的特定服务实例。例如，在 Istio 的 Kubernetes 部署中，路由标签“version：v1”表示只有包含“version：v1”标签的 Pod 才会接收流量。可以使用 istioctl CLI 配置规则，也可以使用命令在 Kubernetes 部署中配置规则 Kubectl。有关示例请参阅配置请求路由任务。

Istio 中有三种流量管理规则：路由规则、目的地策略和出口规则，所有这三种规则都控制着请求如何路由到目标服务。

（1）路由规则

路由规则控制请求在 Istio 服务网格中的路由方式。例如，路由规则可以将请求路由到不同版本的服务。请求可以根据源和目的地、HTTP 头字段以及与各个服务版本相关的权重进行路由。

（2）按目的地确定规则

每条规则对应于规则中目标字段标识的某个目标服务。例如，适用于调用“books”服务的规则通常至少包括以下内容。

```
destination:
    name: books
```

该目标值指定完全限定域名（FQDN）。它被 Istio Pilot 用于匹配服务规则。

通常，服务的 FQDN 由三个组件组成，即名称、命名空间和域：

```
FQDN = name + "." + namespace + "." + domain
```

这些字段可以显式指定如下：

```
destination:
    name: books
    namespace: default
    domain: svc.cluster.local
```

更常见的是，为了简化和最大限度地重用规则（如在多个名称空间或域中使用相同的规则），规则目标仅指定名称字段，且依赖于其他两个组件的默认值。

命名空间的默认值是规则本身的名称空间，可以在规则的元数据字段中指定，也可以在使用“istioctl -n <namespace> createor kubectl -n <namespace> create”命令进行规则安装期间指定。域字段的默认值是特定于实现的。例如，在 Kubernetes 中默认值是 svc.cluster.local。

在某些情况下，如在出口规则中或在命名空间和域名无意义的平台上引用外部服务时，可以使用替代服务字段来明确指定目标：

```
destination:
    service: my-service.com
```

当指定服务字段时，其他字段的所有隐式或显式值都将被忽略。

（3）通过源/头来限定规则

规则可以选择性地限定为仅适用于匹配某些特定条件的请求，例如以下条件。

1）限制到特定的请求者。例如，以下规则仅适用于“books”服务的调用。

```
apiVersion: config.istio.io/v1alpha2
kind: RouteRule
metadata:
    name: books-to-ratings
spec:
    destination:
        name: ratings
    match:
        source:
            name: books
    ...
```

通过源/头来限定就像目的地限定一样，指定服务的FQDN。

2）限制为特定版本的调用者。例如，以下规则改进了前面的示例，仅适用于“review”服务版本“v2”的调用。

```
apiVersion: config.istio.io/v1alpha2
kind: RouteRule
metadata:
    name: books-v2-to-ratings
spec:
    destination:
        name: ratings
    match:
        source:
            name: books
            labels:
                version: v2
    ...
```

3）根据HTTP头选择规则。例如，如果包含一个子字符串“user=jason”的“cookie”头，则以下规则仅适用于传入请求。

```
apiVersion: config.istio.io/v1alpha2
kind: RouteRule
metadata:
    name: ratings-jason
spec:
    destination:
        name: books
    match:
        request:
            headers:
                cookie:
                    regex: "^(.*?;)?(user=jason)(;.*)?$"
    ...
```

如果提供了多个标题，则所有相应的标题必须匹配才能应用规则。

可以同时设置多个标签。在这种情况下，应用AND语义。例如，以下规则仅适用于请求的来源为“books：v2”且包含“user=jason”的“cookie”标头存在的情况。

```
apiVersion: config.istio.io/v1alpha2
kind: RouteRule
metadata:
  name: ratings-books-jason
spec:
  destination:
    name: ratings
  match:
    source:
      name: books
      labels:
        version: v2
    request:
      headers:
        cookie:
          regex: "^(.*?;)?(user=jason)(;.*)?$"
  ...
```

（4）在不同服务版本之间拆分流量

每条路由规则标识一个或多个加权后端，以便在规则激活时进行调用。每个后端对应于目标服务的特定版本，可以使用标签来表示版本。如果存在多个带有指定标记的已注册实例，则会根据为服务配置的负载均衡策略或默认情况下的循环法来路由它们。

例如，以下规则会将“books”服务的25%流量路由到具有“v2”标记的流量，剩余流量（即75%）流向“v1”。

```
apiVersion: config.istio.io/v1alpha2
kind: RouteRule
metadata:
    name: books-v2-rollout
spec:
    destination:
        name: books
    route:
    - labels:
            version: v2
        weight: 25
    - labels:
            version: v1
        weight: 75
```

21.4　Service Mesh发展展望

图21-16所示为未来Service Mesh的融合架构模型。

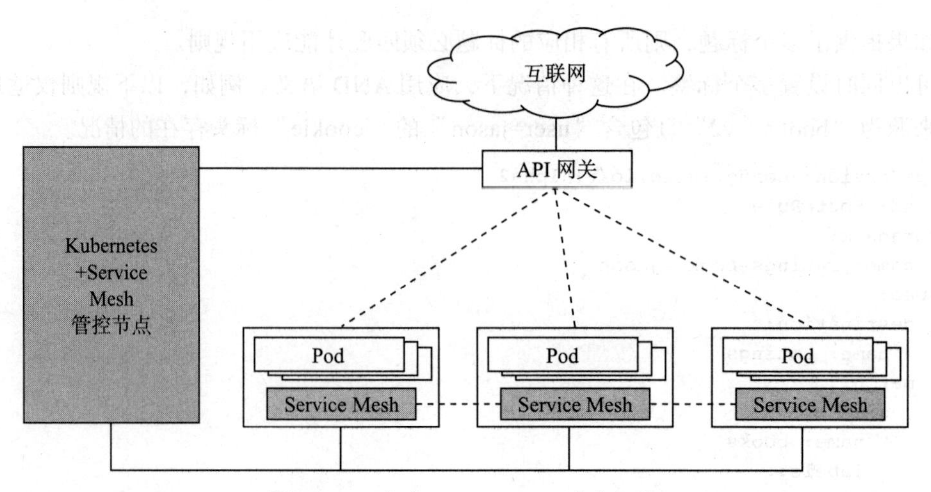

图 21-16　未来 Service Mesh 融合架构

Kubernetes 已成为容器调度编排的事实标准，Docker 容器作为微服务的最小载体可以发挥微服务架构的最大优势，而 Istio 等 Service Mesh 架构的出现刚好弥补了 Kubernetes 在微服务间通信上的短板，从而形成一个完整的、健壮的、高性能微服务架构。